四川盆地川中海相多层系岩相古地理与天然气勘探

王铜山 李秋芬 卞从胜 等著

石油工业出版社

内 容 提 要

本书是近年来四川盆地川中地区海相多层系油气地质研究的最新成果，综合应用露头、钻测井精细标定二维、三维地震资料，充分运用地震资料，点线面结合，建立了川中地区海相多层系更为精细的古构造恢复及演化，明确了盆地各沉积时期的古地貌格局，重建了震旦系—三叠系精细岩相古地理格局，揭示古地理格局控制下的储层成因及分布特征，同时评价了重点勘探领域与有利区带，为油气勘探提供详实的基础地质资料。

本书可供从事油气地质勘探方向研究人员使用，也可作为高等院校相关专业师生参考用书。

图书在版编目（CIP）数据

四川盆地川中海相多层系岩相古地理与天然气勘探 /
王铜山等著. — 北京：石油工业出版社，2022.9
ISBN 978-7-5183-5715-4

Ⅰ.①四… Ⅱ.①王… Ⅲ.①四川盆地-海相-古地
理学-研究 ②四川盆地-海相-天然气-油气勘探-研究
Ⅳ.①P535.271 ②P618.130.8

中国版本图书馆 CIP 数据核字（2022）第 186206 号

出版发行：石油工业出版社
　　　　　（北京安定门外安华里 2 区 1 号　100011）
　　　网　　址：www.petropub.com
　　　编辑部：（010）64523708
　　　图书营销中心：（010）64523633
经　　销：全国新华书店
印　　刷：北京中石油彩色印刷有限责任公司

2022 年 9 月第 1 版　2022 年 9 月第 1 次印刷
787×1092 毫米　开本：1/16　印张：16.75
字数：400 千字

定价：150.00 元
（如出现印装质量问题，我社图书营销中心负责调换）

《四川盆地川中海相多层系岩相古地理与天然气勘探》编写人员

王铜山　李秋芬　卞从胜　林　潼　赵　杰　董景海

黄世伟　田小彬　李　军　张宝民　鲁卫华　孙琦森

张晓荣　黄士鹏　谭　聪　陈　轩　陈彦虎　兰晓东

魏恒飞　胡忠贵　秦胜飞　徐安娜　翟秀芬　徐兆辉

前　言

　　四川盆地是发育在扬子克拉通之上的大型叠合含油气盆地，经历了克拉通盆地和前陆盆地两大演化阶段。震旦系—三叠系海相碳酸盐岩在盆地内广泛分布，厚达 6000 余米。川中地区位于四川盆地腹部，构造稳定，海相地层发育，具有良好的油气地质条件和勘探潜力。目前，川中地区震旦系、寒武系、二叠系及三叠系均有勘探发现，揭示了川中海相多层系具有良好的勘探前景。

　　岩相古地理研究是油气勘探的基础，对于油气勘探开发有重要的意义。前人针对四川盆地海相层系已经做了很多卓有成效的工作，如夏文杰等（1994）编制了中国南方岩相古地理系列图，马永生等（2007）编制了扬子区震旦系—三叠系岩相古地理图；杨威等（2012）编制了四川盆地寒武纪—奥陶纪层序岩相古地理，赵宗举等（2012）按层序地层单元编制了二叠系—三叠系岩相古地理图，张宝民等（2016）、杜金虎等（2016）编制了四川盆地震旦系—寒武系岩相古地理图。这些研究工作勾绘了四川盆地震旦系—三叠系的岩相古地理格局，在油气勘探中发挥了重要作用。随着勘探的发展和认识的深入，出现了许多制约勘探及认识的问题，例如如何将地震资料与钻井、露头资料结合来更精细地刻画不同时期的岩相古地理，如何建立岩相古地理约束下的精细储层研究等。

　　2018 年，中国石油勘探开发研究院开始针对川中地区海相多层系开展精细岩相古地理研究及天然气勘探评价。历经 3 年研究，综合应用露头、钻测井精细标定二维、三维地震资料，充分运用地震资料，点线面结合，建立了川中地区海相多层系更为精细的古构造恢复及演化，明确了盆地各沉积时期的古地貌格局，重建了震旦系—三叠系精细岩相古地理格局，揭示了古地理格局控制下的储层成因及分布特征，评价了重点勘探领域与有利区带，为油气勘探提供详实的基础地质依据。

　　本书共分为六章。第一章由卞从胜、李秋芬、林潼、赵杰、董景海等完成；第二章由王铜山、李秋芬、兰晓东、鲁卫华、谭聪等完成；第三章由李秋芬、王铜山、陈轩、胡忠贵、张宝民、翟秀芬、黄世伟、张晓荣等完成；第四章由李秋芬、王铜山、张宝民、陈彦虎、魏恒飞、田小彬、徐安娜等完成；第五章由卞从胜、李秋芬、王铜山、黄士鹏、秦胜飞、徐兆辉等完成；第六章由王铜山、李秋芬、卞从胜、李军、林潼、孙琦森等完成。全书由王铜山、李秋芬统稿。

　　本书得到了中国石油勘探开发研究院、中国石油大庆油田分公司、中国石油西南油气田分公司、长江大学、中国地质大学（北京）、北京中恒利华石油技术研究所等单位的大力支持。同时，得到了胡素云教授、李建忠教授、罗平教授、毕建军教授等专家的指导与帮助。在此一并表示衷心的感谢！

　　本书是近年来四川盆地川中地区海相多层系油气地质研究的最新成果，既有推动基础地质研究的科学意义，又有指导油气勘探的实用价值，是一本集教学、生产和科研的参考书。但由于笔者水平及收集的资料所限，不足之处在所难免，广大读者批评指正。

目　　录

第一章 区域地质概况

　　四川盆地位于扬子板块西北缘,西抵龙门山,东至齐耀山,北为米仓山—大巴山,南到大凉山—大娄山,面积约为 $18×10^4km^2$。四川盆地长期处在冈瓦纳大陆和劳亚大陆之间的过渡转换部位,表现出强烈的构造活动性,克拉通内部发育多个区域不整合面,克拉通边缘在后期卷入造山变形而遭受强烈改造。

　　其中,乐山—龙女寺古隆起位于四川盆地中西部(图1-1),倾伏端整体位于川中平缓构造带,是四川盆地内最大的构造单元,其形状极不规则,以志留系缺失面积作为古隆起核部,其面积达 $6.25×10^4km^2$。川中地区地表出露以中—上侏罗统为主,威远背斜和老龙坝背斜地区出露地层相对较老,为三叠系,川西地区则主要出露白垩系和第四系。本书主要针对乐山—龙女寺古隆起东端川中地区,东侧为华蓥山构造带。

图1-1 四川盆地现今构造分区图

第一节 区域大地构造

　　在大地构造位置上,研究区位于上扬子克拉通内部,研究区内海相沉积层序的发育和演化必然也与整个上扬子克拉通的发育和演化相一致。按照"构造控盆"思路,对区域性、地区性构造运动的特征与影响作用的梳理是沉积层序充填过程分析的重要环节。下面分阶段总结中上扬子地区克拉通演化阶段区域构造特征。

　　新元古代末的晋宁运动形成扬子地台基底,使扬子陆块自南华纪开始进入了板块运动机制的克拉通盆地演化阶段,其演化发展与中国大陆再造过程中特提斯洋的扩张、收缩演化阶段,以及相邻陆块之间的作用密切相关。总体而言,扬子陆块从早古生代至中三叠世,经历了在原特提斯—古特提斯洋中由南向北旋转性漂移过程中与相邻陆块(华夏陆块、华北陆块、印支陆块等)在不同时期差异性作用的发展演化史(图1-2)。一直持续到中三叠世的晚印支运动造成古特提斯洋封闭、海水退出、构造反转及前陆造山,从而结束了扬子克拉通盆地的发展演化阶段,进入陆内造山与前陆盆地的新一轮盆地演化阶段:

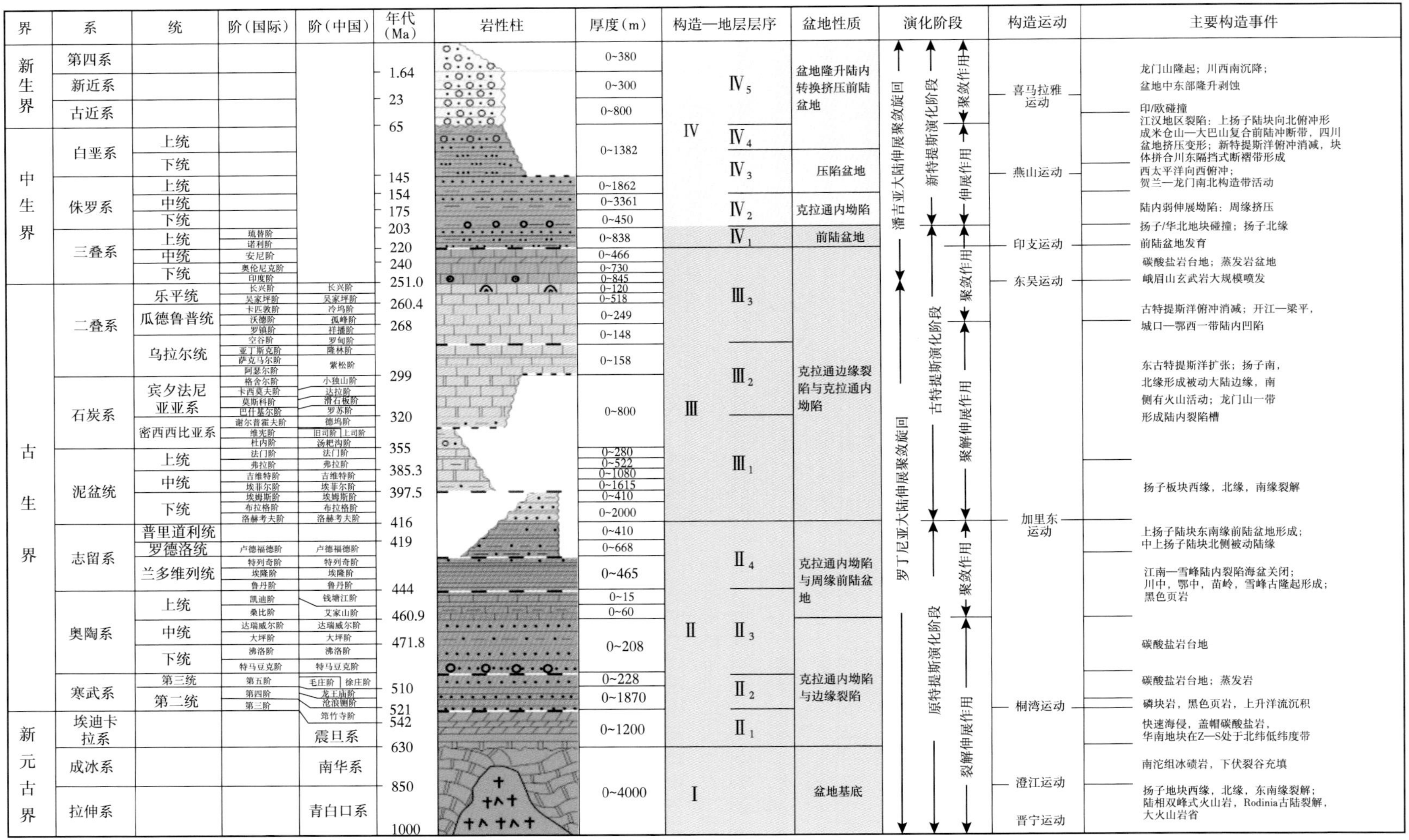

图 1-2 为四川盆地的构造—地层层序与盆地演化阶段综合图表，主要内容转录如下：

界	系	统	阶（国际）	阶（中国）	年代 (Ma)	岩性柱	厚度 (m)	构造—地层层序	盆地性质	演化阶段	构造运动	主要构造事件
新生界	第四系				1.64		0~380	IV / IV₅	盆地隆升陆内转换压扭前陆盆地	陆内造山演化阶段（挤压作用）	喜马拉雅运动	龙门山隆起；川西南沉降；盆地中东部隆升剥蚀
	新近系				23		0~300					
	古近系				65		0~800	IV₄	压陷盆地		燕山运动	印支晚期运动变形：上扬子陆块向北俯冲形成米仓山—大巴山复合前陆断冲带，四川盆地西部压陷变形，新特提斯洋俯冲消减；西太平洋向西俯冲；贺兰—龙门南北向裂陷
中生界	白垩系	上统 / 下统			145		0~1382	IV₃	克拉通陆内坳陷			
	侏罗系	上统 / 中统 / 下统			154 / 175		0~1862 / 0~3361	IV₂			印支运动	陆内弱伸展坳陷；周缘挤压；扬子伴生地块碰撞；前陆盆地发育
	三叠系	上统 / 中统 / 下统			203 / 220 / 240 / 251.0		0~450 / 0~838 / 0~730	IV₁	前陆盆地		东吴运动	碳酸盐岩台地；蒸发岩盆地
古生界	二叠系	乐平统 / 瓜德鲁普统 / 乌拉尔统		长兴阶 / 吴家坪阶 / 冷坞阶 / 孤峰阶 / 栖霞阶 / 隆林阶 / 紫松阶	260.4 / 268		0~845 / 0~120 / 0~518	III / III₃	克拉通陆内坳陷与克拉通坳陷	被动大陆边缘演化阶段		峨眉山玄武岩大规模喷发；古特提斯洋扩张；开江—梁平、城口—鄂西一带陆内回陷
	石炭系	宾夕法尼亚亚系 / 密西西比亚系		小独山阶 / 滑石板阶 / 罗苏阶 / 德坞阶	299 / 320		0~249 / 0~148	III₂				东古特提斯扩张；扬子南、北缘离散陆缘；侧有火山活动；龙门山一带形成陆内裂陷槽
	泥盆系	上统 / 中统 / 下统		维宪阶 / 杜内阶	355 / 385.3 / 397.5		0~158 / 0~800	III₁				
	志留系	普里道利统 / 罗德洛统 / 兰多维列统			416 / 419 / 444		0~280 / 0~522 / 0~1080 / 0~1615	II / II₄	克拉通陆内坳陷与边缘前陆盆地	克拉通演化阶段（伸展作用）	加里东运动	扬子板块西、东南陆缘离散陆缘大陆；北缘、苗中、雪峰岩被离形成陆缘
	奥陶系	上统 / 中统 / 下统			460.9 / 471.8		0~410 / 0~2000 / 0~410 / 0~668	II₃				上扬子—雪峰陆内裂陷海盆大面积；中上扬子陆块北侧被动陆缘
	寒武系	第三统 / 第二统			510 / 521 / 542		0~465 / 0~15 / 0~60	II₂ / II₁	克拉通陆内坳陷与边缘裂陷			江南—雪峰陆内拉张；北缘、苗中、雪峰岩被黑色页岩
新元古界	埃迪卡拉系 / 震旦系				630		0~208 / 0~228				桐湾运动	碳酸盐岩台地；蒸发岩；碳酸盐岩台地、黑色页岩；磷块岩、盖帽碳酸盐岩
	成冰系 / 南华系				850		0~1870				澄江运动	快速盐岩沉积，盖帽碳酸盐台地；华南块在三台上扬子北侧低纬度形成带
	拉伸系 / 青白口系				1000		0~1200 / 0~4000	I	盆地基底		晋宁运动	南沱组冰岩；扬子地块碎屑，北缘、东南裂解；陆相双峰式火山岩，Rodinia 古陆裂解；大山山岩

图 1-2　四川盆地的构造—地层层序与盆地演化阶段（据何登发，2011）

一、晋宁—桐湾运动阶段

华南洋向扬子陆块的俯冲，在扬子陆块东南边缘形成增生的褶皱带和华夏古陆边缘的沟弧盆体系；880～850Ma 前的晋宁Ⅱ幕导致华夏与扬子之间的古华南洋在扬子陆块的东段消失，西段的华南残留洋盆延续到加里东期。晋宁运动后形成扬子地台基底。澄江—桐湾运动时期，罗迪尼亚超大陆开始裂解（图1-3），扬子陆块处于伸展构造背景下，台缘裂陷槽与陆内裂堑发育，发育震旦系沉积盖层。

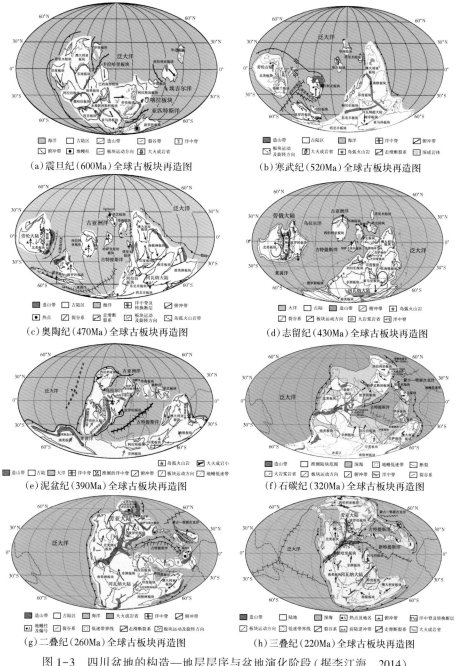

图 1-3　四川盆地的构造—地层层序与盆地演化阶段（据李江海，2014）

二、加里东运动阶段

该阶段为板块活动发展阶段，包括拉张裂陷阶段和汇聚拼合阶段，对应裂陷—被动大陆边缘盆地发育阶段和扬子克拉通上形成大隆大坳、前陆盆地发育阶段。

加里东期发生的构造运动主要有桐湾运动、兴凯运动、郁南运动和都匀运动（北流运动）等，其中：（1）震旦纪末的桐湾运动，对扬子西部影响较大，造成四川盆地西部发生隆升，并形成了乐山—龙女寺、龙门山、汉南—大巴山、雪峰和黔中的古隆起的雏形；此时，在扬子陆块西侧，德阳—安岳裂陷槽已开始发育，在灯影组发育期，裂陷槽两侧发育台缘带丘滩体；（2）早寒武世末期的兴凯运动对扬子地区影响不大，表现为隆升性质；（3）寒武纪末期的郁南运动，同样影响不显著，以隆升作用为主，造成局部不整合；（4）奥陶纪末期的都匀运动相对较强烈，活动性西强东弱、边缘强内部弱，乐山—龙女寺隆升较早且强烈，汉南和大巴山隆起继承性发育，随后雪峰隆起和黔中隆起大幅隆升，从而由西高东低演变成为东南缘隆升的格局；（5）志留纪末期的广西运动，在前期的构造格局背景下，以隆升作用为主，造成全区主体隆升，成为统一的华南隆起。

总之，加里东期的构造特征受古亚洲洋和原特提斯洋各分支俯冲、中国各陆块第一次经扩张后集合与碰撞作用的影响，而扬子陆块北缘主要响应于原特提斯洋向北俯冲，形成弧后扩张带；南缘响应于古华南洋向北俯冲消减，湘桂以挠曲盆地形式与扬子大陆边缘呈超覆关系。

三、海西—印支期（D—T₂）

该阶段为板内活动发展阶段，包括汇聚—拉张与汇聚造山—拉张两个大地构造阶段，其中汇聚—拉张阶段，发生大陆裂谷作用，形成南盘江盆地、湘桂赣裂陷盆地、勉略小洋盆等，晚期钦防海槽封闭；而汇聚造山—拉张阶段，早期大陆裂谷进一步发展，晚期陆内汇聚开始，全区由海变陆。海西—印支期，在广西运动形成的构造背景下，进一步发展的构造运动有紫云运动、云南运动（川鄂运动）、黔桂运动、东吴运动和印支运动Ⅰ幕等：

（1）广西运动（志留纪末）。对整个中上扬子区后期的发展演化产生了深刻影响，主体隆升相对稳定、边缘裂陷相对活动的构造格局一直持续到早二叠世晚期。

（2）早海西期（D—C）。扬子地台大部分持续隆升为陆，台缘（龙门山前地区）急剧裂陷，接受巨厚的稳定型—过渡型沉积。发生在该时期的紫云运动（泥盆纪末），在川鄂地区活动明显，造成石炭纪与泥盆纪的间断不整合或超覆；云南运动（川鄂运动）在早石炭世末期造成晚石炭世与早石炭世的间断不整合，形成武当隆起；而石炭纪末期的黔桂运动，以升降运动为主，造成间断不整合。

（3）东吴运动（P₂末期）。二叠纪中、早期构造环境相对稳定；发育碳酸盐岩大缓坡，晚期强烈拉伸，中二叠世末期的"峨眉地裂运动"使古特提斯洋打开，峨眉热地幔柱隆升，卧龙攀西裂谷晚二叠世早期大规模玄武岩浆喷溢活动，形成晚二叠世与中二叠世的侵蚀间断，华南隆升成剥蚀区。

（4）早印支期（T₁—T₂）。松潘—甘孜海槽弧后拉伸、沉陷、发育欠补偿活动型沉积，台缘滩岛环列，台内为上扬子蒸发海稳定型沉积。

总之，海西—印支期，扬子陆块的构造特征受古特提斯洋扩张与收缩封闭作用的影响，即：(1)石炭纪在扬子南北缘扩张形成两个东西向分支洋盆—勉略洋和钦防海槽的影响；(2)晚二叠世北缘的勉略洋向华北俯冲，南面的粤海洋由东向西、向南俯冲，而古特提斯洋由西、南向北俯冲消减的影响；(3)中三叠世继承了前期的构造背景，整体表现为俯冲碰撞作用，华南周边形成前陆盆地和前渊盆地，陆内有雪峰山、大巴山和江南造山带以及相应的前陆隆起区。即受北缘的勉略洋向北与华北碰撞，南面的粤海洋向南俯冲，西缘的甘孜—理塘小洋盆由东向西俯冲作用影响。

四、晚印支期(T₃)

该阶段属于印支—燕山—喜马拉雅旋回。古特提斯洋封闭，北部华南与华北碰撞聚合为一体，南部华南与三江地区为统一的浅海域，西部松潘甘孜海槽、龙门山台缘坳陷回返、构造反转、造山成盆，川西 T₃x 前陆盆地形成、演化，进入陆内造山与前陆盆地发育的新阶段。

上述分析表明，中上扬子地区震旦纪至中三叠世，经历了多阶段构造演化、多期构造运动改造，具有多类型盆地叠合、多旋回沉积充填和多期成藏的突出特征。

第二节　地层发育特征

钻井揭示，川中地区沉积盖层从老到新依次是震旦系、寒武系、奥陶系、志留系、石炭系、二叠系、三叠系、侏罗系，缺失泥盆系，基底岩系为前震旦系的结晶岩(图 1-4)，震旦系不整合于前震旦系花岗岩基底之上。

一、前震旦系

前震旦系在川中地区为变质岩及岩浆岩，根据女基井钻井揭示，龙女寺背斜基底发育前震旦系火山岩，岩性为英安岩，而威远地区威 15 井揭示基底为黑云母石英闪长岩，威 28 井和威 117 井则钻示基底岩性为花岗岩夹薄层辉绿岩。

二、震旦系

震旦系为四川盆地最古老的沉积盖层，不整合于前震旦系之上，主要发育陡山沱组和灯影组。陡山沱组为下震旦统，沉积序列可分为四段：一段、三段为灰白色、白色碳酸盐岩，二段、四段则为黑色页岩，俗称为"两白两黑"。上震旦统灯影组主要为碳酸盐岩沉积，主要发育大套的藻白云岩、晶粒白云岩夹薄层砂、泥页岩及硅质岩，根据岩性组合可以分为四段：灯一段为晚震旦世早期海侵的产物，岩性主要为浅灰色—深灰色层状粉晶白云岩，含砂屑云岩和藻云岩，局部夹有硅质条带及燧石；灯二段主要为浅灰色—灰白色藻云岩、粉晶云岩，发育叠层状、雪花状、团块状及葡萄状结构，发育古藻类，含硅质云岩；灯三段岩性主要为深灰色—灰色细—粉晶层状云岩，川中地区底部为深灰色泥岩；灯四段主要为层状、溶孔粉晶云岩、含砂屑云岩、藻云岩，局部夹有硅质条带以及燧石。受震旦系灯影组沉积期的桐湾运动影响，灯二段、四段遭受风化剥蚀，形成区域性孔、洞层，是高石梯—磨溪台缘带的主力产层。

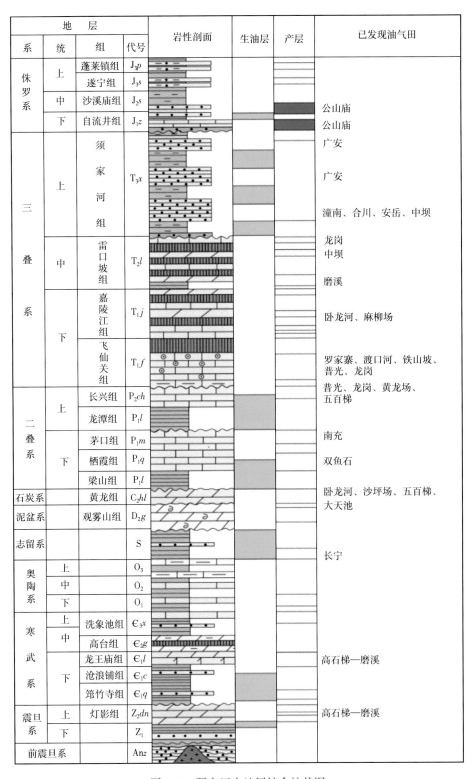

地 层				岩性剖面	生油层	产层	已发现油气田
系	统	组	代号				
侏罗系	上	蓬莱镇组	J₃p				
	上	遂宁组	J₃s				
	中	沙溪庙组	J₂s				公山庙
	下	自流井组	J₁z				公山庙
三叠系	上	须家河组	T₃x				广安
							广安
							潼南、合川、安岳、中坝
	中	雷口坡组	T₂l				龙岗 中坝
							磨溪
	下	嘉陵江组	T₁j				卧龙河、麻柳场
		飞仙关组	T₁f				罗家寨、渡口河、铁山坡、普光、龙岗
二叠系	上	长兴组	P₂ch				普光、龙岗、黄龙场、五百梯
		龙潭组	P₁l				
	下	茅口组	P₁m				南充
		栖霞组	P₁q				双鱼石
		梁山组	P₁l				
石炭系		黄龙组	C₂hl				卧龙河、沙坪场、五百梯、大天池
泥盆系		观雾山组	D₂g				
志留系			S				长宁
奥陶系	上		O₃				
	中		O₂				
	下		O₁				
寒武系	上	洗象池组	€₃x				
	中	高台组	€₂g				
	下	龙王庙组	€₁l				高石梯—磨溪
		沧浪铺组	€₁c				
		筇竹寺组	€₁q				
震旦系	上	灯影组	Z₂dn				高石梯—磨溪
	下		Z₁				
前震旦系			Anz				

图 1-4 研究区内地层综合柱状图

三、寒武系

寒武系为一套相对稳定、可全区对比的海相碳酸盐岩夹碎屑岩地层，桐湾运动造成上扬子地区发生构造抬升，地层遭受剥蚀，而形成高低不平的古地表形态。下寒武统麦地坪组和筇竹寺组就是在这种高低起伏的古地貌基础上开始沉积的，麦地坪组主要分布在德阳—安岳裂陷槽内。研究区西侧的高石17井钻遇这套地层，为一次大规模海侵沉积背景下发育的地层，岩性为一套泥质白云岩、硅磷质白云岩、磷质黑色页岩呈纹层状互层的深色细粒沉积物。筇竹寺组为一套岩性较细的海侵期沉积，岩性为粉砂岩、砂质泥页岩夹细砂岩，是四川盆地重要的烃源岩。沧浪铺组在研究区内下部为细—粗粒石英砂岩，上部为含砾石英砂岩，砾石磨圆度好，矿物成熟度和成分成熟度较高，为含砾砂质潮坪相沉积。龙王庙组发育了一套鲕粒灰岩、灰质白云岩和白云岩，大多呈条纹状及花斑状，以及具有波状的泥质条带，化石比较稀少，为浅水缓坡沉积，高石梯—磨溪地区龙王庙组气田的储层主要为一套滩相孔隙型白云岩储层，储集空间主要为粒间溶孔和晶间溶孔，储层基本上是孔隙型的，储集性能较好。中寒武统高台组，岩性分为上下两段：下部为一套泥质白云岩夹紫红色泥岩，上部为一套紫红色泥质粉砂岩和白云质粉砂岩夹紫红色的泥岩；中—上寒武统洗象池组岩性比较单一，为大套厚层块状细晶白云岩、粉晶白云岩，局部层段可见生屑白云岩、溶孔白云岩，含牙形石化石。

四、奥陶系

奥陶系为一套陆源碎屑岩及碳酸盐岩的沉积。加里东运动导致隆起上的奥陶系遭到不同程度的剥蚀，在隆起高部位，奥陶系剥蚀缺失，该地层在古隆起两翼残余厚度增大。下奥陶统桐梓组中—下部为泥页岩夹薄层生屑灰岩，上部为页岩。红花园组为一套厚层块状粗粒生屑灰岩；湄潭组则是一套泥页岩、粉砂岩，偶夹石灰岩。中奥陶统十字铺组下部以石灰岩为主，上部为泥页岩夹泥质灰岩，含牙形石、几丁石等化石。上奥陶统宝塔组、临湘组为一套含泥质较多的石灰岩，前者以特有的"龟裂纹"为特色，后者以"疙瘩状灰岩"为特征，五峰组发育一套黑色碳质页岩，上部为硅质页岩。

五、志留系

志留系为一套以黑色和灰绿色页岩为主的沉积，间夹粉砂岩、生物灰岩和钙质页岩薄层。在乐山—龙女寺隆起高部位，志留系被剥蚀殆尽，往两侧及隆起低部位残余厚度逐渐加厚。志留系从下至上为龙马溪组、小河坝组、韩家店组、金台关组、车家坝组，岩性特征如下：下志留统龙马溪组下部为黑色笔石页岩，含大量笔石，厚薄不一，上部多为灰色、灰黄或绿黄色页岩夹粉砂岩或灰质瘤核，含少量笔石，与下伏地层五峰组为连续沉积。小河坝组下部为中、厚层绿灰色粉砂岩，局部夹薄层生物碎屑灰岩，上部为黄绿色、灰绿色页岩及粉砂质页岩，夹薄层生物灰岩或石灰岩透镜体，石牛栏组下部（即桥沟段）为黑色灰质页岩与薄层瘤状灰岩、石灰岩互层，上部（即石牛栏段）为灰色瘤状泥灰岩、泥质灰岩，偶夹黄绿色泥岩；中志留统韩家店组发育了一套灰绿、蓝灰色泥岩和粉砂质泥岩，下部黄绿色、蓝灰色泥岩。

六、石炭系

研究区内的石炭纪地层分布范围比较局限，主要在研究区的东部。主要发育由厚层白云岩组成的黄龙组，超覆于志留系之上，假整合于二叠系梁山组之下，含螳类带，一般厚数十米，为研究区内重要的天然气储层。

七、二叠系

研究区内二叠系披覆沉积于乐山—龙女寺古隆起之上，在川中地区，下二叠统梁山组下部为浅灰、紫色黏土页岩、含铁绿泥石黏土岩，局部富集为鲕状、豆状赤铁矿；中部为灰、灰白色铁铝质泥岩，致密状、豆状铝土矿；上部为灰褐色、黑色碳质页岩夹煤线或薄无烟煤层。中二叠统栖霞组发育了大套深灰色生屑泥晶灰岩夹泥质岩、生屑灰岩的碳酸盐岩台地沉积。茅口组主要为一套深灰色、灰色及灰白色的厚层到块状的泥晶灰岩和泥晶生屑灰岩、藻灰岩，局部见少量白云岩，含较多的燧石团块或条带。上二叠统龙潭组发育一套黑灰色页岩与褐灰色石灰岩不等厚互层。长兴组下部发育灰色厚层泥晶灰岩、骨屑灰岩、藻灰岩，中—上部则为灰白色中厚层含燧石、条带灰岩、云质灰岩和生物灰岩，顶部为薄层泥晶灰岩、白云质灰岩与黏土岩不等厚互层夹硅质层及燧石。

八、三叠系

三叠系平行整合于二叠系之上，包括下三叠统飞仙关组、嘉陵江组，中三叠统雷口坡组，上三叠统须家河组。下三叠统飞仙关组为一套广海台地相石灰岩与潮间、潮上带红色碎屑岩交替沉积；嘉陵江组与雷口坡组为闭塞海湾碳酸盐岩与蒸发岩沉积。中三叠世末发生的印支运动导致雷口坡组遭受剥蚀，剥蚀程度由北西向南东逐渐加剧。上三叠统须家河组为一套海陆交互相砂、泥岩沉积。

第三节　构造演化历程

总体来看，四川盆地前震旦系基底之上的沉积盖层巨厚，总体可分为海相和陆相两大套地层，总厚达 6000～12000m。中三叠统须家河组及其以上为碎屑岩地层，厚 2000～5000m；震旦系—中三叠统以海相碳酸盐岩地层为主，厚 4000～7000m。其中研究区位于川中古隆起之上，东部过渡为泸州古隆起（图 1-5），在工区内沉积及构造整体受川中古隆起和泸州古隆起演化的控制。根据川中古隆起上地层发育特征来看，海相地层主要发育以下 7 个区域不整合面。

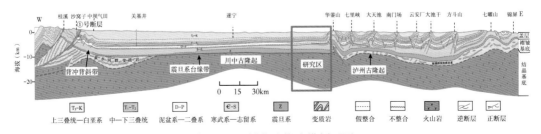

图 1-5　四川盆地构造横剖面图

8

（1）震旦系/前震旦系：为晋宁运动的产物，震旦系沉积岩不整合于前震旦系变质岩或侵入体之上。

（2）寒武系/震旦系：代表桐湾运动，寒武系与震旦系之间在区域上呈平行不整合接触，向川中乐山—龙女寺古隆起方向，寒武系由东、西两侧向其减薄，下寒武统底界向其有上超现象，寒武系顶界则被削蚀，表明乐山—龙女寺古隆起既具有同沉积性质也具有剥蚀特征，该隆起四周为坳陷区，隆起和坳陷的幅度差为3000m左右，表明寒武纪时四川盆地已呈现出"大隆大坳"的构造格局。

（3）奥陶系/寒武系：为加里东中期运动产物，主要表现在斜坡部位奥陶系的上超沉积特征，奥陶系顶部自东向西被削截。

（4）志留系/奥陶系：在乐山—龙女寺隆起两侧见志留系的上超现象。

（5）二叠系/前二叠系：二叠统与前二叠系之间为一区域性角度不整合界面，为海西晚期运动的产物，下二叠统在盆地内部大范围缺失，中二叠统主要超覆于石炭系、志留系或奥陶系之上。

（6）上二叠统/中二叠统：中—上二叠统之间也为平行不整合接触，在上扬子地区称为东吴运动，在晚二叠世受"峨眉地幔柱"活动的影响，峨眉山玄武岩大规模喷发，盆地内部正断裂活动频繁。

（7）上三叠统/中三叠统：为中—上三叠统之间的角度不整合界面，为印支早期运动的产物，标志着盆地范围海相沉积的结束；中三叠统雷口坡组顶部被削截，在研究区内整个雷口坡组自东南向西北增厚。

一、川中古隆起构造演化

（一）雏形阶段

晋宁运动后到震旦系沉积之前，四川盆地基底基本已形成，沉积了前震旦纪南沱期的冰碛岩，主要分布于川东北、龙门山、大巴山及西昌—甘洛地区，四川盆地内部缺失这套沉积。冰期过后，四川盆地接受了陡山沱组的黑色页岩、粉砂岩以及薄层碳酸盐岩的沉积，地层厚度在0~250m，但威远—龙女寺等川中地区该地层厚仅为9~20m，是盆地内发育最薄的地区，表明川中地区在当时可能已经表现为隆起形态，但该隆起构造幅度并不大，主要是与基底活动有关。

灯影组继陡山沱组之后沉积，沉积初期四川盆地发生海侵，灯影组为大套藻白云岩沉积，灯一段在古隆起东南翼发育一系列上超尖灭点。综合井数据和地震资料来看，灯影组灯一段沉积时期，乐山—龙女寺古隆起的东南翼地势相对较低，川中地区可能表现为隆起，其中女基井、高石1井所在地区位于隆起的斜坡上。而到灯一段沉积末期，海水淹没了研究区，并进一步扩展到后龙门山地区，四川盆地此时接受了灯二段沉积，灯二段相对稳定，沉积厚度较大，而到该段沉积末期，桐湾期构造运动Ⅰ幕开始活动，古隆起发生差异抬升，自东向西剥蚀厚度逐渐增加。该构造运动之后，古隆起又一次发生沉降，从而沉积灯三段，盆地内部坡度较缓，灯三段在东南翼仅存在两个上超尖灭点。灯四段沉积以后，桐湾运动Ⅱ幕导致古隆起再次发生整体抬升并遭受剥蚀，高石17井可能位于古隆起高部位，灯三段、灯四段被全部剥蚀。

综合以上分析，古隆起在桐湾运动期间大规模的隆起，地层被强烈剥蚀，灯影组在威远至渠县一带的残余厚度为500~700m，向两侧地区其可达800~1200m，表明古隆起在震旦系灯影组沉积时期具有沉积兼隆起剥蚀的性质，为古隆起的雏形发育期。

（二）发展阶段

桐湾运动之后，川中地区发育近南北向的裂陷槽，导致古隆起的古地貌为高低不平的形态，海侵再次在东南方向发生，古隆起东南翼识别出一系列上超尖灭点，在裂陷槽内部也可以识别出上超尖灭点。在北东—南西向剖面上，川中地区主要以填平补齐为主，威远—高石梯一带发育裂陷槽，该裂陷槽呈近南北方向，槽内沉积了巨厚的下寒武统麦地坪组和筇竹寺组。早寒武世末期，乐山—龙女寺古隆起再次抬升，其西北翼发育剥蚀尖灭点，而川中地区的剥蚀现象是受后期加里东运动的影响。该期构造运动后，发生海侵，在古隆起边部中—上寒武统中可识别出上超尖灭点，受后期加里东运动影响，古隆起核部大部分地区中—上寒武统剥蚀殆尽。寒武纪晚期发生的构造活动可能仅发生在龙门山地区以及川西地区，这些地区构造抬升，寒武系被严重剥蚀，古隆起东南翼仍处于水下而继续沉积了奥陶系。从井对比剖面上来看，中—下寒武统厚度向川中明显减薄，说明海侵的存在。奥陶系基本继承了寒武纪末期古隆起的构造形态，即西北隆、中部高、东南注，而沉积物表现为西北粗、东南细。乐山—龙女寺古隆起核部奥陶系基本被剥蚀殆尽，仅在古隆起核部边缘有分布，古隆起的东南翼保存相对较完整，剖面上能够识别出多个上超尖灭点。而从井资料来看，古隆起上的井位仅残留下奥陶统，但在古隆起翼部，尤其是东南翼，奥陶系保存相对完整，可以看到地层厚度从东南翼向川中逐渐减薄，从而判断在奥陶系沉积期间，乐山—龙女寺古隆起可能是同沉积隆起。而到晚奥陶世，研究区再次抬升，东南部抬升幅度最小，仅剥蚀了上奥陶统，从地震剖面上来看，其他大部分地区，基本上是下奥陶统与志留系直接接触，说明中—上奥陶统可能在这一时期被剥蚀。

经过晚奥陶世的构造作用，古隆起再次沉降并接受沉积，在地震剖面上志留系存在非常明显的上超现象，说明研究区再次进入了缓慢海侵阶段。

（三）强烈隆升剥蚀阶段

志留纪末期，上扬子区发生大规模抬升并遭受强烈剥蚀，乐山—龙女寺隆起核部被严重剥蚀，川西南地区可能一直剥蚀到震旦系灯影组，古隆起翼部剥蚀相对较弱，剥蚀作用时间可能持续到二叠系沉积前。

综合以上分析，乐山—龙女寺古隆起发育在前震旦纪基底上，经过桐湾运动，震旦纪末期具备雏形，随后古隆起经历了多旋回构造升降运动，最后经过加里东晚期运动的强烈隆升剥蚀被夷平，在二叠纪之前定型为加里东期的继承性古隆起。

（四）稳定埋藏阶段

二叠纪以后，乐山—龙女寺古隆起进入后期构造调整改造阶段，二叠纪时，四川盆地进入稳定的克拉通盆地发育阶段，古隆起接受了稳定沉积。早二叠世末，东吴运动导致古隆起再次被抬升并遭受短暂剥蚀。随后接受中—下三叠统沉积，地层厚度稳定，至中三叠世末，四川盆地发生构造反转运动，四川盆地泸州、开江古隆起发育，乐山—龙女寺古隆起受其影响东南隆升，西北沉降，古隆起古生界构造轴线向东南方向迁移，资阳古隆起在此时形成。二叠系—中三叠统表现为单斜，雷口坡组在研究区东南部遭到强烈剥蚀。

（五）川西前陆盆地发育阶段

至晚三叠世，四川盆地仍然表现为川西地区坳陷、川东南地区相对隆升、川西前陆盆地发育。古隆起前震旦系滑脱层发育，古生界地层构造轴线继续向东南方向迁移，二叠系—中三叠统单斜构造形态更加明显。嘉陵江组滑脱层仅在龙门山前一带发育，构造应力并未传递到华蓥山西侧川中古隆起上。

（六）调整定型阶段

侏罗纪末期，嘉陵江组滑脱层之下的构造层继承了之前的构造变形特征，川西仍然为坳陷盆地。进入喜马拉雅期，构造应力通过嘉陵江组膏岩滑脱层继续向川中传递，龙泉山持续隆升，川中地区在膏岩滑脱层之上同样发育了一系列逆断层和反冲断层。到13~8Ma，受青藏高原东缘的扩张和隆升的影响，研究区深层发育大型的构造楔，导致龙门山迅速隆升，川西南地区遭受挤压变形，古隆起轴线继续向东南迁移，威远背斜迅速隆升，乐山—龙女寺古隆起演化为现今的构造形态。

二、泸州古隆起构造演化

泸州古隆起的发育时限几乎横跨了整个三叠纪，具有持续发展变化的特征。众所周知，中—晚三叠世是四川盆地从克拉通盆地阶段向挤压或前陆盆地阶段转变的关键时期。尤其是中三叠世雷口坡组沉积期，是四川盆地结束海相沉积的最后时期，同时也是前陆盆地形成前奏。该时期的四川盆地以海相碳酸盐岩沉积为主，受北东—南西走向的泸州—开江古隆起带对盆地古地理格局的影响，盆地的沉积充填具有明显的分异特征。在隆起区以障壁岛沉积为主，古隆起西北一侧以蒸发台地、灰质潟湖沉积环境为主，广泛发育碳酸盐岩，而在古隆起东南一侧，则以潮下台盆沉积环境为主，向东南至江南雪峰古隆起西北侧的桑植地区，则以灰色、紫红色泥岩、粉砂质泥岩及青灰色粉—细砂岩为主，显示出碎屑颗粒含量由西北向东南逐渐增加的趋势。

从大地构造背景来看，四川盆地的东南缘为江南—雪峰造山带，其在中三叠世受到了板块拼贴、陆内变形和深部动力等多种因素的综合影响，持续向西北方向推进，形成一系列逆冲推覆构造。现今江南雪峰地区及其邻区基本缺失中三叠统，且缺失范围呈北东—南西向展布特征，与泸州古隆起主体呈北东—南西的走向一致。江南—雪峰造山带在中三叠世逐渐扩大并隆升成为四川盆地重要的物源区，这使得泸州古隆起东南一侧形成了山前坳陷区，总体具有东高西低的地势，沉积中心也逐渐向西迁移。四川盆地西侧的龙门山地区，在中三叠世仍以拉张环境为主，为受正断层控制形成的水下低缓隆起区，以咸化浅海沉积环境为主，富含藻类生物。龙门山以西地区为松潘—甘孜被动大陆边缘盆地，仍以拉张环境为主，发育一系列相间排列的裂谷带和掀斜隆升断块，总体具有西低东高的地貌特征，为一套海相碳酸盐岩建造。松潘—甘孜地区在晚三叠世早—中期构造活动强烈，沉积了巨厚的复理石建造，以被动大陆边缘深海斜坡和浅海陆棚环境为主，直到晚三叠世晚期，古特提斯洋的关闭才导致该地区裂谷带发生强烈的挤压，早期地层遭受区域动力变质而褶皱变形，与东部四川盆地在龙门山地区挤压拼贴形成川西前陆盆地。

在泸州古隆起核部地区北西—南东向地震剖面上，中三叠世的泸州古隆起核部地区总体呈中部高、两侧低的地貌特征，靠近盆地边缘地区，在先存的变形程度较弱的古生界之上，沉积了早三叠世及中三叠世地层，尤其是雷口坡组仅残存于古隆起的两侧，厚度较薄。至晚三叠世，上扬子地区广泛的挤压构造活动，尤其是来自东南侧江南雪峰地区的挤压应力，使得东南部逐渐抬升形成西低东高的地势，晚三叠世须家河组厚度自西向东逐渐减薄，而下部寒武系泥、页岩和膏盐岩层受构造活动影响发生褶皱变形，部分地区沿寒武系滑脱层发生逆冲断层，切穿寒武系上部地层向上传播。由此可见，泸州古隆起的动力成因主要来自其东南缘的江南雪峰带，其在印支期早期的造山过程中的应力远程传递效应，使得在其山前坳陷的西侧形成了前缘隆起带。此时的川西前陆盆地还未形成，表现为坳陷盆地性质。

至侏罗纪—早白垩世沉积期，盆地东部地区应力减弱，进入克拉通内坳陷盆地演化阶段，沉积了较厚的新生界，而来自盆地西缘的构造挤压活动的向东传递，导致沿寒武系滑脱层发育向东传播的断层。至晚白垩世，构造挤压活动再次加强，早期沉积的侏罗纪、晚白垩世地层发生广泛隆升并遭受剥蚀，而沿寒武系滑脱层发育的断层活动性得到加强，切穿了志留系的泥、页岩层，持续向上传播，早期褶皱形态形成。晚白垩世以后，受来自东西方向上的构造挤压应力持续作用的影响，断层不断向上传播，褶皱不断隆升扩大，并在长期的风化剥蚀作用下逐渐形成现今构造格局。

第四节　区域古地理格局

一、四川盆地及周缘震旦系岩相古地理

灯一段沉积时期发生大规模的海侵，形成了一个陆表海沉积，该时期盆地坡度较缓，沉积水体深度相差不大，为一套泥晶白云岩沉积，局部见少量藻席白云岩。盆地西部乐山、绵竹—广元等地区靠近陆地边缘地区主要为泥云坪相沉积，盆地中部和东部为藻云坪和颗粒滩沉积，其中颗粒滩的分布范围相对局限，盆地南部长宁地区出现膏盐坪沉积，在宁1井沉积大套的膏岩，反映灯一段该地区环境相对局限。盆地靠近贵州余庆小腮至丹寨南皋一带，为灰泥坪相，沉积厚度明显变小，为泥晶灰岩、云质灰岩和泥岩沉积。灯二段沉积时期发生了大规模海退，水体较浅，大面积发育藻云岩。野外露头上可见鸟眼、窗格等潮坪相沉积构造，沉积物以葡萄状藻云岩、纹层状白云岩、粒屑云岩和泥粉晶云岩为主。盆地内以藻丘和颗粒滩大面积分布为特征，其中川中威远、高石梯—磨溪地区颗粒滩亚相最为发育。盆地东南部的丁山1井和林1井灯影组厚度较大，藻纹层白云岩和藻砂屑白云岩发育，为颗粒滩相沉积，尤其以贵阳清镇、金沙岩孔、遵义松林等剖面上颗粒滩最为典型。川中高石梯—磨溪地区主要为台地边缘藻丘相，高石梯—磨溪地区东部为台地内部藻丘沉积。

灯四段沉积时期水体整体较浅，由于桐湾运动的影响，盆地整体西部抬升、东部沉降，表现为一海退过程。盆地西部发育泥云坪相，盆地中部发育藻丘和颗粒滩相，盆地东部边缘以东地区为斜坡—盆地相沉积。川中高石梯—磨溪地区主要为台地边缘藻丘相，高石梯—磨溪东部为台地内部藻丘沉积。

二、四川盆地及周缘寒武系龙王庙组岩相古地理

从岩相古地理格局分析，在威远—高石梯—磨溪—仪陇一带发育的颗粒滩，与膏质潟湖的发育具有明显的相关性，颗粒滩位于混积潮坪与膏质潟湖之间，即颗粒滩发育区远离陆源物质的干扰并且远离潟湖，沉积环境水动力较强，具体体现在岩相古地理图上及颗粒滩发育在混积潮坪与膏质潟湖之间。在高石梯—磨溪地区，颗粒滩展布方向为北东南西方向，磨溪地区颗粒间大面积分布，但一些颗粒滩之间存在滩后潟湖，滩后潟湖虽然储层仍然发育，但发育规模相对稍差，例如磨溪205井、磨溪18井及磨溪203井等处于滩后潟湖发育区。高石梯地区颗粒滩发育规模较磨溪地区稍差，但高石6井—高石10井方向颗

粒滩仍比较发育。在磨溪构造与高石梯构造之间存在一个北东南西方向的滩间海发育区，滩间海以泥质泥晶白云岩沉积为主，储层较差，例如磨溪 21 井、高石 3 井、高石 2 井处于滩间亚相储层相对较差，安平 1 井及磨溪 20 井处于滩间海边缘储层也稍差。总体来说川中高磨气田龙王庙组为大面积连片分布的台内颗粒滩相，其东部颗粒滩分布变小、厚度变薄。

三、四川盆地及周缘寒武系洗象池组岩相古地理

洗象池组在四川盆地西部被剥蚀。从岩相古地理格局看，川中地区及川东北地区为开阔—半局限台地，川东南地区为局限—蒸发台地，北部大巴山及东部鄂西存在台地边缘—盆地相沉积。川中高石梯—磨溪地区发育零星分布的台内颗粒滩沉积，台内滩厚度及迁移规律不明确。

四、四川盆地及周缘二叠系栖霞组岩相古地理

梁山组滨岸沼泽相之上，发生大范围海侵，形成了栖霞组清水碳酸盐台地沉积大部分地区为深灰色泥质灰岩、泥晶灰岩、泥晶生屑灰岩及生屑灰岩，部分地区见白云石化生屑灰岩、泥晶生屑灰岩及生屑泥晶灰岩。川西地区都江堰虹口、上寺长江沟、北川通口等露头均发育了浅灰色块状亮晶砂屑灰岩（局部白云石化），代表着中缓坡沉积（台地边缘）。在川中地区遂宁—资阳—雅安一线，发育三个面积较大的台内滩。

五、四川盆地及周缘二叠系茅口组岩相古地理

茅口组沉积时期基本上继承了栖霞组沉积时期的沉积格局。总体沉积水体较栖霞期加深，岩性以眼球状灰岩、深灰色泥晶生屑灰岩为主。盆地西南部宝兴县跷碛头道桥见混杂堆积的角砾灰岩，为上斜坡沉积物（外缓坡上部），可以推测其东边存在浅缓坡台地边缘。遂宁—资阳—雅安一线同样发育台内滩，表现近东南向条带状展布，主要发育在开江古隆起和泸州古隆起地区。

六、四川盆地及周缘二叠系长兴组岩相古地理

长兴组沉积期，沉积面貌总体继承了前期的格局，但随着张裂及差异升降作用的持续进行，海侵范围更大，开江—梁平盆地相范围明显增大，而川西南陆源碎屑岩沉积区明显缩小，并在川中地区出现了面积较大及分布稳定的台内洼地亚相区，以及台缘及台内生物礁大量发育。高石梯—磨溪地区围岩台内洼地的东南部，合川—潼南工区内存在台内洼地、台地边缘礁滩沉积相的分异。

七、三叠系雷口坡组岩相古地理

盆地内部以半局限台地相灰岩夹白云岩沉积为主，川中遂宁—营山地区等相对低洼处演化成膏盐潟湖沉积环境，主要为泥晶灰岩及膏盐岩沉积，属于水体相对较深、能量较低的潮下低能产物。川东万州—云阳—奉节等地区陆源砂泥质增多，主要为碎屑潮坪沉积。值得关注的是，川中磨溪—合川—广安等地区雷三段发育四套孔隙型台内浅滩颗粒白云岩，主要为砂屑、生屑白云岩，局部发育斜层理，井间对比性强，测井曲线响应特征表现为低电阻率、低自然伽马值，相对高的声波时差。

第二章 构造特征及其演化

根据区域及邻区地质研究成果，结合构造演化史分析，确定研究区构造特征、断裂发育特征、组合样式，并根据断层发育样式，对断层进行识别组合。在此基础上根据各次构造运动的特点和所掌握资料程度的差异，采用不同的恢复方法，恢复四川盆地在加里东运动、昆明运动、东吴运动、印支运动、喜马拉雅运动期间的剥蚀地层及关键时期古构造，并明确其构造演化特征。

第一节 构造解释及构造特征

一、区域地层对比

区域地层格架的精确建立，对明确各类沉积体在地层格架内的分布及空间配置关系具有重要意义。按照"划分原则是从大到小，对比原则是先划分后对比"，建立海相地层层序格架的思路及步骤是：首先，借鉴前人地层划分对比成果，选择工区内对海相沉积水体变化反应敏感的钻井作为标准井，识别标志层及垂向沉积旋回；其次，根据标准井标志层选择结果，外推临近钻井，并依次外推，进行地层划分；最后，根据标准井地层划分结果，选择典型剖面，建立连井地层划分对比剖面。

在单井及连井地层划分对比的基础上，通过精确井震层位标定，在地震数据体上找到标志层对应的地震反射同相轴，并对反射界面进行追踪闭合，最终在地震数据体上建立空间地层层序格架，为精细沉积体及储层刻画提供地层格架约束。

（一）标志层选取及地层划分

通过对川中地区钻井电性及岩性特征分析，在海相沉积地层中一共识别出来 11 个标志层，顶底均为岩性岩相突变界面（图 2-1）。

标志层 1——灯三段：整体为一套海泛沉积层，在全区已钻遇钻井上，具有很好的对比性。在工区西侧高石梯—磨溪台缘带的层段以泥岩沉积为主，向工区东侧随沉积地貌变化，白云质含量增加。总体来看，灯三段是一套黑色页岩夹硅质岩和粉砂岩薄层，厚度 30~80m，磨溪地区该层页岩较薄，主要为深灰色粉砂岩与灰色白云质粉砂岩互层。在电性特征上，与灯二段之间表现为 GR 测井曲线明显的突然增加，而顶部与灯四段呈渐变。

标志层 2——筇竹寺组：为灯影组沉积之后，遭受暴露溶蚀作用之后的一次大规模的海侵沉积层，在全区可对比性好。岩性以黑色页岩、碳质页岩、粉砂岩为主，底部含磷。在电性特征上，与下伏灯影组之间 GR、AC 及 RT 测井曲线均表现为突变接触，其中 GR 和 AC 表现为突变增加，而 RT 表现为突然降低。与上覆沧浪铺组之间为渐变。

标志层 3——高台组：岩性整体为一套白云岩、砂质云岩间夹棕红色泥岩及页岩。在电性上，与下伏龙王庙组白云岩和上覆洗象池组白云岩之间也存在明显差异，其中 GR 和 AC 色变大，齿化幅度较大，RT 变小。

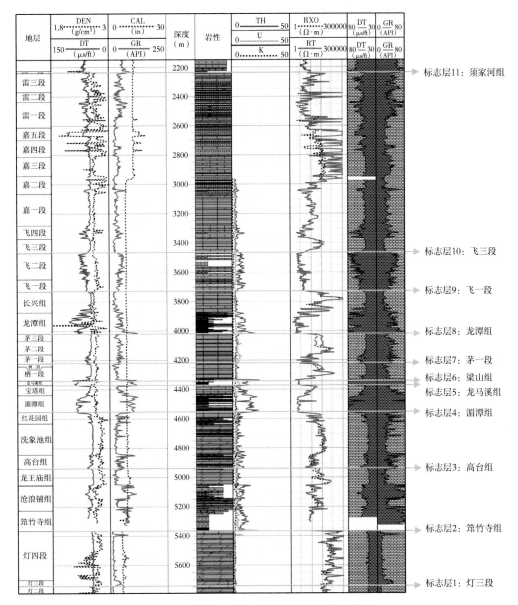

图 2-1　合探 1 井标志层及地层划分柱状图

标志层 4——湄潭组：整体为一套区域性海泛层，底部为突变接触，全区可对比性较好，在乐山—龙女寺隆起之上，局部被剥蚀。岩性特征一套深灰色、黑色页岩夹生物灰岩，上部石灰岩渐多。在电性特征上，底部 GR 和 AC 突变增加，RT 突变降低，呈明显的台阶状。顶部 GR、AC 和 RT 渐变。

标志层 5——龙马溪组：整体为一套区域性海泛层，底部为突变接触，全区可对比性较好，整体向乐山—龙女寺隆起上超，在乐山—龙女寺隆起之上局部被剥蚀。岩性为一套黑色页岩，富含笔石，上部深灰色至灰绿色页岩、粉砂质页岩。在电性特征上，底部 GR 和 AC 突变增加，RT 突变降低，呈明显的台阶状。

标志层 6——梁山组：底部为一区域性角度不整合面，为二叠系海泛沉积物，区域上可对比性较好。岩性为灰色及灰黑色页岩，铝土质泥岩夹薄层泥灰岩及薄煤层。

标志层7——茅一段：岩性整体为一套深灰色富泥质泥晶灰岩、泥晶灰岩，具眼球状构造。在电性上，与下伏栖霞组石灰岩和上覆茅二段石灰岩之间也存在明显差异，其中GR和AC变大，齿化幅度较大，RT变小。

标志层8——龙潭组：整体为一区域性发育的海泛面，底部与茅口组为假整合接触，区域上可对比性较好。研究区内岩性整体为深灰色、灰色页岩、砂岩夹煤层，向上整体泥灰岩层含量增加。在电性特征上，GR、AC及RT与茅口组呈突变特征。

标志层9——飞一段：研究区内对比性较好。岩性整体灰褐色、灰色泥灰岩夹紫红色泥岩。电性特征上，GR、AC及RT与长兴组呈突变特征。

标志层10——飞三段：研究区内对比性较好。岩性整体为灰褐色石灰岩。电性特征上，GR和AC与飞二段呈突变特征。

标志层11——须家河组：区域性可对比界面，界面之上为陆相碎屑岩沉积，界面之下为海相碳酸盐岩沉积，岩性界面明显，可对比性强。

在对海相地层标志层发育特征认识的基础上，对钻井精细地层划分，可为地层对比打下基础。

(二)连井地层对比

在对川中地区典型井海相沉积地层划分的基础上，选择连井剖面进行地层对比。

研究区地层发育相对完整，从震旦系至三叠系均有发育，其中有两个缺失层段，即川中地区西部缺失奥陶系—志留系、川中地区南部缺失雷口坡组顶部地层。如高石1井—广探2井剖面，该剖面位于乐山—龙女寺隆起南翼，整体与乐山—龙女寺隆起枢纽平行。从图2-2来看，奥陶系—志留系的地层缺失较多；在广探2井附近，奥陶系—志留系残留厚

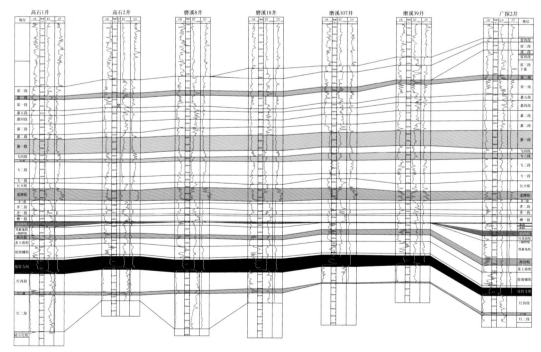

图2-2　过高石1井—高石2井—磨溪8井—磨溪18井—磨溪107井—磨溪39井—
广探2井连井地层对比图

度逐渐变大。该剖面上，二叠系发育较全，对比性较好。三叠系雷口坡组顶界是一个削蚀不整合面，在磨溪18—广探2井一线还残存少量的雷四段，但是到高石1—磨溪8井一线，雷四段缺失。

如高石17井—涞1井连井剖面，该剖面是位于乐山—龙女寺隆起南翼，整体与乐山—龙女寺隆起枢纽平行。从图2-3来看，缺失部分奥陶系—志留系。该剖面上，二叠系发育较全，对比性较好。三叠系雷口坡组顶界是一个削蚀不整合面，该剖面雷四段整体缺失。

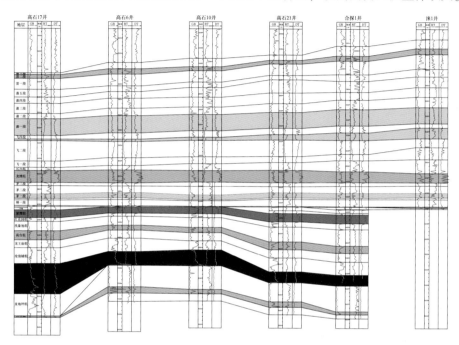

图2-3 过高石17井—高石6井—高石10井—高石21井—合探1井—涞1井连井地层对比图

二、井震标定

在区域VSP测井层位标定基础上，利用声波合成地震记录与过井地震剖面进行对比，对各反射层进行地质层位标定。从合成地震记录图（图2-4）上可以看出，合成记录与实际地震道各反射层的波形特征、波组关系及时差均较一致，表明两者匹配程度高，相关系数基本在0.7以上，可以利用该时深关系对地质层位进行地震层位标定。

地震地质层位标定结果表明，震旦系顶界是寒武系筇竹寺组底泥岩与灯四段白云岩接触面，灯三段底是灯三段泥岩、泥质粉砂岩与灯二段白云岩接触面，界面上下地层岩性的波阻抗差异大，均为由低波阻抗向高波阻抗接触的正强反射系数界面，地震反射表现为强波峰、特征稳定、横向连续性好，易对比解释。灯影组底界为连续的强波谷反射特征，特征稳定，横向连续性好，易对比解释。

上二叠统底为一单强相位（波峰），为区域内标志反射标，能量强、连续性好、波组特征稳定，单强相位为标层相位；茅口组底一般表现为中强相位（波峰），横向上能量有变化、连续性好、波组特征稳定，单强相位为标层相位；栖霞组底一般为茅口组底界向下35~40ms的波峰到波谷的零值点位置，局部为波谷，连续性一般；下二叠统底由前弱后强两个相位组成，后相位能量强、连续性好，波组特征稳定，相位为两个相位间的波谷，与上二叠统底反射层时差较稳定。

17

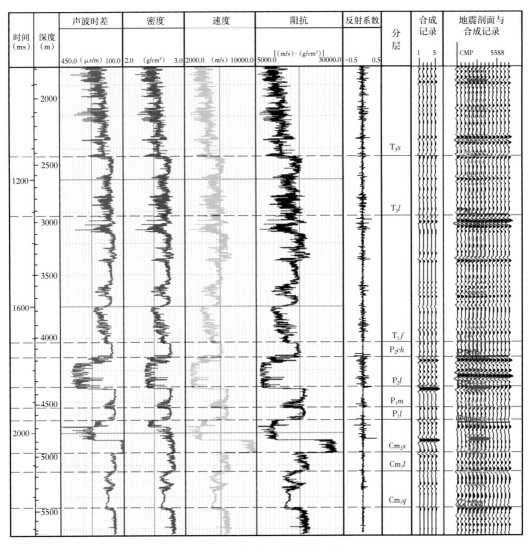

图 2-4 高石 16 井合成记录

雷口坡组顶界为须家河组一段泥岩与雷口坡组石灰岩接触面，地震反射表现为强波峰、特征稳定、横向连续性好，易对比解释。

三、精细构造解释

首先利用区内井的密度或声波数据制作合成记录，结合以往层位标定成果及总体波形特征对层位进行标定；然后通过解释系统浏览全区地震勘探数据，初步了解全区的构造和断层的纵向分布和平面展布特征；接着从过井剖面入手，从波组特征明显的剖面出发，搭建解释框架，再逐步加密。

对于断层解释，充分利用地震资料，提取相干体、蚂蚁体、相位体等数据体。对不同级次的断裂进行多方位识别，首先调研全区构造演化特征，明确断裂的主走向及产状特征，建立清晰的断层发育模式和合理的断层组合样式；然后按由大到小、由主到次的顺序逐步对断层进行调整和闭合；之后对个别有异议的断层，利用相干体和三维可视化技术相

18

结合，分析其形成机制，再确定断层，从而保证断层解释的可靠性。

在地震解释完成后，根据剖面断层特征，参考相干体数据、蚂蚁体数据、边棱检测数据进行断点组合，分层编制断层多边形，将编制好的各层断层多边形叠合在一起检查，同一条断层不能相交。

在解释过程中，要认真推敲地层产状及其变化，注意小断层细节，保证物探与地质、钻井紧密结合、相互渗透，不断深化认识。最终完成川中地区主要反射层位及断层解释。

四、构造成图

考虑到本区受表层影响，速度求取困难，构造高点难以落实，因此采用变速成图的方法。在成图过程中注意以下几点：一是检查断层两盘的等值线是否合理；二是检查构造形态变化区域等值线的相关关系是否合理；三是检查成图边界等值线是否合理。对于二维工区的层位来讲，要实现变速成图可借助三维的办法，建立"伪"三维测网，按坐标导入二维工区层位，再进行网格化，然后对井进行地震标定，建立速度场进行时深转换，这样可以达到变速成图的目的。

（一）灯二段构造特征

利用实钻资料与地震解释构造成果对比，对构造图精度进行分析，验证构造成果的可靠性。灯二段地震解释海拔与实钻海拔二者吻合性较好，绝对误差范围为 $0\sim3.37\mathrm{m}$，相对误差范围为 $0\sim0.07\%$。如高石 1 井、高石 10 井、高石 16 井、高石 18 井、广探 2 井、合探 1 井、磨溪 10 井、磨溪 107 井、磨溪 11 井、磨溪 41 井等均与构造图吻合较好。灯二段整体构造形态呈现西高东低的形态（图 2-5），构造海拔为 $-5950\sim-5200\mathrm{m}$，内隆起构造主

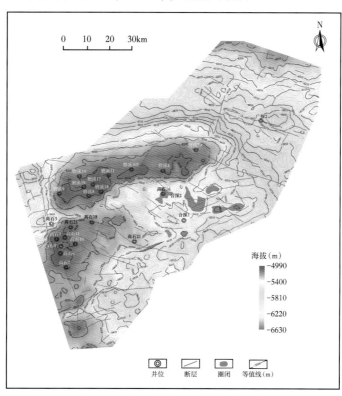

图 2-5　川中地区灯二段顶面构造图

体海拔在−5600m 以上，发现构造圈闭 8 个，累计面积 265.69km²。

（二）灯影组顶面构造特征

灯影组地震解释海拔与实钻海拔二者吻合性较好，绝对误差范围为 0~7.31m，相对误差范围为 0~0.14%。如高石 1 井、高石 10 井、高石 105 井、高石 18 井、高石 19 井、高石 2 井、高石 21 井、高石 6 井、高石 7 井、广探 2 井、合探 1 井、磨溪 117 井、磨溪 129H 井、磨溪 13 井、磨溪 8 井等均与构造图吻合较好。灯影组顶面构造形态整体呈现西高东低的格局（图 2−6），构造海拔为−5800~−4900m，工区内古隆起构造主体海拔在−5500m 以上，发现构造圈闭 11 个，累计面积 338.8km²。

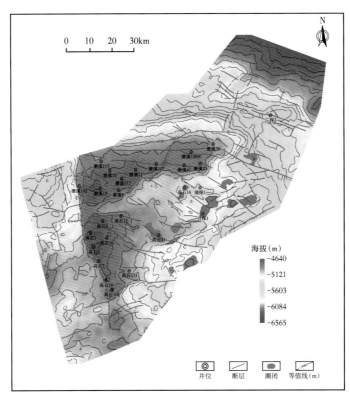

图 2−6 川中地区灯影组顶面构造图

（三）龙王庙组构造特征

龙王庙组地震解释海拔与实钻海拔二者吻合性较好，绝对误差范围为 0.03~7.48m，相对误差范围为 0~0.18%。如高石 2 井、高石 21 井、溪 11 井、磨溪 117 井、磨溪 53 井等均与构造图吻合较好。龙王庙组构造形态整体呈现出西高东低的格局（图 2−7），构造海拔为−5500~−4500m，古隆起构造主体海拔在−5200m 以上，发现构造圈闭 9 个，累计面积 255.5km²。

（四）洗象池组构造特征

洗象池组地震解释海拔与实钻海拔二者吻合性较好，绝对误差范围为 0.04~33.13m，相对误差范围为 0~0.77%。如高石 111 井、高石 112 井、高石 113 井、高石 16 井、高石 18 井、合川 12 井、合探 1 井、磨溪 107 井等均与构造图吻合较好。洗象池组构造整体呈现出西高东低的格局（图 2−8），构造海拔为−5100~−4200m，古隆起构造主体海拔在−4600m 以上，发现构造圈闭 5 个，累计面积 364km²。

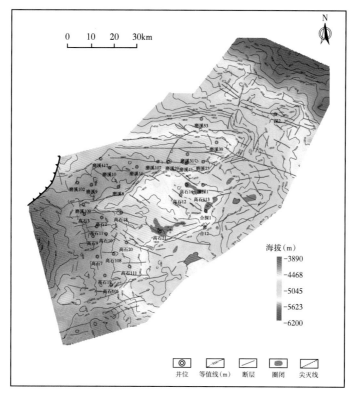

图 2-7　川中地区龙王庙组顶面构造图

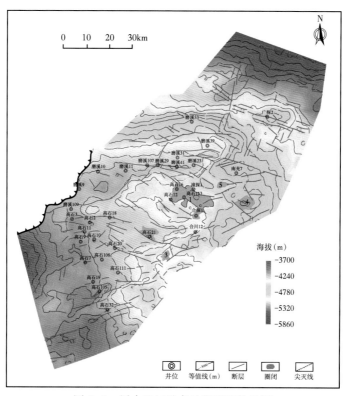

图 2-8　川中地区洗象池组顶面构造图

（五）栖霞组构造特征

栖霞组地震解释海拔与实钻海拔二者吻合性较好，绝对误差范围为 0.03~9.46m，相对误差范围为 0~0.25%。如高石 1 井、高石 21 井、广探 2 井、合探 1 井、华涞 1 井、潼探 1 井、王家 1 井等均与构造图吻合较好。栖霞组构造整体表现为南西向东北倾的单斜构造（图 2-9），构造海拔为 -4450~-3650m，古隆起构造主体海拔在 -4300m 以上，发现构造圈闭 7 个，累计面积 48.9km²。

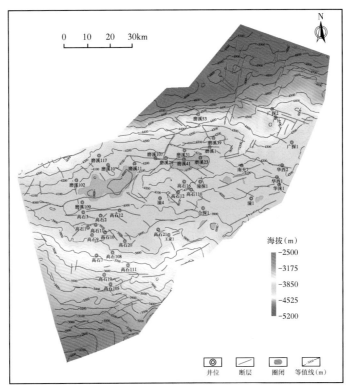

图 2-9　川中地区栖霞组顶面构造图

（六）茅口组构造特征

茅口组地震解释海拔与实钻海拔二者吻合性较好，绝对误差范围为 0.03~7.65m，相对误差范围为 0~0.2%。如高石 1 井、高石 10 井、广 3 井、华西 2 井、涞 1 井、磨溪 10 井、南充 7 井、潼 4 井等均与构造图吻合较好。茅口组构造整体表现为南西向东北倾的单斜构造（图 2-10），构造海拔为 -5365~-2700m，古隆起构造主体海拔在 -5000~-3800m 以上，发现圈闭 5 个，累计面积 69.6km²。

（七）长兴组构造特征

长兴组地震解释海拔与实钻海拔二者吻合性较好，绝对误差范围为 0.01~17.5m，相对误差范围为 0~0.46%。如高石 11 井、广 3 井、合探 1 井、涞 1 井、磨溪 29 井、潼探 1 井、王家 1 井等均与构造图吻合较好。长兴组构造整体呈现南西向北东倾的单斜构造（图 2-11），构造海拔为 -4000~-3200m，发现构造圈闭面积为 5.8km²。

（八）雷口坡组底面构造特征

雷口坡组底面地震解释海拔与实钻海拔二者吻合性较好，绝对误差范围为 0.02~8.69m，相对误差范围为 0~0.36%。如高石 111 井、广探 2 井、合探 1 井、磨溪 41 井、

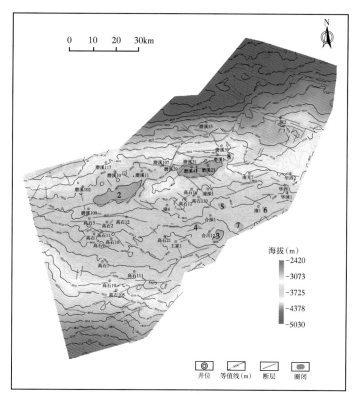

图 2-10　川中地区茅口组顶面构造图

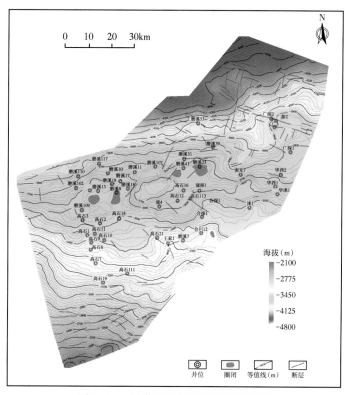

图 2-11　川中地区长兴组顶面构造图

潼4井、潼探1井等均与构造图吻合较好。雷口坡组底面构造特征整体呈现南西向北东倾的单斜（图2-12），构造海拔为-3782~-1320m，发现构造圈闭5个，累计面积88km²。

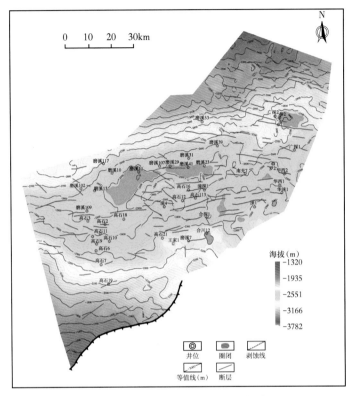

图2-12　川中地区雷口坡组底面构造图

（九）雷口坡组顶面构造特征

雷口坡组顶面地震解释海拔与实钻海拔二者吻合性较好，绝对误差范围为0.02~8.43m，相对误差范围为0~0.42%。如高石113井、高合探1井、涞1井、磨溪29井、王家1井等均与构造图吻合较好。雷口坡组顶面构造特征整体呈现南西向北东倾的单斜（图2-13），构造海拔为-2810~-1210m，发现构造圈闭7个，累计面积1199.8km²。

五、断裂发育期次

川中地区经历过多期次、多旋回构造运动，每个构造旋回既有拉张作用，又有挤压作用，垂向上每个旋回的构造应力方向也不一，这给断裂期次划分带来一定难度。另外，由于四川盆地经历多旋回构造演化，先期形成的断层往往在后期构造运动过程中活化，表现为多期活动的结果，对于这样的断层，很难明确其是某一期的最终产物，给垂向上断穿多个层位的大断裂活动期次的确定带来困难。本次研究区整体处于乐山—龙女寺隆起的南翼，整体构造相对平缓，从对比解释的层位特征分析，主要发育规模不等的断层，走向有近北西向、东西向、北东向和近南北向，断层成排成带分布。本书判断断裂活动期次的原则为：一是根据地震剖面上断层断穿层位，断层断至的最新地层为断层活动的最晚时间，也就是断层在断至的最新地层之前形成；二是根据区域构造应力及构造演化研究成果，确定各期次断层的性质及断层在平面的延伸方向。

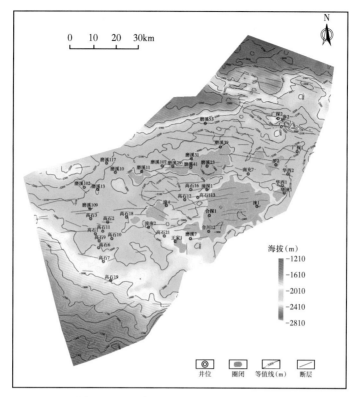

图 2-13　川中地区雷口坡组顶面构造图

根据工区断层解释结果，区井内一共发育五期断裂（图 2-14）。第一期是桐湾期，该期断裂主要为正断层，主要发育于德阳—安岳裂陷槽东侧（图 2-15），主要断至寒武系筇

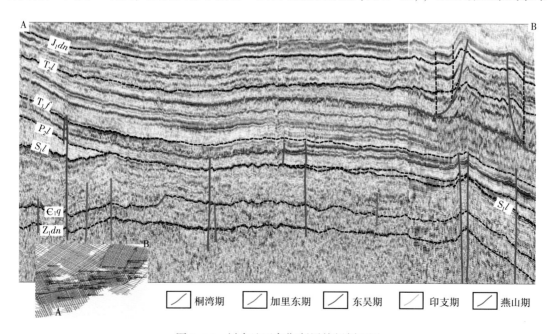

图 2-14　川中地区各期断层特征剖面图

竹寺组底部，平面上，断层走向多为近南北向，局部也有近东西向的正断层。该期断裂的发育与德阳—安岳裂陷槽的发育有关。第二期是加里东期，该期断裂走向多为北西向正断层（图2-15），多断至下古生界，也有部分加里东期断裂经后期活化，断至上古生界的。第三期为东吴期，该期断裂走向在研究区南侧多为东西向，在工区北侧多为北西向，与长兴组沉积期发育的蓬溪—武胜海槽及开江—梁平海槽的走向平行。第四期为印支期，在研究区南侧，该期断裂平面走向多为北东向，在工区北侧，改期断裂走向多为北北东向，该期断裂的形成与印支期泸州古隆起的形成有关，为北西南东向挤压应力形成。第五期为燕山期，主要发育于中—上三叠统和侏罗系中，并伴随褶皱发育，褶皱发育地层达到侏罗系，因此认为是侏罗纪之后构造运动的产物（图2-16）。该期断裂平面走向多为近东西向和北西西向，以逆断层为主。推测其形成原因与晚侏罗世时北侧米仓山—大巴山一带的急剧隆升且向盆地冲击有关，在南北向挤压应力的作用下，在雷口坡组至嘉陵江组的膏盐发育带内形成滑脱层，并在滑脱层上面形成断层和褶皱。

图2-15　川中地区主要断层期次划分平面图

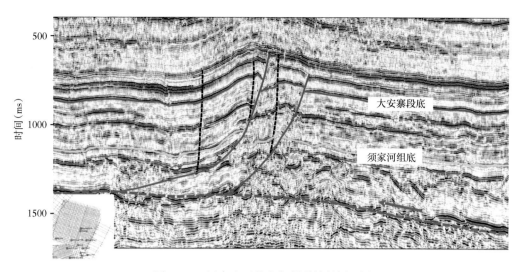

图 2-16　川中地区燕山期断裂特征剖面图

第二节　关键期剥蚀量恢复

一、概述

剥蚀量的恢复非常重要，因为油气勘探研究中涉及的地层埋藏史、盆地热流史、烃源岩生烃史、油气充注史、资源量计算、盖层封闭性动态演化及油气保存条件评价等诸多方面的研究内容都需要提供剥蚀量参数。恢复地层剥蚀厚度的方法很多，如镜质组反射率法、磷灰石裂变径迹法、地层对比（类推）法、孔隙度法、声波时差法、沉积速率法、沉积波动分析法等。针对四川盆地的地层剥蚀量恢复，前人（曾道富，1988；卢庆治等，2005，2009；袁玉松等，2008，2013；邓宾等，2009；江青春等，2012；张运波等，2013）利用沉积速率比值法、镜质组反射率反演校正、古温标反演对不同时期的不同地层剥蚀量进行了初步恢复。以上研究成果在一定程度上或一定时间范围内对四川盆地的各地层剥蚀量进行了定量约束，但由于现有的剥蚀量恢复方法都有其自身所固有的局限性和适用条件，而且受资料数据来源的限制，能用于恢复剥蚀量的钻井数量总是有限的，如何通过一些代表性钻井或剖面的地层剥蚀量恢复结果合理地绘制研究工区范围的剥蚀量平面分布图，也是目前所面临的关键问题之一。

首先，在沉积地层及前人研究的基础上，厘清了区域的构造事件和发生的时间，建立区域的构造演化脉络（表 2-1）。地层剥蚀量恢复结果是否可信，必须与区域地质背景条件、沉积构造演化特征相吻合。四川盆地经历了裂陷（震旦纪）→克拉通（晚震旦世—志留纪）→再裂陷（泥盆—石炭纪）→克拉通（二叠纪—中三叠世）→前陆盆地（中三叠世—古近纪）的多旋回发育演化过程，在每一旋回之间都发育明显的区域性不整合，不整合面之上均存在一定程度的地层剥蚀。总体来说，研究区自震旦系灯影组沉积，依次经历了桐湾（Ⅰ、Ⅱ、Ⅲ）期、云贵期、加里东期、海西（云南）期、东吴（Ⅰ、Ⅱ）期、印支早—晚期、燕山期及喜马拉雅期。

表 2-1　研究区构造期次及剥蚀事件统计表　　　　　　　　　　单位：Ma

地层		沉积起始	沉积结束	剥蚀起始	剥蚀结束	运动期次
白垩系		145	100	100	0	燕山、喜马拉雅
中侏罗统		170	145			
下侏罗统	凉高山组	174	170			
	大安寨组	183	174			
	马鞍山组	191	183			
	东岳庙段	199	191			
	珍珠冲组	201	199			
上三叠统	须家河组	237	208	208	201	印支晚
中三叠统	雷口坡组	247	241	241	237	印支早
下三叠统	嘉陵江组	251.2	247			
	飞仙关组	251.9	251.2			
上二叠统	长兴组	256.1	253.9	253.9	251.9	东吴Ⅱ
	龙潭组	259.1	256.1			
中一下二叠统	茅口组	273	266.7	266.7	259.1	东吴Ⅰ
	栖霞组	290	273			
	梁山组	299	290			
上石炭统	黄龙组	323.2	307	307	299	海西（云南）
下石炭统	河洲组	358.9	323.2			
泥盆系				425.6	358.9	加里东
中志留统	韩家店组	433.4	425.6			
下志留统	龙马溪组	443	433.4			
上奥陶统	五峰组	458.4	443			
中奥陶统	宝塔组	467.3	458.4			
	十字铺组	470	467.3			
下奥陶统	湄潭组	477	470			
	红花园组	480	477			
	桐梓组（南津关组）	485.4	480			
中一上寒武统	洗象池组	497	494	494	485.4	冶里
中寒武统	高台组	500	497			
下寒武统	龙王庙组	514	509	509	500	云贵
	沧浪铺组	521	514			
	筇竹寺组	526.5	521			
	麦地坪组	535.2	531.2	531.2	526.5	桐湾Ⅲ
震旦系	灯四段	538.2	535.5	535.5	535.2	桐湾Ⅱ
	灯三段	539.6	538.2			
	灯一—灯二段	551.1	541	541	539.6	桐湾Ⅰ

其次，根据现有区域资料、构造演化及不整合面分布等特征，确定了剥蚀量恢复所用的方法，即单期构造运动碳酸盐岩剥蚀量采用米兰科维奇旋回分析，多期构造造成的剥蚀采用多层累加、地震剖面外延法，并结合考虑前人研究结果。

(一)米兰科维奇旋回法

米兰科维奇旋回分析能够有效记录地层的沉积旋回特征，对于地层部分缺失的地区可以尝试利用地层沉积速率差异及剥蚀量差异的相互对比与验证，进行碳酸盐岩地层剥蚀量恢复。

米兰科维奇理论认为，地球轨道偏心率、斜度及岁差等三要素的周期性变化导致到达南北半球中高纬度的夏季日射量变化直接影响气候，气候的周期性波动影响海(湖)平面的规律性变化。其结果是，沉积层序有规律地发育，岩性、岩相呈现出韵律性和旋回性(表2-2)。利用频谱分析技术识别出地层中的米兰科维奇旋回，则可以根据其固有的周期推算地层的沉积时限以及沉积、剥蚀特征。国内外学者一般运用钍钾比(Th/K)曲线分析碳酸盐岩沉积环境下的相对海平面的变化，但由于自然伽马能谱测井仪器价格较高，很多钻井不对此类曲线开展测井工作。通过对比分析同一钻井钍钾比曲线和自然伽马曲线的米兰科维奇旋回特征，实践分析表明在钍钾比曲线缺乏的情况下，可以采用自然伽马曲线代替分析米兰科维奇旋回，其误差在可以接受的范围内。米兰科维奇旋回分析的主要工作是开展频谱分析，其本质就是认为测井曲线是由各种地质要素的综合作用在时间尺度(或深度尺度)上形成的一个地层规律性变化的综合叠加信号，运用傅里叶变换将这一叠加信号(测井曲线)从深度尺度(或时间尺度)转换到频率尺度而形成频谱曲线。

表2-2 层序级别划分及层序地层术语

级别	术语	形成时限(Ma)	成 因 机 制	
一级	巨层序	200~400	板块运动所引起的构造型海平面变化	泛大陆形成、解体引起全球海平面变化
二级	超层序	10~40		大洋中脊扩张体系引起全球海平面变化
三级	层序	1~10		洋中脊变化及大陆冰川消长引起的全球海平面变化+板块内构造沉降与抬升作用对地区性海平面变化的影响
四级	准层序组	0.4	米氏周期引起的冰川型海平面变化	长偏心率旋回
五级	准层序	0.1		短偏心率旋回
六级	韵律层/米级旋回	0.02 或 0.04		岁差旋回或黄赤交角旋回
七级	交替纹层	0.002~0.005	冰川消融与大地水准面变化	

其分析流程如下：

(1)原始曲线分析，去除异常值；

(2)利用小波变换对固定采样间隔的自然伽马能谱曲线或者自然伽马曲线进行分解，去除曲线的低频背景和高频噪声信号，然后对包含规律性低频成分的测井数据进行重构；

(3)运用傅里叶变化方法将重构后的数据从时间域转换到频率域，形成一维的频谱曲线；

(4)根据频谱曲线计算出来的旋回周期参数与米兰科维奇天文参数进行对比分析；

(5)根据对比参数及沉积速率求取地层剥蚀量。

其具体方法为：

(1)数据选择与处理。采用关键井 ln(Th/K) 或 GR 测井数据，原始采样间隔0.125m，进行数据重采样处理，剔除低频、强干扰及高频数据。

（2）频谱分析。采用 Redfit 软件进行频谱分析计算，以频率的形式记录成频谱曲线，使用的周期频度高点频率在 95% 置信度范围内选择，周期频度高点则表示该频率的旋回在地层中出现得频繁。

（3）轨道周期与频谱的对比分析。反复验证和比较频谱曲线中每一个周期频度高点所对应的平均旋回厚度及其比值关系，与当时沉积期地球轨道周期固有比值（表 2-3）越接近，越能反映地层旋回是受米兰科维奇旋回周期的影响，确定好周期就可以求出地层平均旋回厚度、沉积速率等。

（4）小波分析验证。采用 Morlet 算法进行小波变换，验证周期垂向变化。

（5）剥蚀量求取。对比已有沉积完整（未剥蚀）或沉积周期，结合沉积速率及旋回厚度，即可求得未剥蚀的沉积总厚度，减去残余地层厚度（图 2-17），即实现该组（段）被剥蚀厚度值的估算。

表 2-3　米兰科维奇旋回周期表

地质年代	年龄（Ma）	岁差周期（ka）		斜度周期（ka）		偏心率周期（ka）
		S_1	S_2	X_1	X_2	E
第四纪	0	19.00	23.00	41.00	54.00	
古近纪	50	18.80	22.60	39.90	52.10	
白垩纪末期	72	18.62	22.45	39.28	51.06	
长兴组沉积期	254	18.08	21.67	37.03	47.38	
茅口组沉积期	270	17.55	20.90	34.78	43.70	
二叠纪早期	298	17.39	20.68	34.16	42.74	
泥盆纪晚期	380	16.92	20.02	32.39	40.00	$E_1 = 95$
志留纪早期	440	16.57	19.53	31.13	38.10	$E_2 = 125$
晚奥陶世	450	16.30	19.20	30.30	36.80	$E_3 = 413$
中奥陶世	470	16.26	19.13	30.13	36.58	
早奥陶世	480	16.24	19.10	30.05	36.47	
洗象池组沉积期	497	16.22	19.06	29.97	36.35	
寒武纪晚期	500	16.21	19.03	29.89	36.25	
龙王庙组沉积期	510	16.09	18.90	29.38	35.45	
灯四段沉积期	537	16.03	18.82	29.20	35.19	

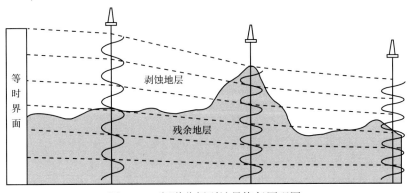

图 2-17　频谱分析剥蚀量恢复原理图

其中用到的函数关系为：

$$\lambda = 1/f, \quad H_c = \lambda L, \quad N_c = H_r/H_c, \quad t_r = N_c T, \quad v_d = H_c/T$$

式中，f 为频率；λ 为波长，即每个采样间隔厚度的地层中所包含的旋回个数；L 为测井曲线采样间隔；H_c 为地层平均旋回厚度，m；N_c 为残余地层所包含旋回个数；H_r 为残留地层厚度，m；t_r 为残余地层沉积时长，Ma；T 为旋回周期，Ma；v_d 为地层沉积速率，m/Ma。

(二)地层外延法

利用地层结构外延和相关变形法恢复不整合剥蚀趋势、恢复剥蚀量。根据已知地层和断裂发育情况，推断变形轴线，确定相关变形，在已有地层基础上根据地层发育趋势进行剥蚀地层精细解释。

通过对川中地区井震资料综合分析，研究区内主要发育三期较大的剥蚀作用形成的不整合面，本次在恢复剥蚀量的过程中，主要采用地层结构外延和相关变形法恢复不整合剥蚀趋势（图2-18），进而估算剥蚀量。其基本原理是：在精细的地震剖面解释的基础上，识别主要不整合面，根据靠近不整合面的未被剥蚀的地层界面的发育特征、延伸趋势、断裂切割关系、褶皱变形特征等地层要素的特点，按照相关变形特征和延伸趋势，恢复被剥蚀前地层的形态、发育特征和分布趋势。度量恢复后的地层界面与不整合面（剥蚀面）之间的距离，即为被剥蚀掉的地层厚度（剥蚀量）。具体实现步骤是：一是对地震剖面上不整合面、断层、褶皱进行精细解释；二是选择下伏距不整合界面最近的未遭受剥蚀的地层，根据其伸展形态、褶皱、断裂特征等，恢复不整合界面剥蚀前的地层形态，使其平行于所选地层；三是估测被剥蚀的地层厚度，并根据剥蚀量值绘制剥蚀古地貌平面图。

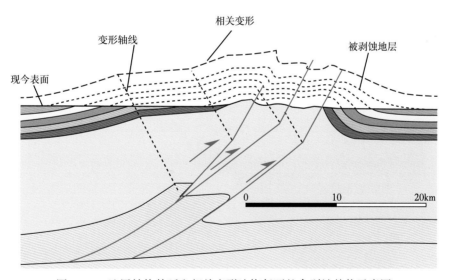

图2-18　地层结构外延和相关变形法恢复不整合剥蚀趋势示意图

通过对川中地区钻井及地震资料的综合研究，结合前人研究成果，研究区内存在三期由于褶皱隆起形成的削蚀不整合面。

第一期为乐山—龙女寺古隆起上的剥蚀不整合面。在乐山—龙女寺古隆起之上，二叠系沉积前，二叠系之前沉积地层的遭受严重剥蚀，形成二叠系与下伏地层之间的角度不整合。从图2-19中地层外延趋势来看，寒武系—奥陶系向乐山—龙女寺隆起之上逐渐变薄，剥蚀量逐渐增大。在研究区西北侧，二叠系之前最大剥蚀量在达1300m（图2-20），向乐山—龙女寺古隆起南翼及倾伏方向，剥蚀量逐渐变小。

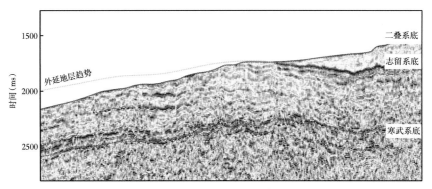

图2-19　乐山—龙女寺隆起上寒武系—奥陶系地层结构外延示意图

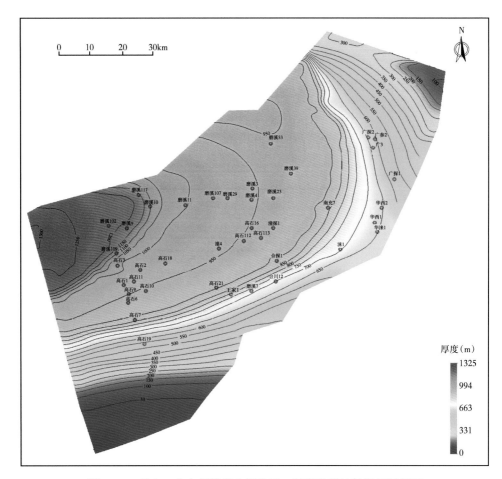

图2-20　乐山—龙女寺隆起上寒武系—奥陶系剥蚀量恢复厚度图

　　第二期为雷口坡组顶面的削蚀不整合面。该期不整合面的形成是由于东侧的泸州古隆起的形成而引起的，由于该期构造运动使研究区内结束了海相碳酸盐岩沉积，而转为陆相碎屑岩沉积。整体来看，研究区内雷口坡组向南东方向逐渐变薄，整体与上覆须家河组为一角度不整合，向南东方向上剥蚀量逐渐变大。在研究区的南侧，雷口坡组最大剥蚀量达240m（图2-21），向北侧磨溪53井—磨溪39井—南充7井—华涞1井一线，剥蚀量逐渐变小，从磨溪53井—磨溪39井—南充7井—华涞1井一线向工区东侧，剥蚀量又逐渐增大。

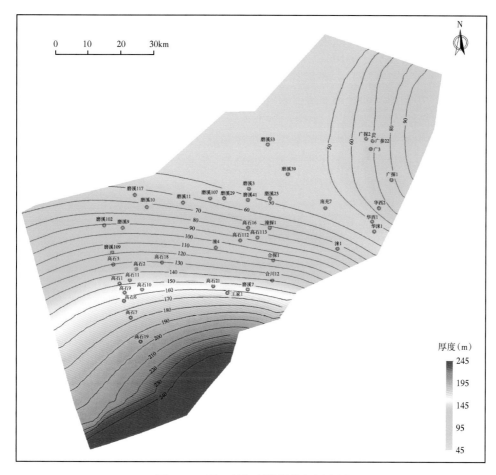

图2-21 雷口坡组剥蚀量恢复厚度图

第三期为现今地表侏罗系遭受差异性剥蚀。由于燕山构造运动的作用，在工区内侏罗系内发育一些背斜，并使侏罗系抬升遭受剥蚀（图2-22）。

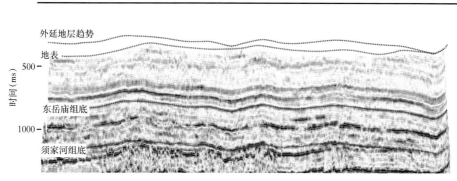

图2-22 现今侏罗系地层结构外延示意图

二、桐湾运动剥蚀量恢复

桐湾运动最早由刘国昌提出，指在湘西怀化铜湾、银藏湾地区下寒武统五里牌组和南沱组冰碛岩间形成的不整合运动，并认为其可能大范围规模性发育。后期地质工作者对桐湾运动发育时期及幕次的认识产生了诸多变化（侯方浩等，1999；李启桂等，2010，2013；许海龙等，2012；刘树根，2016），基本认为桐湾构造运动的性质为晚震旦世—早寒武世四川盆地及邻区幕式整体抬升，局部存在差异升降，可分为3幕，形成了3个假整合面。一种观点认为3幕桐湾运动分别发生于灯二段沉积末期、灯四段沉积末期与早寒武世麦地坪组沉积末期（汪泽成等，2002，2014；谷志东等，2014；武赛军等，2016）；而另一种观点认为桐湾运动起源于灯二段内部的富藻层与贫藻层之间，第Ⅱ幕和第Ⅲ幕分别发生于灯二段沉积末期与灯四段沉积末期（李伟等，2015）。笔者认为三期为灯三段与灯二段、灯四段与筇竹寺组/麦地坪组、麦地坪组与筇竹寺组（图2-23）。麦地坪组与筇竹寺组，成为寒武系烃源岩重要的生烃中心，和灯影组灯四段、灯二段两套风化壳岩溶储层构成良好的成藏组合条件，有利于形成大气田，勘探潜力大。

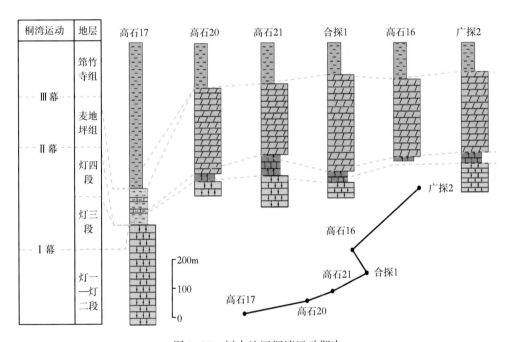

图2-23 川中地区桐湾运动期次

（一）桐湾运动Ⅰ幕

桐湾运动Ⅰ幕发生在灯影组灯二段沉积期末，表现为灯三段区域性碎屑岩假整合于灯二段白云岩之上。灯三段为一套以碎屑岩为主的沉积，但岩性变化较大。由于研究区钻遇该段的井较少，灯一段与灯二段并未划分出来，所以本次没有开展剥蚀量的计算工作，估计剥蚀量在100m左右。

（二）桐湾运动Ⅱ幕

桐湾运动Ⅱ幕发生在灯影组沉积期末，表现为下寒武统麦地坪组与灯影组假整合接触，这一现象在研究区周边表现明显，麦地坪组残厚0~20m，且多数井缺失，筇竹寺组黑色泥质岩直接覆盖在灯四段白云岩之上。针对工区钻穿灯四段的八口井，采用 ln（Th/K）或 GR 测井数据，利用频谱分析进行频率求取，反复验证和比较频谱曲线中每一个周期频度高点所对应的平均旋回厚度及其比值关系，与当时沉积期地球轨道周期固有比值的关系（表2-4，图2-24），确定好周期，求取地层平均旋回厚度、沉积速率等，综合认为灯四段沉积时长为2.7Ma，计算出沉积总厚度减去现今残余地层厚度，即实现该组（段）被剥蚀厚度值的估算。

表2-4 灯四段沉积期米兰科维奇旋回基准周期间比例关系

旋回	周期	比　　值			
偏心率	413.00	1.00			
	125.00	0.30	1.00		
	95.00	0.23	0.76	1.00	
斜度	35.19	0.09	0.28	0.37	1.00
	29.20	0.07	0.23	0.31	0.83
岁差	18.82	0.05	0.15	0.20	0.53
	16.03	0.04	0.13	0.17	0.45

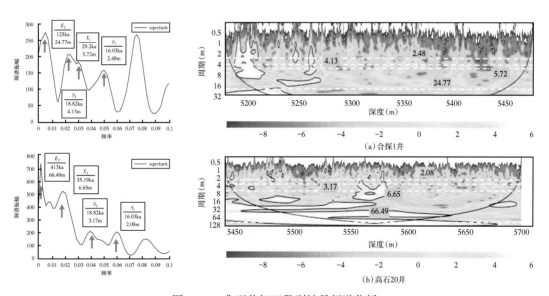

图2-24 典型井灯四段剥蚀量频谱分析

结合地层外延法最终确定灯四段的剥蚀厚度（图2-25），受高石梯—磨溪古隆起影响，研究区灯四段剥蚀厚度在140~250m，自西向东剥蚀量依次减小。此结果反映研究区受桐湾运动Ⅱ期形成的高石梯—磨溪古隆起影响很大，整体位于古隆起中东部，古地貌呈现西部相对较高，灯四段岩溶储层预测发育较好，中西部尤其。

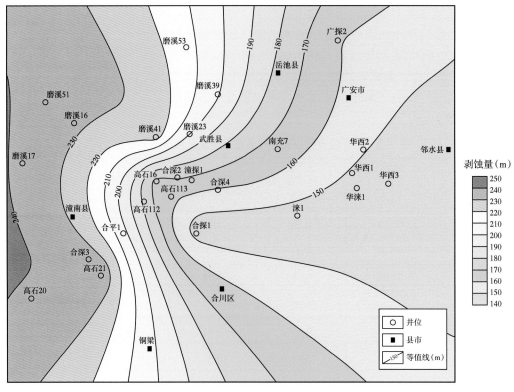

图 2-25　川中地区灯四段剥蚀量等值线图

(三)桐湾运动Ⅲ幕

桐湾运动Ⅲ幕发生在早寒武世麦地坪组沉积期末，表现为上覆筇竹寺组与下寒武统麦地坪组假整合接触。在黔中南麻江基东剖面上可见麦地坪组与上覆筇竹寺组假整合接触，不整合面可见 10cm 的风化壳黏土层和褐铁矿层。在研究区井均不见麦地坪组沉积，而在研究区外高石 17 井可见 126m 沉积，推测研究区麦地坪组沉积厚度不大，该期构造运动造成的剥蚀量在 0~150m。

三、加里东运动剥蚀量恢复

中志留世末期，印度板块和欧亚板块向北和向东再次作大规模地俯冲和漂移，在龙门山大断裂薄弱地带，使青藏板块断覆于扬子地台板块之上，其影响比桐湾运动以来的地壳运动都大。它不仅在四川盆地中部形成了一个西高东低、长约 500km 的雅安—龙女寺古隆起，而且于盆地南部形成了一个泸州古隆起，史称加里东造山运动，从而导致盆地内志留系遭到了严重剥蚀。加里东运动使四川盆地整体抬升，直至中石炭世海侵之前，长期遭受剥蚀。加里东期抬升剥蚀始于中志留世末，可以认为上志留统没有沉积，四川盆地加里东期剥蚀量主要受川中古隆起控制，古隆起区剥蚀量为 700~1200m。

加里东期川中地区位于古隆起核部东侧，受控于乐山—龙女寺古隆起的形成与演化，该阶段主要剥蚀量为 500~1000m（图 2-26），古地貌呈现西北高、东南低。

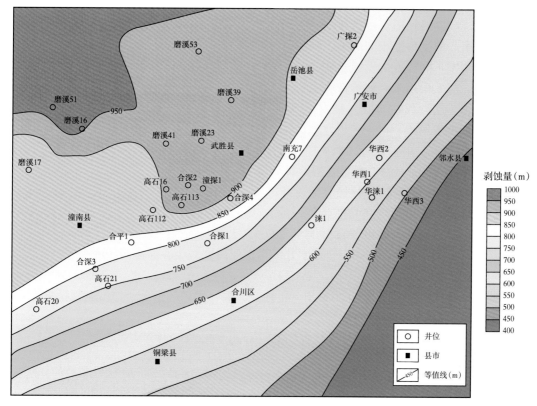

图 2-26 川中地区加里东期地层剥蚀量图

四、海西运动剥蚀量恢复

中石炭世，四川盆地特别是川东、川东北等地的低洼地区以削高填平方式，沉积了一套厚度不大的碳酸盐岩。中石炭世末期，海西运动使其抬升，直至早二叠世海侵之前，几乎经历了整个晚石炭世的大面积剥蚀阶段，将先前沉积的中石炭统上部或整个中石炭统剥蚀殆尽，甚至还剥蚀了一部分加里东期的残留地层。

晚石炭世晚期，合川—潼南区块西侧受海西运动影响隆升为陆，黄龙组因遭受强烈风化剥蚀作用而保存不全，古隆起上的黄龙组部分剥蚀或全部剥蚀殆尽，形成了黄龙组顶部古喀斯特地貌及层内的古岩溶体系。由于黄龙组沉积厚度不大，估计研究区剥蚀量在 50m 左右。

五、东吴运动剥蚀量恢复

东吴运动发生在二叠纪，李四光于 1931 年在南京宁镇山脉进行研究时提出并命名，该造山运动普遍被认为是古生代后期非常重要的构造事件之一。东吴运动在不同板块的构造方式、运动性质、动力学机制以及因此造成的影响都不尽相同。在四川盆地位于的扬子大陆，东吴运动发生在中二叠世与晚二叠世之间，在这期间由地幔柱引起的地壳张裂活动逐渐增强，地壳内部喷发出大量的玄武岩进行差异沉积，造成了盆地不同的隆起凹陷沉积特征。

(一) 东吴运动 I 幕

茅口组沉积期后经历了一次 $1 \sim 1.5$Ma 的构造抬升作用，而此时海水退出盆地，茅口组暴露出地表，遭受程度不同的差异剥蚀作用，第四段普遍被剥蚀，茅三段和茅二段仅在局部地区遭到了不同程度的剥蚀，与上覆地层龙潭组广泛呈现不整合接触的特征，此为东吴 I 期运动。前人采用米兰科维奇旋回法定量计算了四川盆地茅口组的剥蚀量并探讨其缺失成因，认为茅四段仅在宜宾—雅安—江油地区和石柱地区残存，在其余地区则普遍缺失，并且表现为由川南—川中—川北地区地层缺失强度逐渐加大；茅口组缺失量介于 $0 \sim 200$m，其中川西南、川东北地区缺失厚度介于 $0 \sim 60$m，川南、川中、川北等地区地层缺失厚度介于 $140 \sim 200$m；中二叠统岩溶地貌继承了西南高东北低的沉积特征，岩溶地貌从川西南—川中—川北地区，由侵蚀高地逐渐过渡为岩溶上斜坡和岩溶下斜坡，与吴家坪组沉积期"西南高、东北低"的沉积特征一致。

川中地区茅口组残余厚度分布在 $188 \sim 227$m，大致呈西北—东南条带分布，其中磨溪 107 井—磨溪 23 井—高石 16 井—合探 1 井一带地层厚度较大，厚度为 $196 \sim 213$m；广探 2 北部厚度也较大。

针对川中地区钻穿茅口组的 20 口井 GR 测井数据，利用频谱分析进行剥蚀量求取，典型结果如图 2-27 所示。

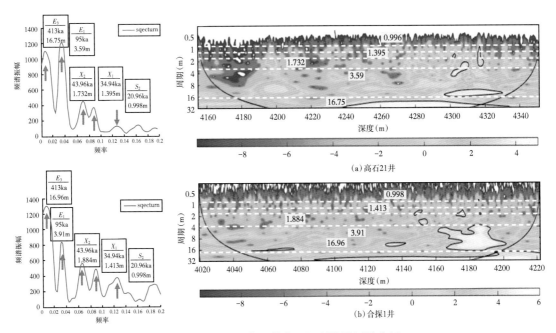

图 2-27 研究区典型井茅口组剥蚀量频谱分析

茅口组沉积时长为 6.29Ma，结合地层外延法最终得到茅口组的剥蚀量。从剥蚀量恢复结果来看，合川—潼南区块茅口组剥蚀厚度不大，整体厚度 $45 \sim 175$m（图 2-28）。总体上，在有井控制的地区呈现南部剥蚀少、北部剥蚀大的面貌，反映古地貌北部相对较高，研究区表现可能受南部泸江古隆起的影响较大。

(二) 东吴运动 II 幕

二叠纪末期的海退事件不仅使海水变浅，甚至长时间的大面积暴露，使得长兴组碳酸

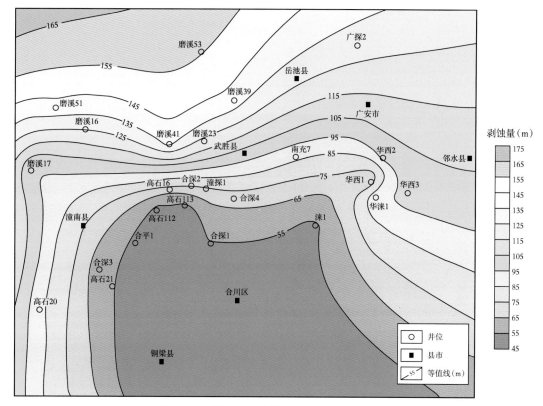

图 2-28 川中地区东吴 I 期茅口组剥蚀量图

盐岩普遍受到表生岩溶改造，在川东涪陵地区二龙口长兴组顶部非礁相地层剖面上可见明显的风化壳（黎虹玮等，2015），同时勘探证实长兴组优质生物礁滩储层集中在中上部（马永生等，2005）。此次二叠纪末期的海退事件，称为东吴Ⅱ期运动。

晚二叠世晚期，四川盆地区域上古地貌呈"三隆三凹"的格局。"三凹"指开江—梁平、城口—鄂西两个深水海槽和蓬溪—武胜台凹，"三隆"指遂宁地貌高带、广安地貌高带至开江—梁平海槽西侧的台地区、开江—梁平海槽和城口—鄂西海槽之间的碳酸盐岩台地。隆凹相间的格局自长兴组沉积早中期开始出现，长兴组沉积末期定形，至飞仙关组沉积早中期仍继承性存在。台缘带、台内地貌高带形成抗浪性生物礁体的可能性较大，继承性的地貌隆起特征也为上覆鲕滩体的发育提供了水动力条件。其中，环开江—梁平海槽的台缘带经多年的勘探实践证实，是长兴组生物礁和飞仙关组鲕滩的有利分布区带。而从研究区长兴组残余厚度（一般为 40~200m）来看，明显发育北西—南东向厚度变大带，台内高带与台内洼地界限明显，台内高带是礁滩体发育的有利地区。

针对川中地区钻穿长兴组的井 GR 测井数据，利用频谱分析进行剥蚀量求取，典型结果如图 2-29 所示。

结合地层外延法最终得到长兴组的剥蚀量。剥蚀量恢复结果表明，川中地区长兴组剥蚀厚度在 30~85m（图 2-30），西南部剥蚀厚度大，东北部剥蚀厚度小，反映剥蚀量受南部古泸州隆起北东—南西向影响。

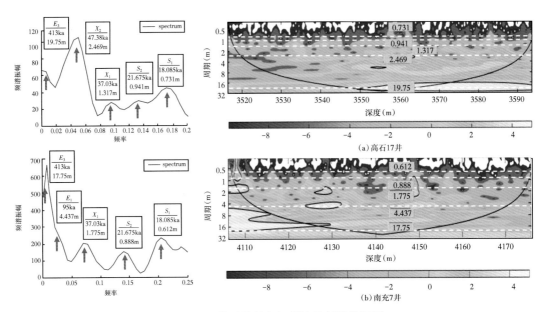

图 2-29　典型井长兴组剥蚀量频谱分析图

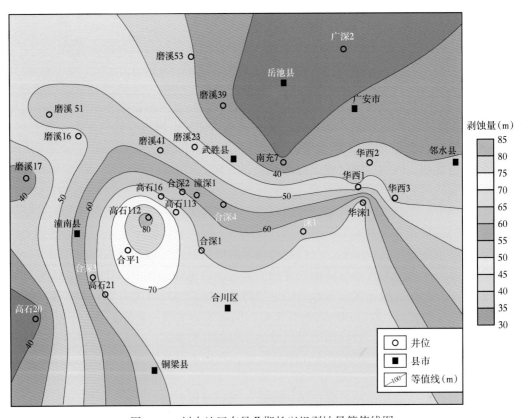

图 2-30　川中地区东吴Ⅱ期长兴组剥蚀量等值线图

六、印支运动剥蚀量恢复

三叠纪以后四川盆地逐渐进入挤压环境，以挤压为主的构造变形造成了大面积的地层抬升剥蚀。印支早幕使整个四川盆地抬升剥蚀，基本上结束了盆地的海相沉积历史，它是继加里东运动后，四川盆地再次遭受剥蚀的重要时期。发生于晚三叠世须家河组沉积末期的晚印支期运动在研究区造成了明显的抬升和剥蚀，造成上三叠统与下侏罗统之间存在沉积间断，在上三叠统沉积末期存在普遍抬升剥蚀作用。

(一)印支运动I幕

印支早期运动使四川海域整体隆升，海平面下降，雷口坡组暴露出地表、沉积区裸露，成岩环境转为以风化、大气淡水作用为主的表生成岩作用环境，在雷口坡组顶部形成古风化壳。在四川盆地主体范围内古风化壳侵蚀面主要涉及雷三段和雷四段，向东在开江—泸州古隆起一带，侵蚀面涉及了雷二段及以下地层。而针对川中地区，主要是雷三段和雷四段遭受剥蚀。川中北部雷四段保存一定的残厚，而南部出露雷三段。因此，印支早期运动剥蚀应该为雷三段和雷四段二者之和。

本次选择雷四段区域沉积厚度最大（242.5m）的女4井为基准（认为未剥蚀），减去研究区雷四段现今残厚，得到雷四段剥蚀量；在雷三段残厚基础上，以雷四段尖灭线为界，向南区域为雷三段剥蚀区，减去现今残厚，算出雷三段剥蚀厚度；雷口坡组剥蚀量即为雷三段与雷四段两段剥蚀量之和（图2-31）。可以看出研究区剥蚀量为140~440m，北部剥蚀量小于南部，反映构造高点位于南部；等值线大致呈北东向展布，很明显受到泸江古隆起的影响。

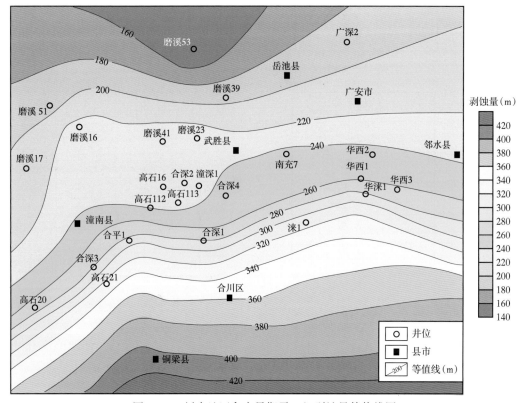

图2-31 川中地区印支早期雷口组剥蚀量等值线图

(二)印支运动Ⅱ幕

须家河组砂岩是四川盆地煤成气的主要分布层位,气藏勘探始于20世纪50年代,近期以来相继取得一系列重大突破,发现了多个大气田,如邛西、广安、合川、安岳气田等。须家河组自下而上划分为六个大的岩性段,分别是须一段、须二段、须三段、须四段、须五段和须六段。其中的须一段、须三段、须五段主要为泥岩,并发育煤岩,须二段、须四段、须六段主要为砂岩。发生于晚三叠世末期的晚印支期运动在研究区造成了明显的抬升和剥蚀,使得须家河组造成了一定的剥蚀。

针对碎屑岩剥蚀量恢复及现有资料,本次采用声波时差法进行须家河组剥蚀量恢复。应用测井声波时差的自然对数值与埋深建立线性关系,将遭受剥蚀地层声波时差—深度关系外延至地表声波时差值处,即可得到该层沉积末期的古地表位置,古地表位置距离现今地表的高度值即为该层遭受的剥蚀厚度(图2-32)。

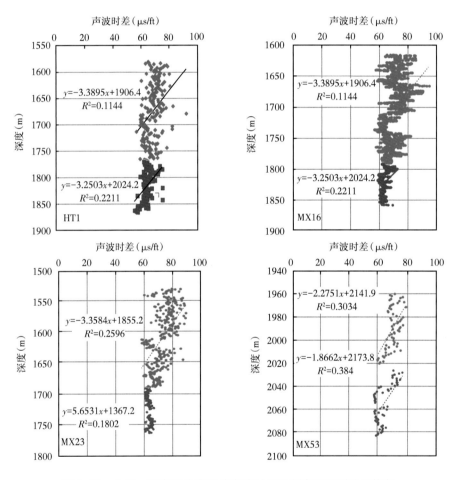

图2-32 合川—潼南区块典型井声波时差法须家河组剥蚀量恢复

通过对研究区多口钻井剥蚀量恢复结果表明(图2-33),须家河组剥蚀厚度在40~250m,西南部剥蚀厚度大,东北部剥蚀厚度小,反映泸州—开江古隆起对研究区的控制和影响。

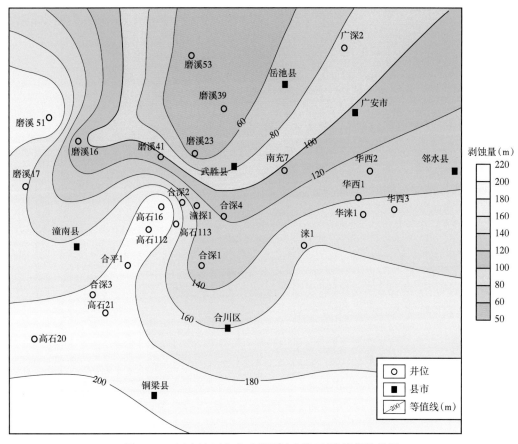

图 2-33　川中地区印支晚期须家河组剥蚀量等值线图

七、喜马拉雅运动剥蚀量恢复

在燕山期末，四川盆地的上白垩统和下白垩统之间几乎是连续沉积，而喜马拉雅期是从晚白垩世至今最后的一个构造时期，至今已持续了 97.5Ma，其主要的构造活动发生在古近纪，使四川盆地又一次褶皱抬升。经历了多期运动后，在喜马拉雅期最近的一次强烈构造运动，使周缘山系隆升、山前前陆盆地定型，形成了四川盆地现今的构造面貌。

曾道富（1988）认为四川盆地喜马拉雅期的沉积包括上白垩统至古近系的古新统，采用古地温资料恢复喜马拉雅期的剥蚀地层。所恢复的喜马拉雅期剥蚀数据认为盆地内部的剥蚀地层较薄，一般为 1200~2000m，在盆地边缘地区，因褶皱强烈的剥蚀地层则较厚，一般为 3000m。朱传庆（2009）利用古温标恢复的剥蚀量表明，盆地周缘钻井的剥蚀量较大，在 2000m 左右，而早期形成的古隆起上的钻井的剥蚀量则较小，在 1000m 左右。综合前人认识，合川—潼南区块喜马拉雅期剥蚀量如图 2-34 所示，剥蚀地层则较厚，一般为 900~2500m。

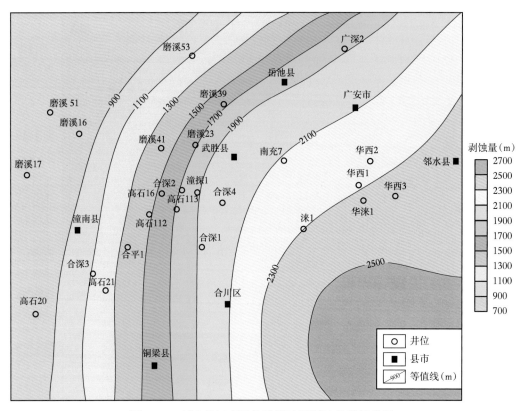

图 2-34　川中地区喜马拉雅期地层剥蚀量等值线图

第三节　古构造恢复

一、古构造研究现状及恢复方法

（一）古构造研究现状

在美国地质调查所 1964 年编制的《地质学辞典》中，将"古构造"一词解释为：在地质历史中，一个地区从前的地质构造或岩石序列。崔盛芹把古构造理解为"既成的现今构造形成之前，某一或某些发展阶段（同沉积期、造山期）的构造状况"。古构造的"古"字本身并无绝对的时间概念，是相对于现今构造而言的。含油气盆地的古构造对油气成烃、成藏的各种要素起到控制作用，对古构造进行恢复可以为含油气盆地的综合分析、盆地模拟提供可靠的依据。中国的含油气盆地多数属于叠合盆地，经历过复杂的多旋回演化以及多期次、多类型盆地的垂向叠置历史，因此古构造恢复就显得尤为重要。

我国通过古地貌寻找油气起步较晚，直到 20 世纪 70 年代才开始重视对构造地貌的研究，注意储油构造在地貌上的反映，并取得了一些成果。针对我国复杂的多旋回叠合盆地类型，杜旭东等（1999）、漆家福等（2003）、对黄骅坳陷中生代古构造进行了探索性恢复；毛小平等（1998）提出了运用物理平衡剖面法恢复古构造的方法；靳久强等（1999）探讨了西北地区侏罗纪原型盆地及其演化特点；张卫华等（2002）提出了利用地震属性恢复古构造的方法；薛良清等（2000）利用古沉积相、地层接触关系与构造格架分析研究了西北侏罗纪原始盆地面貌；张立勤等（2005）利用层序充填特点和古水平面重塑方法对黄骅坳陷乌马营奥陶系古潜山的古构造进行了研究；马如辉等（2006）提出了利用构造恢复原理来恢复古构造，并应用于川西地区，取得了良好的效果。

（二）古构造恢复方法

现今构造是构造变形、差异压实、风化剥蚀等综合作用的结果，而古构造恢复就是消除这些作用，将地层恢复到后期每个地层沉积之初的构造形态。石油地质综合分析过程中，石油地质学家希望了解地质历史时期的构造特征。通常是通过编制构造演化剖面图来反映不同地质时期的剖面构造特征，并根据现今不同构造层面的平面构造图编制出的"宝塔图"和地层残余厚度图来反应不同地质时期的平面构造特征。

古构造图制作的理论基础是沉积补偿原理，即认为在沉降速度和沉积速度相对稳定的情况下，盆地的古地理环境是保持不变的，盆地内沉积物的堆积厚度与地壳沉降幅度大体是相当的。正是根据沉积补偿原理，才可能重塑地层的构造发育史，并认为地层厚度的变化基本能反映古隆起上升的幅度和速度。目前最常用的古构造图的制作方法有两种，一是"厚度法"，二是"构造恢复法"。"厚度法"用不同时期的构造层相减，其结果就能反映参加计算的上部地层沉积时下部地层的古构造形态。这种方法有较大的局限性，其往往只适用于构造起伏平缓，褶皱、断裂不发育的部分地区。而在地层褶皱变形强烈、断层发育地区，由于断层断距、地层倾角、不均匀压实、不均匀剥蚀的影响，用厚度法计算出的"古构造图"往往有巨大的误差，需要进行繁杂的误差校正工作。而构造恢复法是一种全新的构造演化分析方法。其方法是将目的层目前的构造形态逐步恢复到刚沉积时的构造形态，从而得到不同地质时期目的层的"古构造图"。整个恢复形变过程满足运动学和几何学原理，能够满足模拟岩石形变机理的要求。在恢复过程中岩石体积保持守恒。采用这种方法制作目的层的"古构造图"，能够很好地避免由断层、倾斜地层甚至是不均匀压实作用造成的误差。构造恢复过程实际上是地层沉积形变过程的逆过程，地层沉积过程往往是沉积—压实—褶皱—剥蚀—断裂。因此对于某一目的层来说，构造恢复过程实际分四步：去断层、去褶皱、去剥蚀、去压实。最终得到目的层无形变时的构造状态。

在盆地的演化过程中，正是由于基底沉降才使盆地得以形成和发展。自 Sleep 研究得出大西洋被动大陆边缘的基底沉降随时间的变化符合指数函数规律后，基底沉降分析已成为大陆边缘和板内张性盆地成因研究的重要途径。实际上基底沉降由构造沉降和负载沉降两部分构成。构造沉降由地球动力作用引起，负载沉降则是指当构造沉降发生之后形成的盆地空间被沉积物充填时，沉积物本身的重量又使基底进一步下沉而形成被动增加的沉降。因此，从基底沉降中剔除负载沉降即为构造沉降。

据现有研究成果，引起沉积盆地沉降的主要机制有均衡、挠曲和热沉降三种。其中均衡模式基于阿基米德（Archimedes）原理，认为岩石没有任何弹性，各个沉积柱间相互独立运动，故又称为点补偿模式或局部均衡模式。挠曲模式也是基于阿基米德原理的，但把基底对负载的响应看成材科力学中受力弯曲的弹性板，认为其均衡补偿不仅发生在负荷点，而且分布在一个比较宽的范围之内，又称为区域均衡模式。热沉降模式认为热效应导致岩石圈发生沉降，因为岩石圈增温快（如岩浆侵入），冷却则慢得多，而冷却岩石的密度和浮力比炽热岩石的低。一般地，由热机制导出的沉降分初期快速沉降（由于岩石圈变薄）和后期快速沉降（由于岩石圈冷却收缩）2 个阶段，McKenzie（1978）称早期为初始沉降，晚期为构造沉降。

三种沉降模式各有优劣，应根据研究区的具体地质情况予以选用。一般认为均衡模式适用于被大量高角度断层分割并且各断层块体间负载互不传递的地区（如我国东部的断陷盆地），且这种条件多出现于断陷盆地发展的初级阶段。挠曲模式适用于构造简单的大型盆地，如鄂尔多斯盆地。热沉降模式则多适用于岩石圈受热与冷却阶段性明显的拉张型盆地。由于挠曲模式和热沉降模式涉及参数较多，问题复杂，且参数（尤其是一些地球物理参数）取值难度大并常随温度和时间变化，因此除特殊的理论研究外，多数都采用简便的均衡模式，这必然会导致一定的误差，但一般误差不大。以拉张型盆地和被动大陆边缘盆地为例，其后期的张裂后阶段或坳陷阶段由于断裂活动停止，更符合挠曲模式，如采用均衡模式计算则会产生一定的误差，不过这种误差对构造沉降量的影响一般只有 $10\sim20m$，不会使整个沉降曲线的形状发生明显改变，而且误差通常是从盆地边缘向中心逐渐减少的。

正是鉴于这种思路，早在 20 世纪 40—50 年代，前苏联石油地质学家奈曼、马什科维奇等人发展了"宝塔图"古构造分析方法，并以此方法对高加索、西西伯利亚等单旋回地台盆地进行了系统的古构造分析，取得了一定的成功。1969 年 Da-halstrom 等提出了平衡剖面的概念；Roeder 和 Witherspoon（1978）利用平衡剖面技术重塑了田纳西州东部的岩相古地理，并探讨了利用复原的剖面研究褶皱和逆掩构造区生、储、盖组合原始分布空间的可行性；而 Suppe（1983）、Shaw（1994）、Rowan（2000）等进一步发展了平衡剖面古构造恢复的思想，不仅定量研究了古构造的变形过程，还探讨了古构造圈闭演化过程中局部变形带的空间分布特点；Gibbs（1983）首次系统地将源于压缩构造区重建的平衡剖面技术用于拉张构造区的古构造重建，自此张性盆地古构造重建日益深入，主要表现在重建的变形机制（模式）不断增多。

（1）古构恢复流程。

现今构造是构造变形、沉积充填、差异压实、风化剥蚀等综合作用的结果，特别是构造运动，往往导致盆地面貌的整体变化，是其中最大的影响因素。而古构造就是消除这些综合作用，将地层恢复到沉积之初的构造形态。在现今深度域三维构造模型的基础上，基于运动学原理，对三维构造模型中发育的各种构造运动进行恢复，最后得到某一地质历史时期的三维古构造模型。

（2）剥蚀量恢复。

剥蚀作用是指地表或接近地表的坚硬岩石、矿物与大气、水及生物接触过程中产生物理、化学变化而在原地形成松散堆积物的过程，主要包括风化作用（weathering）、块体移动（mass movement）、侵蚀作用以及搬运作用（transportation）。"恢复剥蚀"则是剥蚀作用的逆过程，将目的层的构造形态恢复到剥蚀之前的形态，结果如前所述。

（3）去断层。

斜剪切是一种适用于有断层移动的算法，前人通过研究断层上盘相关变形特征的几何形状共同创建。斜剪切用来模拟穿透变形，要求这种变形是在沿整个上盘地层某个角度的滑动系统中形成的，而不是沿层间不同平面分离所产生的倾向形成（如弯滑作用）的。斜剪切算法使用一套用户选取参数来控制恢复过程，这些参数为移动方向、切变矢量和水平断距分布。

正演过程中斜剪切算法通过指定的移动方向和位移来移动断层上盘（图 2-35），图（a）表示的是初始状态（左侧为待伸展量）；（b）揭示伸展过程中在上盘与下盘断块间形成了假想空隙空间，伸展面积与空隙区域面积相等；（c）演示切变矢量控制上盘塌陷到断层面上，空隙空间消失。断层面和上盘断块间的空隙由伸展作用产生，上盘断块塌陷至断层面上，塌陷过程中上盘受控于切变矢量指定的移动路径。切变矢量或垂直或与断层面方向相反。因此，假设斜剪切变形形成于断层上盘中，并沿一系列平行"剪丁"移动，且穿过断层面的移动过程由水平断距所确定的水平距离决定。斜剪切去断层原理是：（1）断层上盘体积（2D 中为面积）保持不变；（2）切变矢量长度保持不变，其长度指断层面与沿切变矢量方向上的断层上盘标志层间的距离。另外，根据相同原理，对于逆断层也可以进行去断层处理（图 2-36），从而消除由于逆断层的发育而引起的地层收缩增厚。

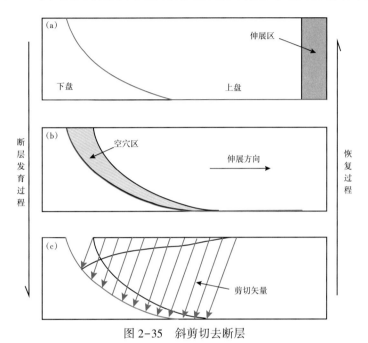

图 2-35　斜剪切去断层

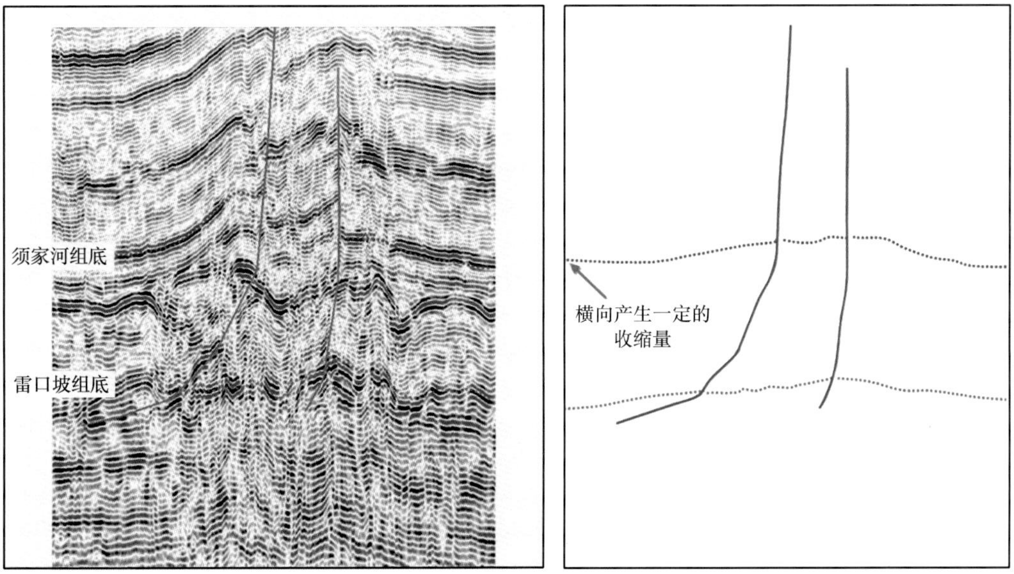

（a）恢复前　　　　　　　　　　　（b）恢复后

图 2-36　川中地区逆断层引起地层厚度增大

（4）去褶皱。

在海相地层中，由于沉积发育大量蒸发岩类，由于后期构造运动，容易在蒸发岩发育层位形成滑脱断层以及盐丘等构造，特别是盐丘构造，由于盐的作用而使上覆地层发生褶皱晚期，而使地层厚度在局部变大。因此，在古构造恢复过程，要进行去褶皱作用，从而确保古构造恢复过程中地层厚度的真实性。

去褶皱原理如图 2-37 所示：

①在去褶皱方向上模板层位的线长度保持不变；②在去褶皱方向上所有平行于模板层位的地层线长度保持不变；③产生褶皱的圆柱褶皱表面积应保持不变；④褶皱的体积（2D中为面积）保持不变；⑤层位的相对厚度是恒定的，层位间分离形成的倾向改变，会造成沿模板地层特定点处测量厚度的改变。

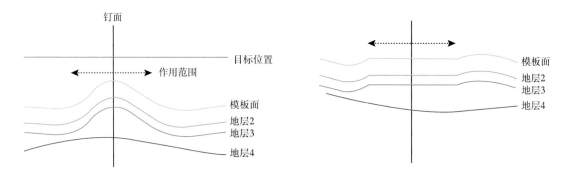

图 2-37　去褶皱示意图

（5）去压实。

压实作用是沉积物最重要的成岩作用之一，指沉积物沉积后，由于上覆沉积物不断加厚，在重荷压力下所发生的作用。后期沉积地层的重力负载造成岩石颗粒间孔隙变小、地层厚度变薄，产生一定的构造形变。要精确地描述古构造形态，需要将地层恢复至压实前状态。

根据压实前后地层骨架体积不变（或地层骨架密度不变的原理），将目的层恢复至原始沉积厚度，其主要基于沉积压实原理，即在满足地层骨架体积不变的前提下，假设地层在压实过程中仅发生纵向上的厚度改变，厚度变小，孔隙度变小，密度增加。目前国际上比较认可的是阿西公式。利用实际岩心孔隙度数据，通过最小二乘法拟合回归出孔隙度曲线，进行压实恢复。计算孔隙度公式（Athy 公式）为：

$$\phi(h) = \phi_0 e^{-ch} \tag{2-1}$$

式中，$\phi(h)$ 为深度为 h 位置的现今孔隙度；c 为压实系数；ϕ_0 为初始孔隙度（地表孔隙度）；h 为深度。其中初始孔隙度的计算方法是通过砂岩粒度分析数据，应用 Beard 总结的初始孔隙度计算公式（Beard，1973），计算了研究区内须家河组及以上地层的初始孔隙度大小。

研究区碎屑岩沉积主要发育于须家河组及以上地层中，沉积岩主要包括砂岩和泥岩，根据每种岩性所占百分比建立总的孔隙度—深度函数关系式：

$$\phi(h) = P_\mathrm{s}\phi_\mathrm{s}(h) + P_\mathrm{m}\phi_\mathrm{m}(h) \tag{2-2}$$

其中
$$P_\mathrm{s} + P_\mathrm{m} = 1$$

式中，$\phi_\mathrm{s}(h)$为地层中砂岩孔隙度—深度曲线；P_s为砂岩含量百分比；$\phi_\mathrm{m}(h)$为地层中泥岩孔隙度—深度曲线；P_m为泥岩含量百分比；h为地层深度。

由于单井岩心孔隙度资料样本较少（非全井段取心或化验），无法直接进行单井恢复，本次岩心物性资料主要来自须家河组，利用最小二乘法统计回归出孔隙度与深度函数，从而建立实测岩心孔隙度与深度的关系。

二、灯影组顶面古构造恢复

首先通过对灯四段上覆地层进行去压实、剥蚀量恢复、去断层及去褶皱等处理，从而保证古构造恢复过程中的"地质平衡"原则；然后通过回剥技术，剥去一层上覆地层，恢复一期灯四段顶面的古构造形态，最终绘制了灯四段顶面古构造演化图。从恢复的不同时期灯四段顶界的古构造图来看（图2-38），在龙王庙组沉积之前，灯四段顶面已在磨溪102井—磨溪11井—磨溪107井—磨溪53井一线形成古构造高点，乐山—龙女寺背斜已具雏形。志留系沉积前，灯四段古构造高点基本与龙王庙组沉积前古构造高点保证一致。由于志留纪末—石炭纪的强烈隆升，二叠纪之前乐山—龙女寺古隆起遭受剥蚀，但是灯四段顶面的古构造形态基本没有发生变化。二叠纪—中三叠世为稳定埋藏阶段，乐山—龙女寺古隆起上接受了稳定沉积，因此龙潭组沉积期灯四段顶面古构造特征基本保持不变。中三叠世末，四川盆地发生构造反转运动，东南隆升，西北沉降，晚三叠世—侏罗纪早期为川西前陆盆地发育阶段，继承了中三叠世末的构造格局，在川西地区发育前陆盆地沉积。这使灯四段顶面构造形态发生一定的变化，最明显的变化是古构造轴线向东南方向迁移（图2-38中须家河组沉积前的古构造图）。

侏罗纪之后，由于燕山运动和喜马拉雅运动影响，特别是喜马拉雅构造运动的影响，灯四段顶面背斜的轴线继续向东南迁移，最终定型。

三、龙王庙组顶面古构造恢复

从恢复的不同时期龙王庙组顶界的古构造图（图2-39）来看，在志留系沉积之前，龙王庙组顶面已在磨溪102井—磨溪11井—磨溪107井—磨溪53井一线形成古构造高点，乐山—龙女寺古隆起轴部地层暴露剥蚀，使志留系超覆于下伏奥陶系之上。由于志留纪末—石炭纪的强烈隆升，二叠纪之前乐山—龙女寺古隆起遭受剥蚀，在研究区的西北部，龙王庙组被剥蚀殆尽。二叠纪—中三叠世为稳定埋藏阶段，乐山—龙女寺古隆起上接受了稳定沉积，因此龙潭组沉积期前龙王庙组顶面古构造特征基本保持不变。中三叠世末，四川盆地发生构造反转运动，东南隆升，西北沉降，晚三叠世—侏罗纪早期为川西前陆盆地发育阶段，继承了中三叠世末的构造格局，在川西地区发育前陆盆地沉积。这使龙王庙组顶面构造形态发生一定的变化，最明显的变化是古构造轴线向东南方向迁移（图2-39中须家河组沉积前的古构造图）。侏罗纪之后，由于燕山构造和喜马拉雅运动影响，特别是喜马拉雅运动的影响，龙王庙组顶面背斜的轴线继续向东南迁移，最终定型。

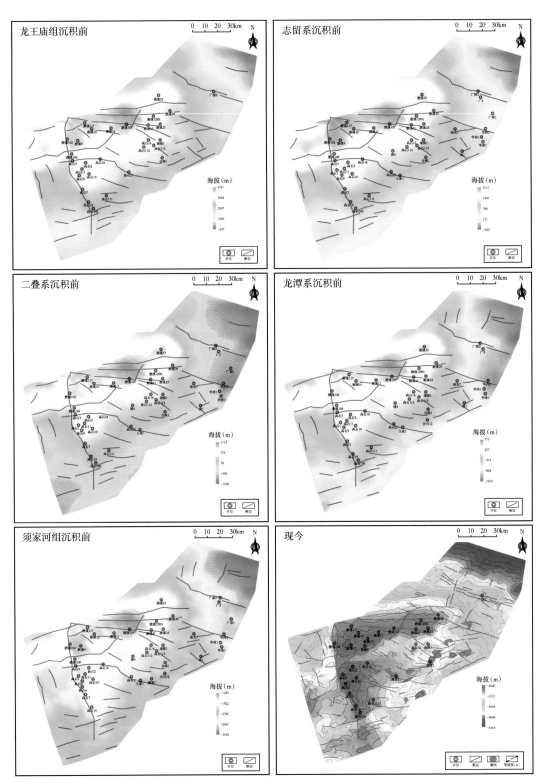

图 2-38 川中地区灯影组顶面古构造演化图

50

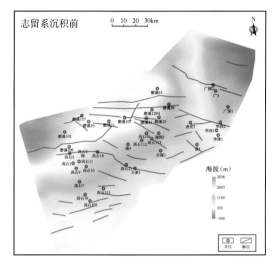

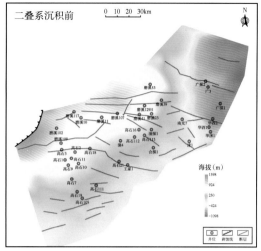

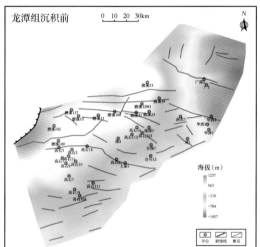

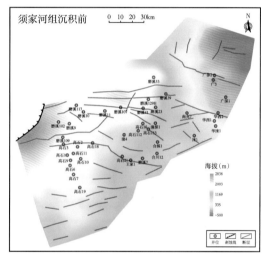

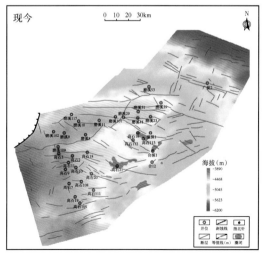

图 2-39　川中地区龙王庙组顶面古构造演化图

三、洗象池组组顶面古构造图恢复

从恢复的不同时期洗象池组顶界的古构造图（图2-40）来看，在志留系沉积之前，洗

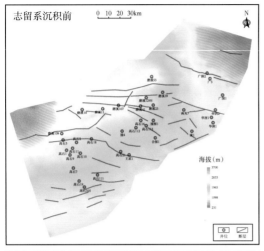

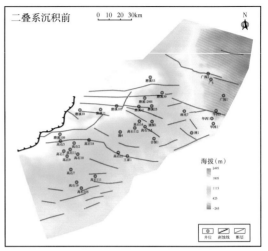

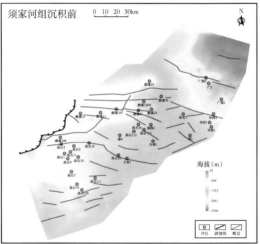

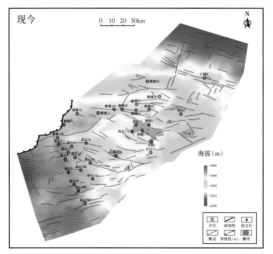

图2-40 川中地区洗象池组顶面古构造演化图

象池组顶面已在磨溪 102 井—磨溪 11 井—磨溪 107 井—磨溪 53 井一线形成古构造高点，乐山—龙女寺古隆起轴部地层暴露剥蚀，使志留系超覆于下伏奥陶系之上。由于志留纪末—石炭纪的强烈隆升，二叠纪之前乐山—龙女寺古隆起遭受剥蚀，在研究区的西北部，洗象池组被剥蚀殆尽。二叠纪—中三叠世为稳定埋藏阶段，乐山—龙女寺古隆起上接受了稳定沉积，因此龙潭组沉积期前洗象池组顶面古构造特征基本保持不变。中三叠世末，四川盆地发生构造反转运动，东南隆升，西北沉降，晚三叠世—侏罗纪早期为川西前陆盆地发育阶段，继承了中三叠世末的构造格局，在川西地区发育前陆盆地沉积。这使洗象池组顶面构造形态发生一定的变化，最明显的变化是古构造轴线向东南方向迁移（图 2-40 中须家河组沉积前的古构造图）。侏罗纪之后，由于燕山运动和喜马拉雅运动影响，特别是喜马拉雅运动的影响，洗象池组顶面背斜的轴线继续向东南迁移，最终定型。

四、二叠系各层系古构造图恢复

从恢复的二叠系不同层系顶界的古构造图（图 2-41）来看，在须家河组沉积之前，二叠系各层顶面古构造图均显示西南高、东北方向埋深大的特点，二叠系各层系顶面已在磨溪 102 井—磨溪 117 井—磨溪 107 井—磨溪 53 井一线形成古构造高点，与乐山—龙女寺古隆起轴部一致，推测该条古构造高点可能受乐山—龙女寺古隆起的影响。中三叠世末，四川盆地发生构造反转运动，东南隆升，西北沉降，晚三叠世—侏罗纪早期为川西前陆盆地发育阶段，继承了中三叠世末的构造格局，在川西地区发育前陆盆地沉积。这使二叠系各层系顶面构造形态发生一定的变化。侏罗纪之后，由于燕山运动和喜马拉雅运动影响，西北方向大量沉降，东南方向隆升剥蚀，二叠系各层系顶面古构造表现为向西北倾斜的单斜，须家河组之间发育的一些古构造高点，也变为斜坡上的隐伏高点，并在这一时期发育一些向西北倾斜的鼻状凸起，构造最终定型。

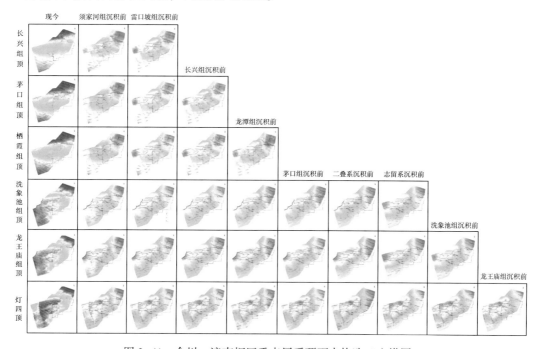

图 2-41　合川—潼南探区重点层系顶面古构造"宝塔图"

第四节　构造演化

川中地区位于乐山—龙女寺古隆起东段的继承性局部隆起上，自始至终受该古隆起控制，印支期后随着泸江古隆起的发育，研究区受其影响明显。本次研究利用平衡剖面技术，恢复研究区构造演化过程，探索研究区在两大古隆起接力控制下的构造演化特征。

一、古隆起特征

四川盆地作为扬子地台的一部分，自晋宁运动、澄江运动回返基底固结以来，经历了克拉通内坳陷、克拉通内裂陷及前陆盆地三个构造演化阶段。乐山—龙女寺古隆起作为盆地内部最大的构造单元，是四川盆地形成最早、规模最大、延续时间最长、剥蚀幅度最大、覆盖面积最广的巨型隆起，形态为一不对称的具有裙边状的巨型隆起。隆起核部在川西边缘，由核部向川中、江油形成两个鼻状隆起；由川西边缘向东南、东北及南方向依次剥蚀至下寒武统、中—上寒武统、下奥陶统，外围为中—上奥陶统及志留系，隆起面积约为 $18 \times 10^4 km^2$。乐山—龙女寺隆起具有多期或多旋回的隆起兼剥蚀隆起性质，泥盆纪是隆起的强剥蚀期，二叠纪前古隆起形态、规模是历次地壳运动叠加的结果，即经历长达 120Ma 的风化覆盖。隆起期后的演变为：古生代川西为隆起，川东南为坳陷，中生代川西为坳陷，川东南为隆起。

泸州古隆起与开江古隆起同属于华蓥山印支期隆起，与北东向华蓥山断裂相伴生，呈东北—西南向展布，早在早三叠世嘉陵江组沉积时已有显示，至中三叠世雷口坡组沉积期后，上升幅度逐渐增大，形成后期剥蚀较为显著的区域性较规则隆起，东南翼较陡，西北较缓，前者翼部展现雷四段，后者（川西向斜区）翼部展现雷五段，至白垩系沉积前，泸州古隆起仍属于继承性隆起，只因受须家河组沉积西北厚、东南薄的影响，则西北翼变缓。泸州印支期隆起幅度最大，核部剥蚀至雷二段，面积小于 $8 \times 10^4 km^2$。

乐山—龙女寺加里东期剥蚀型隆起，剥蚀作用特别显著，灯影组"天窗"规模大、展布面积广、延续时间长，对古油藏、古气藏的形成不利，为晚成圈闭提供的气源不足。泸州—开江印支期隆起属继承性沉积型隆起，有利油气早期聚集成古油藏，进而热演化成古气藏，为今气藏的形成与展布奠定了良好基础，即提供了丰富的气源。因此，泸州—开江印支期沉积型隆起优于乐山—龙女寺加里东期剥蚀型隆起。

许海龙（2012）以四川盆地构造演化阶段、乐山—龙女寺古隆起区内区域不整合发育特征及构造层序为依据，在各时期古隆起构造特征对比分析的基础上，将其演化过程划分为四个阶段。

（1）雏形阶段（震旦纪）。震旦纪古隆起表现为平缓的克拉通内部隆起，前期以南华系火山岩基底之上的填平补齐为主，后期经过桐湾运动构造抬升，形成古隆起雏形。

（2）发育阶段（寒武纪—二叠纪前）。寒武纪至奥陶纪，乐山—龙女寺古隆起表现为同沉积古隆起。奥陶纪末，古隆起发生强烈褶皱变形，并在志留系沉积前归于平静。志留系沉积后，古隆起发生多次整体升降震荡，但以上升遭受风化剥蚀为主，至二叠纪前其顶部被夷平，古隆起构造格局基本形成。

（3）稳定埋藏阶段（二叠纪—中三叠世）。随二叠纪全球海平面上升，区内沉积了一套岩性厚度变化不大的海相碳酸盐岩和碎屑岩。发生在早二叠世末期的东吴运动造成四川盆地二叠系上、下统之间的短暂沉积间断及区域性的火山喷发。盆地内部二叠系厚度变化较小，在此期间乐山—龙女寺古隆起表现为整体抬升和沉降，形态基本保持不变。

（4）调整定型阶段（晚三叠世至今）。四川盆地处于前陆盆地演化阶段，动力学环境以挤压为主，盆地主要构造表现为盆地周边山系的崛起与盆地构造格局的形成。在此期间，乐山—龙女寺古隆起构造格局发生调整，形成现今构造格局。

黄涵宇（2019）分析川东南地区发育印支期的泸州古隆起，认为其形成受控于周缘地块的印支期造山运动，是扬子地块东南缘江南雪峰造山带自东向西挤压、迁移过程中形成于山前坳陷带的前缘隆起，并划分为3个显著的演化阶段：（1）萌芽期（早三叠世嘉陵江组沉积时期）；（2）发育期（中三叠世雷口坡组沉积时期）；（3）消亡期（晚三叠世须家河组沉积时期）。

川中地区位于乐山—龙女寺古隆起东段的继承性局部隆起构造。寒武纪前乐山—龙女寺古隆起东段发育一个面积和隆幅都比较大的古岩溶高地，范围包括现在的龙女寺构造、磨溪构造、安平店构造、高石梯构造及北部的遂宁古构造，因此可以称之为川中震旦纪古隆起。此时，高石梯构造处于川中古隆起古岩溶高地的西侧上斜坡部位。与此同时，研究区仍位于泸州—开江古隆起的连线上，因此区域构造演化是在两大古隆起接力控制下进行的。

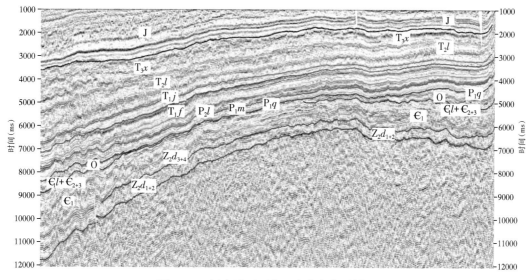

图 2-42　川中地区西北—东南向典型剖面

在关键期西北—东南向构造演化剖面（图 2-43）中，近东西向乐山—龙女寺古隆起发育比较明显；自灯影组沉积之后，构造运动多以挤压为主，地貌高部位造成了地层剥蚀；构造核部震旦系灯影组自震旦纪至今一直处于隆起高部位，并发育巨型圈闭构造；海西运动之前构造高点一直向东南迁移，海西运动时期构造高点向西北迁移，海西运动之后构造高点一直往东南方向迁移；构造高点的迁移反映了区域构造演化由早期乐山—龙女寺古隆起控制，转向后期泸州—开江古隆起控制。

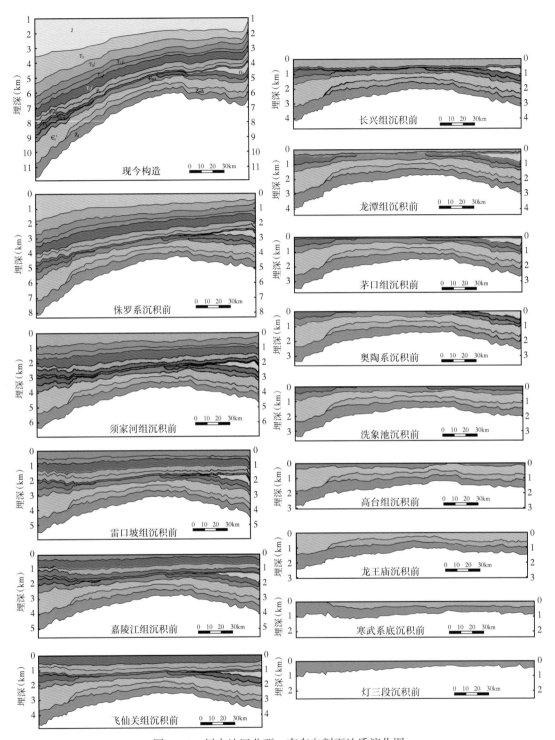

图 2-43　川中地区北西—南东向剖面地质演化图

二、区域剖面演化特征

川中地区一直位于高石梯构造的东南斜坡上，受乐山—龙女寺和泸州—开江古隆起的联合控制，构造演化表现三期，分别为：（1）斜坡形成期（乐山—龙女寺古隆起控制，二叠纪之前）；（2）斜坡调整期（泸州—开江古隆起控制，二叠纪至三叠纪末）；（3）前陆改造期（周缘造山带前陆盆地控制，须家河组沉积期至今）。

从剖面地质演化图（图2-44）中可以看出，川中地区寒武系保存齐全，但地层厚度差异较大。云贵运动（龙王庙组沉积期）之前古地貌呈现西北低东南高，地层沉积西北厚、

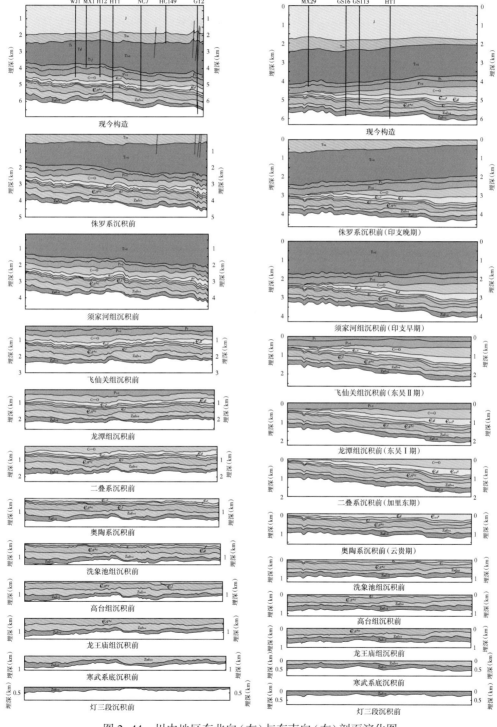

图2-44　川中地区东北向（左）与东南向（右）剖面演化图

东南薄，之后沉积受乐山—龙女寺古隆起控制基本上呈现东南厚、西北薄，古地貌表现为西北高、东南低的局面，兼具沉积和隆起特征的同沉积隆起一直持续到志留系沉积前。

从二叠纪开始近东西向的乐山—龙女寺古隆起只发生整体升降运动，此特征一直延续到三叠系须家河组沉积前，可以从西北—东南向剖面看出区内构造格局未发重大改变（图2-44右）；从西南—东北向剖面可见，二叠系沉积整体差异不大，三叠系沉积明显表现为西南薄、东北厚，地貌表现为西南高、东北低（图2-44左）；斜坡调整期明显受到西南—东北向的泸州—开江古隆起控制。

上三叠统须家河组及之后侏罗系沉积时，西南—东北向剖面表现为整体的沉降，而西北—东南向剖面可以看出西北厚、东南薄，反映了古地貌东南高、西北低，表现为受西北—东南应力影响（图2-45）。中—晚三叠世是四川盆地从克拉通盆地阶段向挤压或前陆盆

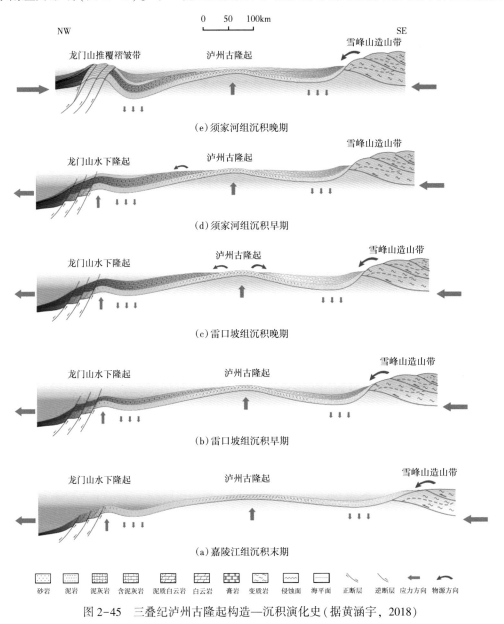

图 2-45　三叠纪泸州古隆起构造—沉积演化史（据黄涵宇，2018）

地阶段转变的关键时期。受印支期华南板块与华北板块碰撞，以及羌塘陆块与扬子板块碰撞拼合的影响，晚三叠世四川盆地西侧松潘—甘孜地槽褶皱回返，龙门山由北西向南东方向发生逆冲推覆，形成龙门山逆冲推覆构造带，从此四川盆地进入前陆盆地发育阶段。龙门山褶皱冲断带大规模逆冲推覆，迫使乐山—龙女寺古隆起震顶轴线向东南迁移。因此须家河组有向西北有明显的地层增厚的现象。侏罗纪研究区沉积地层较为稳定，白垩纪后随着乐山—龙女寺古隆起西段构造轴线进一步向南东方向迁移，川中地区进一步相对隆升，侏罗系及之上的地层遭受剥蚀，直至形成现今的构造形态。

第三章　岩相古地理与沉积演化

　　碳酸盐岩岩相古地理研究多以单因素分析、多因素多图法为主，常常以井资料和露头资料为主，地震资料应用很少，往往精度不够。本次研究大量运用地震资料，综合地质、地震资料，井震一体综合编制岩相古地理图，精度大大提高。主要遵循的思路是：基于岩心及露头资料，描述颜色、岩性、沉积构造、沉积韵律及储集空间类型，建立微相类型及其岩石学特征关系图版；在此基础上，建立测井岩相模型，再根据测井解释成果、薄片资料、试气资料及录井资料等，重构钻井岩性特征，分析单井沉积相特征；再构建沉积对比剖面，落实沉积要素（地层厚度、高能相带厚度）空间分布；同时运用大量地震剖面，分析各井结合地震响应沉积学解译，运用各种地震技术分析地震相，明确各层系沉积时期的古地貌背景，最终井震结合编制精细岩相古地理图。

第一节　震旦系灯影组岩相古地理及沉积演化

　　震旦系以发育地质历史上最古老的微生物藻丘为特征。藻丘主要是由微生物（蓝藻及其他微观藻类、细菌等）建造的，或者是以微生物为主，并有其他多门类生物（珊瑚、苔藓虫、层孔虫、海绵、棘皮、头足类、腕足类、多门类钙藻等）参与建造的，它是一种主要由灰泥组成、具有弯形特征的碳酸盐岩建隆。

　　微生物岩研究历史长达200余年，但术语定型很晚。Burne（1987）最早提出微生物岩（microbialite）这一术语，后 Riding（1991）改为"microbolite"，但目前仍用"microbialite"。这类岩石是由底栖微生物群落通过捕获与黏结碎屑沉积物，或经与微生物活动相关的无机或有机诱导矿化作用在原地形成的沉积物（岩）。微生物岩的岩石类型，已由碳酸盐岩发展到磷块岩、铁岩、锰岩及有机质页岩等，其形成环境从海洋（滨海至深海）、湖泊、河流、喷泉到洞穴、风化壳和沙漠。造岩微生物的类型多样，包括光合原核生物（蓝细菌）、真核微体藻类（如褐藻、红藻、硅藻等）、化学自养或异养微生物（如硫细菌等）；一些后生动物，如介形虫及甲壳类（crustacea）等（Konishi 等，2001），以及病毒等；表附菌（epiphyton）、及灌木菌（frutexites）葛万菌属（*girvanella*）、罗氏菌属（*rothpletzella*）、海德菌属（*hedstroemia*）、益泽菌属（*izhella*）、肾形菌属（*renalcis*）、威萨德菌属（*wetheredella*）、努亚菌属 *nuia*（一种亲缘关系不明的藻类；边立曾，1983）。

　　微生物岩分类方案及相关术语还在不断的补充完善过程中。罗平等（2013）认为，其分类方案分歧较大，这主要与各研究者采用的分类依据有关。目前，微生物碳酸盐岩的分类依据主要有微观、宏观和巨观构造。微观结构常常难以保存，一般很少作为分类依据；宏观构造，如叠层、凝块、微指状、块状等，易于观察，被用作分类的主要依据；而巨观构造，如整个微生物岩建造、礁（bioherms/reefs）则极少作为分类的依据。梅冥相等（2007）在 Riding（2000）分类的基础上，将核形石（oncolites）和层纹石（laminites）划分到了微生物碳酸盐岩中。韩作振（2009）认为寒武系大量发育的以表附菌、肾形菌等为格架的微生物格架岩并不具备 Riding (2000) 和梅冥相等 (2007) 划分的微生物岩的典型构造。因此，多数微生物岩专家认为，需根据实际情况对微生物碳酸盐岩进行描述和分类研究。一般来说，常见的微生物丘包含的沉积构造有叠层、凝块、微指状、块状、核形石、层纹石、枝状石及泡沫绵层等。本次岩石学命名参考"沉积构造+岩性"的命名法则。

一、沉积相类型

基于取心井及周缘露头，开展岩心及薄片描述，明确岩石学特征及微相类型。高磨气田灯二段及灯四段为台地边缘沉积，其东部灯二段及灯四段均为白云岩为主的局限台地沉积，局限台地内部发育微生物藻丘微相。

(一)岩石学特征

基于岩心观察及分析，可以将灯影组岩石学特征识别和归纳为微生物白云岩、颗粒白云岩、泥粉晶白云岩及角砾状/溶积白云岩。

1. 微生物白云岩

1) 藻菌白云岩

该类白云岩是由蓝藻(菌)或丛藻类微生物参与白云岩沉积作用所形成的藻菌微生物白云岩，主要由泥—粉晶白云石及砂屑组成，表现出黏结的特点(图3-1)。该类白云岩有的局部富菌而黏结灰泥形成暗色团块，有的呈树枝状分叉生长，形成假树根状构造或层状生长形成鸟眼构造，也有的细菌与胶结物竞争生长。细菌团块白云岩由大小不均、形态各异的团块组成，团块富含细菌，暗色，团块间为不规则的鸟眼孔，其溶蚀边界清晰。斑点状藻白云岩形成于极浅水潮下、潮间环境，丛状藻白云岩可能形成于潮下较深水环境，与胶结物有关的藻白云岩可能与大气淡水活动有关。

图 3-1　藻菌白云岩

(a)灰色藻菌白云岩，高石16井，5459.1m，灯四段；藻菌表现为暗色团块状、树枝分叉状。细菌团块大小不均，形态各异，团块间发育有不规则的鸟眼孔，且部分被溶蚀；藻菌间由泥—粉晶、砂屑白云石构成。总体表现出粘结的特征。(b)灰色藻菌白云岩，高石21井，5262.9m，灯四段。藻菌表现为暗色团块状、树枝分叉状。细菌团块大小不均，形态各异，团块间发育有不规则的鸟眼孔，局部发育溶蚀孔

2) 凝块白云岩

该类白云岩主要为菌藻类分泌或粘结微晶白云石形成的凝块状白云岩，一般包括凝块白云岩和藻凝块白云岩(图3-2)。两者都是由菌藻类微生物作用形成，区别在于藻凝块白云岩的菌藻类痕迹较明显，颜色深浅不均一。造成差别的原因可能与菌藻类的富集程度不同有关。

图 3-2　凝块白云岩

(a)灰色凝块白云岩，高石 21 井，5278.1m，灯四段，暗色部分为藻菌类分泌或黏结的微晶白云石，呈孤立的
不规则的斑状；(b)灰色藻凝块白云岩，高石 16 井，5473.3m，灯四段，暗色部分为藻菌类分泌或黏结的
微晶白云石，表现出丝絮状、不规则的斑状

　　该类白云石颗粒一般较细，呈灰白色、瓷白色、瓷灰色、青灰色，质地均匀、细腻、常见瓷状断口。一般比较致密，鲜见溶蚀孔洞。该类白云岩是灯影组浅水碳酸盐台地相的最重要岩石类型，颜色为灰色、浅色和浅灰白色，在较深水潮下沉积的白云岩为暗灰色或青灰色，单层厚以中、薄层状为主，局部为厚层块状，有的呈丘状，可形成巨大的微晶凝块灰泥丘或云泥丘。

　　3）纹层石白云岩

　　该类白云岩，实质上是富含菌藻席遗迹的白云岩（图 3-3）。广义上讲，可根据藻纹层的厚度、密度和结构特征，将层纹石白云岩划分为几种类型：藻纹层稀疏，产状水平或波状者称为藻纹层白云岩（图 3-3a、d）；藻纹层较密集，产状呈墙状、柱状、丘形者称为藻叠层白云岩（图 3-3b、c）；藻纹层密集、纠结，具有抗浪构造，且发育格架孔者称为藻格架白云岩（图 2-3e）。层纹石白云岩的形成环境，一种是浅水潮坪和灰泥丘的丘顶，层纹之间具席状孔隙、窗孔，内充填微晶白云石；另一种是发育于较深水的潮下，纹层一般呈丘状弧形，可形成较大的灰泥丘，如峨边金口河灯一段（图 3-3f）。

　　4）凝块石白云岩

　　凝块石的英文名称为 thrombolite，曾被译成“凝块叠层石”。在微生物碳酸盐岩的分类体系中，“凝块石”这一概念，最初被其创始人 Aitkeno's 解释为“与叠层石相关的隐藻构造，但缺乏纹层而以宏观的凝块状组构为特征”。随着研究的展开，许多新类型的凝块石不断被发现。至目前凝块石大体上可以划分为两大结构类型：一类是菌藻类粘结各种颗粒和灰泥（云泥）形成的具有网状、枝状、多孔状或团块状凝块石（图 3-4），以往的藻团块、葡萄石等集团或集合颗粒都可以划分为凝块石；另一类为菌藻类黏结微晶白云石（方解石）或灰泥形成的团块状凝块石。凝块石的团块外边缘具泥晶白云石组成的包膜。团块之间为灰泥或云泥，或重结晶的微晶、微亮晶白云石（图 3-5），或者溶蚀后形成的栉壳状构造。在成岩作用过程中，团块内部溶蚀、再结晶，可残留有暗色包膜。凝块石的形成具有一定的水动力条件，主要分布于浅水碳酸盐岩台地，可以形成规模较大的灰泥丘或云泥丘；并由于凝块结构内部或边缘易于溶蚀形成溶蚀孔洞，可以成为很好的储集岩，墨西哥湾地区已在凝块石灰泥丘中获得丰富的油气。

图 3-3　纹层石白云岩

（a）藻纹层白云岩，高石 16 井，5471.9m，灯四段，纹层稀疏，产状水平，见顺层溶蚀空；（b）藻叠层白云岩，高石 21 井，5286.2m，灯四段，暗色藻纹层密集，部分产状成墙状、丘状；（c）藻叠层白云岩，高石 21 井，5266.9m，灯四段，暗色藻纹层密集，部分产状成墙状、丘状；（d）藻纹层白云岩，高石 16 井，5311.2m，灯四段，纹层稀疏且水平；（e）藻格架白云岩，高石 16 井，5482.9m，灯四段，藻纹层密集、纠结，具有抗浪构造且发育格架孔；（f）纹层石灰泥丘，峨边金口河剖面，灯一段，出露高度约 2m（据张宝民，2014）

　　川中东部凝块石白云岩发育程度相对较低，在高石 16 井少量发育（图 3-4），西部的台地边缘区凝块石白云岩发育程度高，且多发育溶蚀孔洞（图 3-5）。

2. 颗粒白云岩

　　该类白云岩的颗粒成分主要是藻颗粒及砂屑，颗粒均匀，偶见暗色藻颗粒构成的层理，大小 1mm 左右，肉眼可见，亮晶胶结为主，多发育针状溶蚀孔（图 3-6），为高能滩沉积。该类白云岩广泛分布在灯影组各段。

3. 泥粉晶白云岩

　　该类型泥晶白云岩一般由粒径小于 0.01mm 的白云石组成，颜色为浅灰色、灰色，含

图 3-4　凝块石白云岩

（a）菌藻类粘结各种颗粒和灰泥（云泥）形成的具有网状、枝状、多孔状或团块状凝块石，溶蚀孔洞
发育程度高，高石 16 井，5464.7m；（b）团块状凝块石，溶蚀孔洞发育程度高，高石 16 井，5468.4m

图 3-5　凝块石白云岩

（a）凝块石白云岩，高石 1 井，4985.1m，暗色斑状凝块石与浅灰色砂屑共生；（b）凝块石白云岩，
高石 1 井，4985.1m，见暗色不规则凝块石，亮晶胶结

有机质者为暗灰色，中、薄层状（图 3-7）。该类型岩石在合川—潼南工区内广泛发育。此外，该类岩石通常与硅化作用同时产出，表现出白云岩中普遍夹有黑灰色、灰白色层状硅岩和同色团块状、条带状硅岩（俗称"黑硅""白硅"）或与之互层（图 3-8）。

4. 角砾状白云岩

碳酸盐岩地层中常见的角砾岩主要为岩溶角砾状白云岩、滑塌角砾状白云岩。岩溶角砾状白云岩，角砾组分与其上、下的白云岩相类似，角砾大小不一、杂乱堆积、无层次，角砾之间基质为含泥泥晶白云石（图 3-9），一般为溶蚀洞穴被充填或垮塌后的产物。滑塌角砾状白云岩是由塑性揉皱破裂后滑塌再沉积形成的。角砾组分同围岩，为深水碳酸盐岩斜坡相的沉积标志岩类。这里岩石的成因与原生的沉积作用无关，多为风化壳岩溶作用相关的产物。

图 3-6　颗粒白云岩

（a）藻颗粒白云岩，高石 21 井，5249.3m，暗色部位为藻颗粒，见层理，颗粒清晰，肉眼可见，浅色部分为砂屑，发育针状溶蚀孔；（b）颗粒白云岩，高石 21 井，5291.8m，发育大量针状溶蚀孔；（c）颗粒白云岩，高石 16 井，5450.8m，颗粒肉眼可见，暗色为藻颗粒，发育溶蚀孔，少量顺层溶蚀洞；（d）藻颗粒白云岩，高石 16 井，5470.2m，暗色部位为藻颗粒，见层理，颗粒清晰，肉眼可见，浅色部分为砂屑，发育针状溶蚀孔及顺层溶蚀洞

图 3-7　泥粉晶白云岩

（a）深灰色泥粉晶白云岩，水平层理，高石 16 井，5445.9m；（b）灰色泥粉晶云岩，见少量斑状藻纹层，高石 21 井，5301.5m

图 3-8　硅化泥粉晶白云岩

灰白色硅化条带状，硅质内部件纹层及暗色泥晶，高石 21 井，5318.9m

(a)

(b)

图 3-9　角砾状白云岩

（a）角砾状白云岩，高石 16 井，5464m。角砾成分为单一的泥晶云岩，角砾大小不一，杂乱堆积，棱角状，
角砾间为暗色泥晶基质；（b）角砾状白云岩，也可以认识为裂纹化白云岩，高石 21 井，5281.3m，原岩为灰色
菌藻白云岩，见不规则高角度裂缝被暗色泥晶物质充填，顶部为暗色泥晶物质，整体表现出角砾化或裂纹化

（二）沉积相组合类型及特征

在磨溪—高石梯地区，灯影组白云岩的沉积相组合类型，无论是垂向演化序列还是在平面分异格局上，都突出表现为丘滩复合体。合川—潼南地区位于高石梯东部，灯影组碳酸盐岩台地沉积广泛分布，主要发育微生物岩相关台内藻丘、颗粒滩及丘滩间海组合（表 3-1）。

表 3-1　灯影组沉积相类型及岩石学特征

亚相	开阔（局限）台地		
微相	微生物丘	颗粒滩	丘滩间海
岩性特征	藻菌白云岩、凝块白云岩、纹层石白云岩及凝块石白云岩，微生物，溶蚀孔洞。在蓝藻、细菌作用下的碳酸盐岩建隆	藻颗粒白云岩及砂屑白云岩，针状溶蚀孔	深灰色泥粉晶白云岩及含藻屑泥粉晶云岩
发育层位	灯二段、灯四段		

1. 台内藻丘

藻丘主要是由微生物(蓝藻及其他微观藻类、细菌等)建造的，或者以微生物为主，并有其他多门类生物(珊瑚、苔藓虫、层孔虫、海绵、棘皮、头足类、腕足类、多门类钙藻等)参与建造的，它是一种主要由灰泥组成、具有弯形特征的碳酸盐岩建隆。从高石16井及高石21井岩心上可以明显看到大量微生物及微生物相关的藻类，其沉积学特征主要表现为：

(1)藻丘岩性复杂。主要有藻菌白云岩、凝块白云岩、纹层石白云岩及凝块石白云岩，其中纹层石白云岩可以进一步识别出藻纹层白云岩、藻叠层白云岩及藻格架白云岩，且纹层石白云岩发育程度最高。

(2)与显生宙大型骨架生物礁不同，灯影组藻丘的主要建造者为微生物、宏观藻类、藻类分泌物及微古植物等。菌藻类及其生物化学作用可以造架成孔，形成菌藻类遗迹形态与产状各异的菌藻、凝块石、泡沫绵层、叠层石、层纹石、雪花状等格架岩(也可称为微生物格架岩)，是有别于显生宙的显著特色。

(3)藻丘的垂向微相组合样式及横向叠置关系研究目前还处于探索中。按照传统的生物建隆格架岩的观点，藻丘可识别出丘基(砂砾屑、颗粒白云岩为特征)、丘核(以各类微晶凝块白云岩、微生物格架岩、凝块石格架岩为特征)、丘顶(叠层石、层纹石白云岩为特征)和丘翼(砂砾屑白云岩为特征)，以及丘间洼地(以单层厚度变薄、沉积粒度变细为特征)等。此外，台地边缘藻丘与台地内部藻丘应该存在微相叠置样式及规模的差异。

2. 台内颗粒滩

震旦系台内颗粒滩在成因上与显生宙颗粒滩无明显区别。其岩性主要为藻颗粒白云岩及砂屑白云岩，为高能环境下的产物。从高石16井及高石21井的颗粒滩发育情况分析，颗粒滩一般与藻丘共生，但颗粒滩出现的频次小于台内丘，累积厚度也要小于台内丘。

3. 丘滩间海

丘滩体横向上存在不连续性，形成了相对较低的负向地层单元，该单元内可以沉积相对细粒的碳酸盐岩沉积物，如泥粉晶白云岩。由于滑塌或风暴作用，丘滩体沉积物可以少量迁移至丘滩间的细粒沉积物中，形成含藻的泥粉晶白云岩。另外，由于高频海平面的上升(海侵作用)，可以形成深灰色薄层泥晶云岩，通常具有水平层理。

总之，丘滩间海是低能条件下的产物，它与高能丘滩在空间上及垂向上可以形成多种组合与叠置样式。此外，海侵作用相关的丘滩间海也可以作为高频层序识别与对比的关键界面。

二、基干剖面沉积学特征

(一)高石16井沉积学特征

高石16井完钻井深5720m，钻遇灯三段。其中在灯四段上部有6次取心，取心长度约30m。

取心井段从下至上沉积学特征为(图3-10)：

(1)下部(第6次取心到第3次取心)发育8个高频旋回，旋回由丘滩间海及微生物丘组合构成。每个高频旋回的底部为薄层的泥粉晶云岩，上部为厚层的灰色纹层石云岩，旋回厚度向上逐渐增厚。发育溶蚀孔、溶蚀孔洞等储集空间。在第3次取心中，见溶积角砾岩。

(2)上部(第2次取心到第1次取心)见5个高频旋回，旋回由丘滩间海及台内颗粒滩构成。每个高频旋回的下部为泥粉晶云岩，上部为灰色颗粒云岩，旋回向上厚度变化规律不明显。在第1次取心中见热液矿物充填在溶蚀孔洞中。发育溶蚀孔洞。

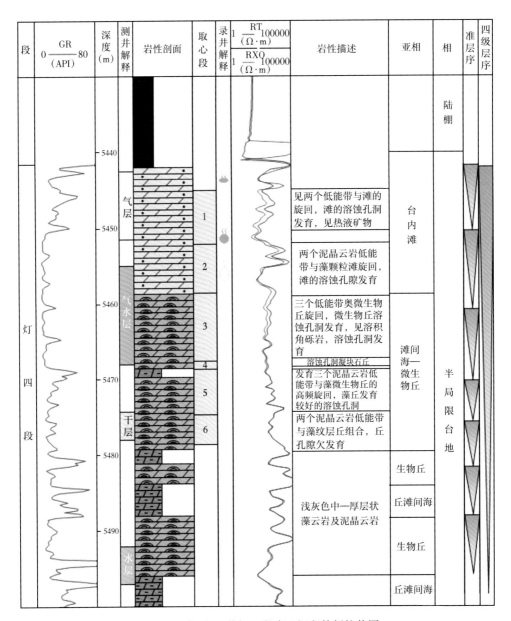

图 3-10　高石 16 井灯四段岩心沉积特征柱状图

(二)高石 21 井沉积学特征

高石 21 井完钻井深 5670m，钻遇灯二段。其中在灯四段上部有 13 次取心，取心长度约 85m。

取心井段从下至上沉积学特征为(图 3-11)：

(1)下部(第 13 次取心到第 11 次取心)为灰色纹层石白云岩，纹层以藻纹层结构为主，整体为微生物丘沉积。内部夹 3 套薄层深灰色泥粉晶云岩，为丘间海沉积。该泥粉晶云岩与纹层石白云岩构成高频旋回，旋回厚度有向上逐渐变大的趋势，见溶蚀孔及溶蚀孔洞。

(2)中部主要为灰色藻屑云岩组合(第 10 次取心到第 8 次取心)，主要为台内滩沉积。藻屑云岩之间发育 3 个薄层深灰色泥晶云岩层，它们与藻屑云岩构成高频旋回，旋回厚度

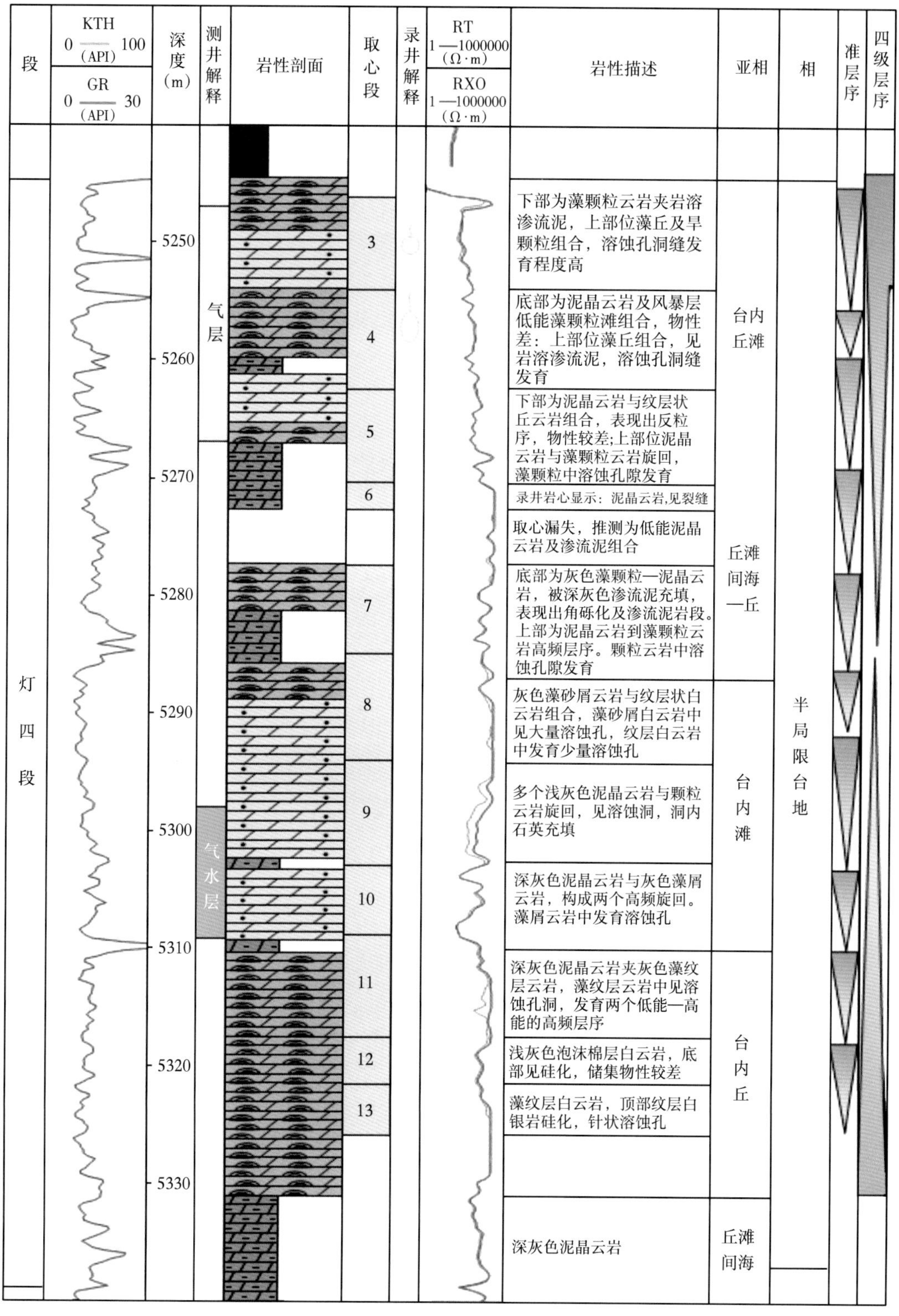

图 3-11 高石 21 井灯四段岩心沉积特征柱状图

段	KTH 0—100(API) / GR 0—30(API)	深度(m)	测井解释	岩性剖面	取心段	录井解释	RT 1—1000000(Ω·m) / RXO 1—1000000(Ω·m)	岩性描述	亚相	相	准层序	四级层序
灯四段		5250 5260 5270 5280 5290 5300 5310 5320 5330	气层 / 气水层		3 4 5 6 7 8 9 10 11 12 13			下部为藻颗粒云岩夹岩溶渗流泥，上部位藻丘及旱颗粒组合，溶蚀孔洞缝发育程度高	台内丘滩	半局限台地		
								底部为泥晶云岩及风暴层低能藻颗粒滩组合，物性差；上部位藻丘组合，见岩溶渗流泥，溶蚀孔洞缝发育				
								下部为泥晶云岩与纹层状丘云岩组合，表现出反粒序，物性较差；上部位泥晶云岩与藻颗粒云岩旋回，藻颗粒中溶蚀孔隙发育				
								录井岩心显示：泥晶云岩，见裂缝	丘滩间海—丘			
								取心漏失，推测为低能泥晶云岩及渗流泥组合				
								底部为灰色藻颗粒—泥晶云岩，被深灰色渗流泥充填，表现出角砾化及渗流泥岩段；上部为泥晶云岩到藻颗粒云岩高频层序。颗粒云岩中溶蚀孔隙发育				
								灰色藻砂屑云岩与纹层状白云岩组合，藻砂屑白云岩中见大量溶蚀孔，纹层白云岩中发育少量溶蚀孔	台内滩			
								多个浅灰色泥晶云岩与颗粒云岩旋回，见溶蚀洞，洞内石英充填				
								深灰色泥晶云岩与灰色藻屑云岩，构成两个高频旋回。藻屑云岩中发育溶蚀孔				
								深灰色泥晶云岩夹灰色藻纹层云岩，藻纹层云岩中见溶蚀孔洞，发育两个低能—高能的高频层序	台内丘			
								浅灰色泡沫棉层白云岩，底部见硅化，储集物性较差				
								藻纹层白云岩，顶部纹层白银岩硅化，针状溶蚀孔				
								深灰色泥晶云岩	丘滩间海			

69

有向上变厚的趋势。

（3）上部（第7次取心到第1次取心）整体为泥晶云岩、藻颗粒云岩及纹层石云岩组合，为丘滩组合沉积。整体可以识别出3套组合，每个组合内部可以进一步识别出多个薄层泥晶云岩及藻云岩—纹层石云岩的高频旋回，向上变厚的趋势不明显。藻屑云岩中多发育针状溶蚀孔，生物丘中多发育溶蚀孔洞，向上溶蚀孔洞增多。

(三)先锋灯影组露头剖面沉积学特征

先锋剖面位于盆地西南边线处，地层厚度约为800m，划分为两个三级层序（Sq1、Sq2），沉积相类型主要为台地边缘、陆棚、局限台地（图3-12）。

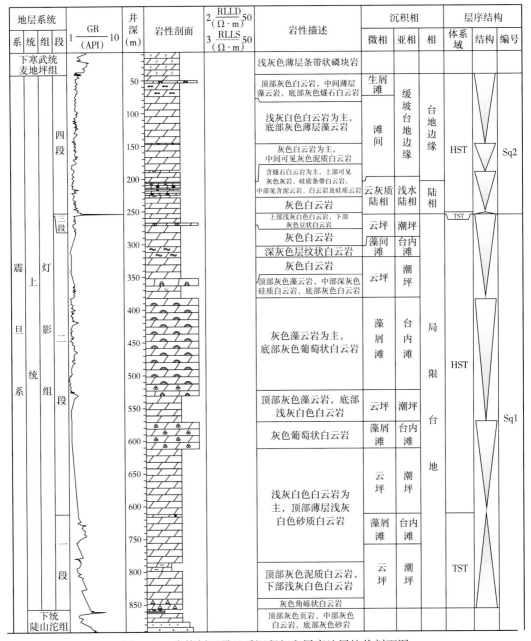

图3-12　先锋剖面震旦系沉积相和层序地层柱状剖面图

Sq1：该层序底界面为岩性岩相转化界面，界面之下为陡山沱组膏质白云岩，界面之上为泥质白云岩，水体突然加深。Sq1—TST时期，岩性主要为白云岩夹泥质灰岩、砾状白云岩、页岩，底部为灰色砂岩，属局限台地相沉积环境，沉积潮坪亚相以及云坪微相；Sq1—HST时期，岩石主要为藻云岩、葡萄状白云岩夹白云岩以及豆状、纹层状白云岩，受次级海平面韵律波动，发育5个向上变浅的沉积旋回，属台地边缘、局限台地相沉积环境，滩间与台缘滩交替发育。

Sq2：该层序底界面为岩性岩相转化界面，界面之下为灰色泥岩，界面之上为浅灰色藻云岩。Sq2—TST时期，岩性主要为白云岩、豆状云岩，属陆棚沉积环境，发育云质陆棚微相；Sq2—HST时期，岩石类型为云岩夹燧石云岩、含泥云岩、藻云岩和硅质云岩，受次级海平面韵律波动，发育3个向上变浅的沉积旋回，属台地边缘沉积环境，发育缓坡台地边缘亚相，生屑滩、滩间微相（图3-13）。

图3-13　先锋灯影组剖面岩石特征

（a）灰色雪花状藻云岩，具丰富的"葡萄、花边"构造、藻叠层构造，半局限台地，灯二段；

（b）灯四段硅质条带白云岩，开阔台地

三、沉积相分析

(一)测井相

在高石16井及高石21井岩心沉积学分析的基础上，开展岩心归位，优选岩性敏感度较高的自然伽马曲线作为测井相分析的主要系列，总结出灯影组微相组合的测井相特征。

1. 丘滩间海—生物丘—颗粒滩组合

该组合有两种特征：第一种为较薄层结构，自然伽马曲线表现为高幅度到齿化低幅度，呈多个漏洞型组合（图3-14），该结构可能预示着高频海平面变化的规律，可能发育

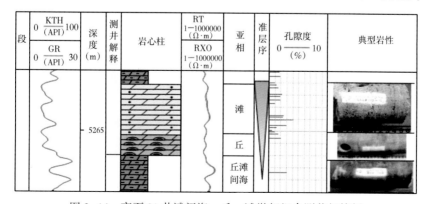

图3-14　高石21井滩间海—丘—滩微相组合测井相特征

在层序高位体系域早期；第二种为薄层滩间海及厚层丘滩结构，自然伽马曲线表现为薄层高幅度到厚层微齿化箱形的特征（图3-15），该结构可能预示着海平面持续下降，主要发育在层系的高位体系域晚期。

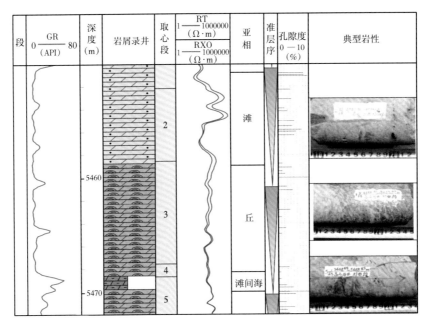

图3-15 高石16井滩间海—丘—滩微相组合测井相特征

2. 丘滩间海—微生物丘组合

该组合厚度较大，测井响应与薄层滩间海及厚层丘滩相似，自然伽马表现为薄层高幅度到厚层齿化箱形的特征（图3-16），但伽马值相对较小。其结构可能也与海平面持续下降相关。

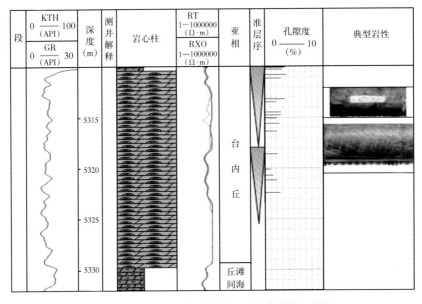

图3-16 高石21井滩间海—丘组合测井相特征

72

（二）单井沉积相分析

由于取心井资料有限，加之岩屑录井的描述不能体现更丰富的沉积学内涵。因此，重构合理的单井沉积相综合柱状图是本次研究工作的重要基础。本次单井沉积相综合柱状图重构的思路为：

（1）钻遇井尽量全部完成沉积相分析；

（2）露头、层序及岩心的沉积学认识作为指导，例如灯四段主要发育三种微相，那么在未取心井段也应该是这三种微相。

（3）基于海相层序的思想，一般来说高能相带主要发育在层序/准层序组的上部，基于这种认识可以指导未取心井段的岩性及岩相判断。

（4）建立测井相模型，指导沉积相识别。分为三步：①明确取心井沉积相（亚相）特征；②进行取心段归位，将取心深度转换为测井深度；③基于测井曲线特征能够表征沉积水体特征的基本原理以及前人总结的测井相基本模型，建立工区内典型沉积相（亚相）的测井响应模型。

（5）岩屑录井、测井解释、岩屑薄片及试气成果等资料，要收集齐全，均可以用于指导岩性及岩相识别。例如，首先要尊重岩屑录井资料的基本岩性认识；其次，测井解释为气层或储层，一般可以理解为高能相；再次，零星存在的岩屑薄片的鉴定结果可以用于支撑岩性认识。

基于上述五个约束思路，可以实现未取心井的沉积学解译。下面以合探1井龙王庙组为例，阐述沉积学解译的过程：

（1）该井在龙王庙组只有很少的取心资料，且原始的录井岩屑描述均为浅灰色白云岩，这种描述缺乏沉积学内涵；

（2）能够收集到常规测井曲线、岩屑录井描述、测井解释结果及少量岩屑薄片的描述结果；

（3）该井在灯四段上部有少量取心，取心段沉积学认识可以直接加载到岩屑剖面上；

（4）岩屑薄片有三个点，亮晶残余砂屑云岩可以识别为颗粒滩，粉晶云岩可以识别为滩间海；

（5）测井解释为气层或差气层的位置，理解为高能相；

（6）基于自然伽马的形态及值，建立龙王庙组颗粒滩与滩间海的测井相关系（一般来说，滩间海到颗粒滩可以表现出齿化的漏斗形，其中颗粒滩为低伽马值，滩间海为高伽马值），基于该思想可以完成大部分岩性/岩相识别；

（7）反过来，也可以通过岩心资料及岩屑薄片的认识约束测井相的解释是否合理。可以看到，岩屑薄片中亮晶砂屑云岩段对应的是低自然伽马，而粉晶云岩段正好对应高自然伽马。这样进一步证明测井—地质分析的合理性；

（8）通过该认识及分析过程，最终确定并完成了合探1井的单井沉积相综合柱状图（图3-17）。

基于上述思想，完成单井沉积相综合柱状图，如高石16井属于典型的台地内部滩沉积。该井揭示灯影组灯四段和灯三段，灯四段为5440~5704m，厚度为264m，灯三段未钻穿，厚度约20m。灯三段为深灰色—蓝灰色泥质沉积为主，为典型的陆棚沉积。灯四段沉积早期为碳酸盐岩台地，沉积记录了大套灰色—深灰色薄层泥晶云岩，典型的滩间海亚相，随着海平面变化，发育浅灰色中层台内颗粒滩沉积，为台内滩亚相。进入高位体系域中晚期，高频海平面缓慢下降，微生物丘滩迅速生长，形成了低能带与微生物丘组合、低能带—藻屑滩—丘组合。微生物丘滩组合向上逐渐增厚，滩体最大厚度为30m，微生物丘最大厚度为16m。基于其岩性组合特征，将该井识别出局限台地相。

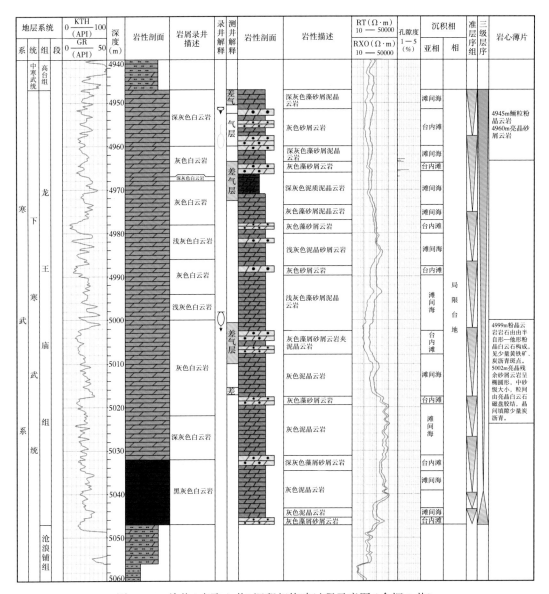

图 3-17 单井（未取心井）沉积相构建过程示意图（合探 1 井）

(三) 沉积相对比

在详实的单井沉积相特征分析的基础上，构建沉积相对比剖面，用于分析沉积相空间展布。

1. 台缘—台地内部井震结合沉积相对比

基于台地边缘到台地内部，建立过高石 1 井、高石 2 井、高石 18 井及高石 16 井的井震结合地震剖面（图 3-18），解剖灯影组丘滩体宏观的沉积学特征。首先，这四口井在震旦系均有取心资料，岩心沉积学分析表明：

（1）在高石 1 及高石 2 井区（台地边缘）发育厚层的纹层石白云岩（图 3-19），其中藻格架白云岩发育程度高，微生物藻丘的单层厚度大，溶蚀孔洞发育程度高。在高石 18 井

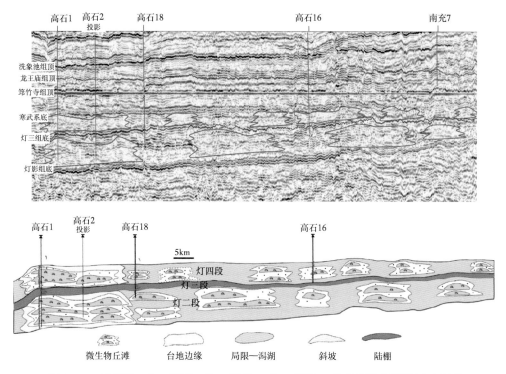

图 3-18　过高石 1 井—高石 2 井—高石 18 井—高石 16 井井震结合沉积相对比图

图 3-19　台地边缘丘岩石学特征

（a）藻格架白云岩，高石 1 井，4967.3m，藻纹层不规则搭建，见溶蚀扩大的格架孔；（b）藻纹层（泡沫棉层）
白云岩，高石 1 井，4981.5m，藻纹层水平或不规则波状，孔隙发育程度低；（c）泡沫面层白云岩，普通薄片，
高石 1 井，4951.6m；（d）灰褐色藻纹层白云岩，见少量溶蚀孔缝，高石 2 井，5015.2m；（e）藻纹层白云岩，
见溶蚀孔缝，铸体薄片，高石 2 井，5015.m

区(过渡带，台地边缘东侧)，见藻纹层白云岩，孔隙欠发育，为微生物丘。藻屑白云岩发育，厚度有一定规模，针状溶蚀孔发育(图3-20)。在高石16井区，为台地内部，发育较为孤立的微生物丘滩组合体，垂向上累计厚度有一定规模，溶蚀孔洞多在藻格架及藻叠层白云岩中发育，藻颗粒滩中针状溶蚀孔也发育。

(2)基于地震相的思想，解剖过井地震剖面，可以看出：从台地边缘到东侧的台地内部，灯二段、灯四段厚度逐渐减薄；台地边缘丘滩体呈大型的丘状反射，台地内部也见较大型丘状反射(台地内部可能存在多个次级洼地，洼地边缘为丘滩体沉积)。

图3-20　过渡带(台地边缘东侧)岩石学特征

(a)藻纹层白云岩，暗色藻纹层夹浅灰色砂屑纹层水平—波状，微生物丘，高石18井，5184.8m；(b)藻屑白云岩，见层理，针状溶蚀孔，颗粒滩，高石18井，5177m；(c)深灰色泥晶灰岩，丘滩间海，高石18井，5179.8m

2. 台地内部沉积相对比

在台地内部，建立过磨溪41井、高石16井及合探1井井震结合沉积对比剖面，解剖灯影组台地内部丘滩体宏观的沉积学特征(图3-21)。从剖面可以看出：(1)灯四段及灯二段厚度变化不明显；(2)地震同相轴以平行席状反射为主，见若干个丘状反射，该反射有一定的规模和横向连续性。解释为台内丘滩复合体与丘滩间海(局限—潟湖)沉积。

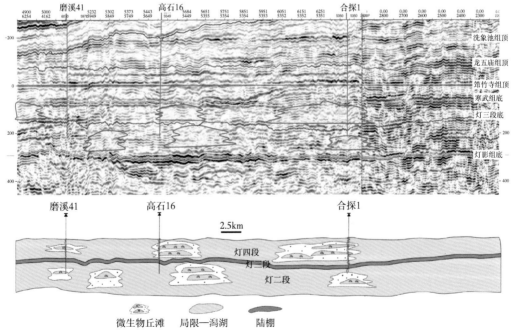

图3-21　过高石1井—高石2井—高石18井—高石16井井震结合沉积相对比图

四、地震相特征

(一)岩溶古地貌分布特征

碳酸盐岩风化壳岩溶古地貌分布对岩溶储层在碳酸盐岩地层中的发育程度具有重要影响作用。岩溶地貌单元的不同,往往会造成岩溶储层发育程度的不同,并在一定程度上控制着后期油气的分布。风化壳岩溶古地貌的恢复是预测岩溶储层分布的重要手段,因此开展风化壳岩溶古地貌特征,对研究碳酸盐岩风化壳岩溶储层的发育规律具有重要意义。

岩溶古地貌恢复常用的技术是残厚法。在剥蚀效果相近的情况下,地层厚度较厚的地方反映了当时为地貌较高处,而地层较薄的地区则为当时的低洼处。因此,选择需恢复的界面之下的某一特殊层段(一般选取区域上的等时面)为基准面,将其拉平,则该面以上残余厚度的大小代表了古地貌的形态。该方法的特点是:适用性局限,条件苛刻,仅在剥蚀效果相近的情况下使用,即没有构造挤压隆升,在稳定的地台沉积区,沉积水体大范围退去暴露,全区均衡暴露剥蚀的情况下应用。从区域上灯影组与下寒武统的接触样式来看,为超覆接触和假整合接触关系,因此适合于岩溶地层近水平状态下的岩溶模式。

灯影组整体厚度在台缘带东侧特征是西厚东薄,从1100m逐渐到400m左右;台缘带西侧很薄,厚度在400m以下。台内呈现东厚西薄的特征,其中高石21井、高石16井、合探1井附近较厚,在700~800m(图3-22)。

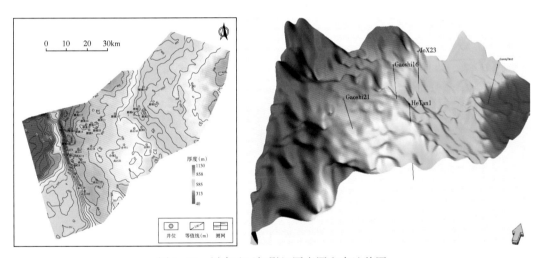

图3-22 川中地区灯影组厚度图和古地貌图

灯二段整体表现为西厚东薄特征,厚度分布范围为150~730m,其中高石梯—磨溪台缘带厚度最大,台内厚度在200~500m,高石18井—高石16井—合探1井一带厚度最大,在500m左右,合探1井东北方向发育一厚带,厚度大于400m,为丘滩体发育的有利区带(图3-23)。

灯四段厚度为0~525m,其中台缘带厚度最大。台内厚度为240~400m,台内发育一古地貌高带,为丘滩体发育带,面积约2700km²(图3-24)。

(二)丘滩体精细刻画

在地震反射特征上,丘滩体多呈丘状杂乱反射,弱振幅;而滩间海多呈反射连续性相对较好,振幅相对较强。另外,丘滩体发育的区域地层厚度较滩间海厚度略大。因此通过

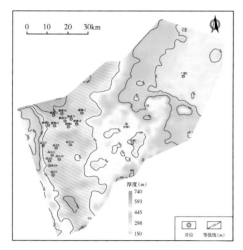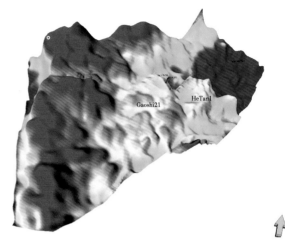

图 3-23　川中地区灯影组灯一—灯二段厚度图和古地貌图

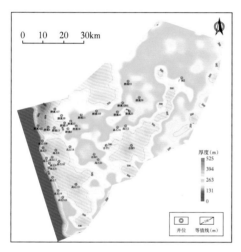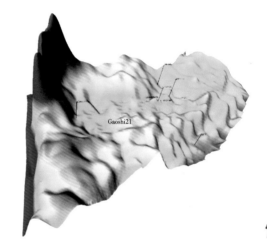

图 3-24　川中地区灯影组四段厚度图和古地貌图

绘制灯四段和灯二段厚度图，能够大致反映灯二段和灯四段沉积时的地貌高低。另外，由于灯二段和灯四段沉积后均遭受过暴露剥蚀，现今地层厚度只能代表残留地层厚度，但是由于丘滩相沉积物较滩间海内沉积物更抗化学风化作用的侵蚀，因此残留地层厚度基本能够反映当时的古地貌形态。

1. 丘滩体剖面特征

据高石梯—磨溪地区磨溪 9 井、高石 18 井等井钻探结果：磨溪 9 井灯四段测试日产气 $10 \times 10^4 m^3$，沉积微相解释为丘滩体；磨溪 9 井灯二段测试日产气 41.35 $\times 10^4 m^3$，沉积微相解释为丘滩体；高石 18 井灯四段测试日产气 24.07 $\times 10^4 m^3$，沉积微相解释为丘滩体。微生物丘滩体与大陆边缘台缘带丘滩体具有相同的沉积结构构造和岩性特点。

地震剖面上，微生物丘滩体呈丘状杂乱弱反射特征，地层厚度增大（图 3-25），单个丘滩复合体面积较大。地震属性分析是对目标沿层提取反射波属性综合分析技术，就是在地震反射波层特征与振幅谱和相位谱之间的定量关系，使频谱成像技术处理结果的解释具有直接的物理位准确标定和三维层面解释的基础上，对叠后地震资料进行目的性的处理，然后沿层提取储层的三维空间的物理信息，包括振幅瞬时相位（图3-26）、相似性（图3-27）、"甜点"属性（图3-28）以及波阻抗剖面（图3-29），对多参数进行综合分析，从而预测丘滩体。

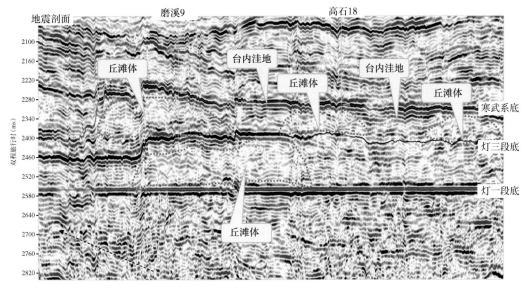

图3-25　过磨溪9井—高石18井灯影组丘滩体地震剖面

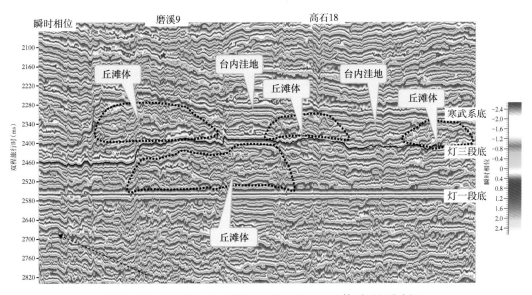

图3-26　过磨溪9井—高石18井灯影组丘滩体瞬时相位剖面

高磨台缘带以东灯影组广泛发育台内丘滩体，取心、常规测井资料和成像测井资料资料表明高石16井在灯四段钻遇典型的丘滩体储层。

灯四段取心进尺33.56m，岩心长28.5m，岩心收获率84.92%。岩性为褐灰色、灰色白云岩20.84m，褐灰色、灰色含溶孔洞白云岩2.87m，石灰岩4.79m。岩心中部缝洞较发育，上、下部欠发育；小洞170个，中洞35个，大洞13个；缝35条；冒气处42处。

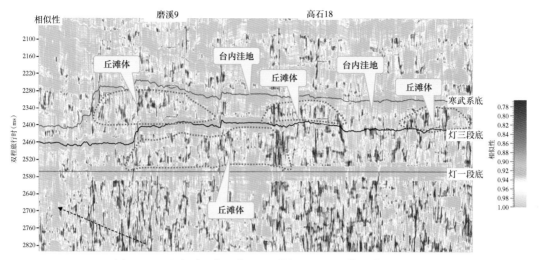

图 3-27　过磨溪 9 井—高石 18 井灯影组丘滩体相似性剖面

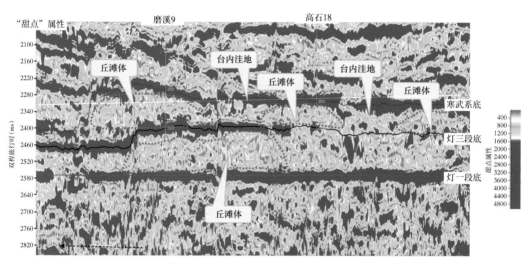

图 3-28　过磨溪 9 井—高石 18 井灯影组丘滩体"甜点"剖面

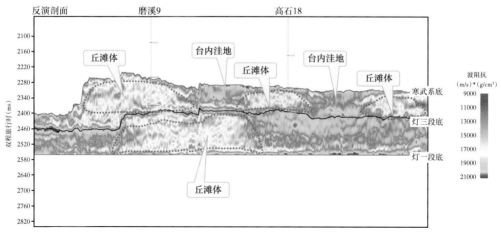

图 3-29　过磨溪 9 井—高石 18 井灯影组丘滩体波阻抗剖面

灯四段 34#储层，常规测井资料指示孔隙发育，阵列声波能量衰减较明显，成像资料指示裂缝、溶孔较发育，核磁共振资料显示该段以中小孔为主，录井在井段 5443～5444m、5450～5452m 显示"气侵"，综合解释为气层。

灯四段 35#储层，常规测井资料指示孔隙发育，阵列声波能量衰减较明显，成像资料指示溶孔较发育，核磁共振资料显示该段以中小孔为主，核磁流体判别结果为气水特征，录井在井段 5454～5457m 显示为"气测异常"，综合解释为气水层。

高石梯—磨溪台缘带以东灯影组广泛发育台内丘滩体，特征与台缘带典型丘状反射丘滩体存在一定差异，丘状反射特征不典型，宽波谷、弱反射叠合弱振幅杂乱反射（图 3-30）。过高石 16 井的多种地震属性瞬时相位（图 3-31）、相似性（图 3-32）、"甜点"属性（图 3-33）以及波阻抗剖面（图 3-34）可以更加清晰地刻画丘滩体特征。

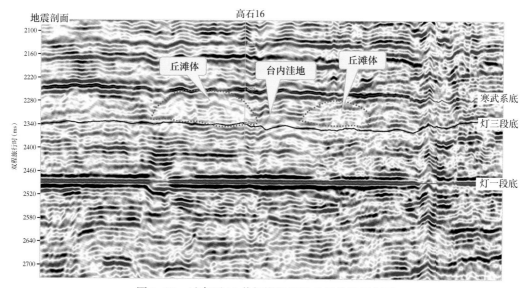

图 3-30　过高石 16 井灯影组四段丘滩体地震剖面

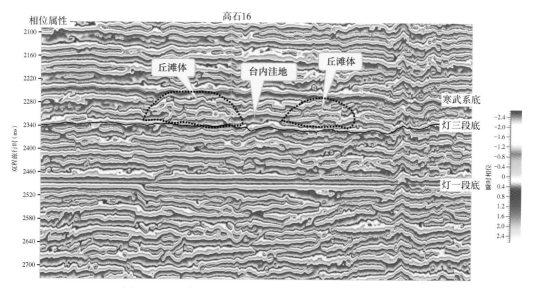

图 3-31　过高石 16 井灯影组四段丘滩体瞬时相位剖面

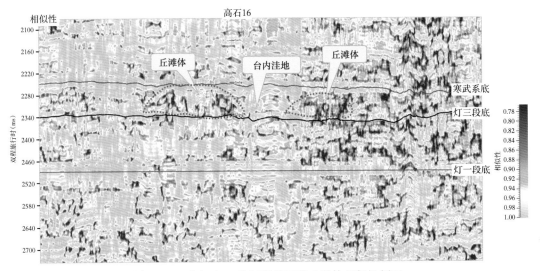

图 3-32　过高石 16 井灯影组四段丘滩体相似性剖面

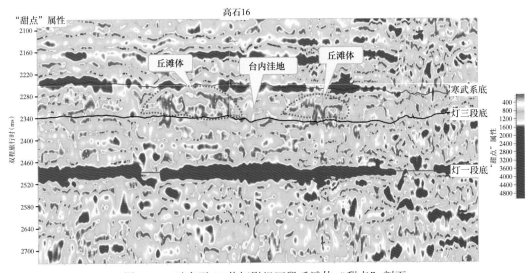

图 3-33　过高石 16 井灯影组四段丘滩体 "甜点" 剖面

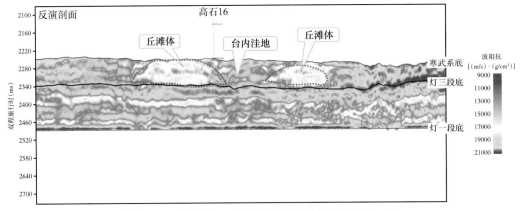

图 3-34　过高石 16 井灯影组四段丘滩体孔隙度剖面

2. 丘滩体分布特征

针对灯影组丘滩体通常表现为丘状、弱振幅、杂乱反射的特点，进一步利用二维和三维地震数据分别提取振幅（图3-35）和波峰个数（图3-36）等属性，可以更清晰地刻画丘滩体分布特征。

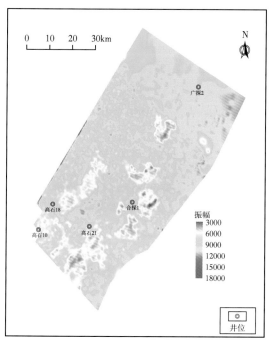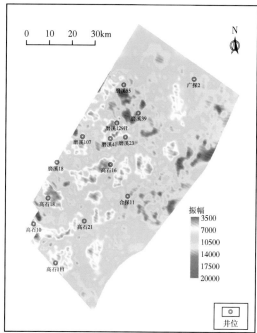

图3-35　川中地区灯二段（左）和灯四段（右）振幅属性平面图

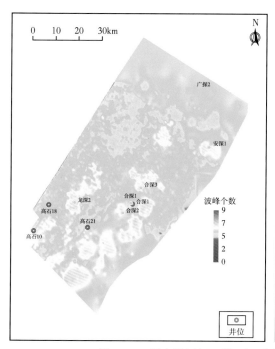

图3-36　川中地区灯二段（左）和灯四段（右）波峰个数属性平面图

经过测井识别丘滩体储层、地震剖面解释、地震属性平剖面精细刻画等多种手段相结合，解释灯四段和灯二段丘滩体顶底界面层位，刻画丘滩体平面分布范围，进一步提取丘滩体厚度图。台内地区，灯二段刻画台内丘滩 8 个，面积共计约 980km² （图 3-37）；灯四段刻画台内丘滩 8 个，面积共计约 781km² （图 3-38）。丘滩体为灯影组最有利的勘探目标，为岩相古地理刻画和勘探井位部署提供了参考和依据。

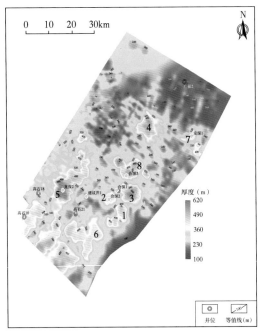
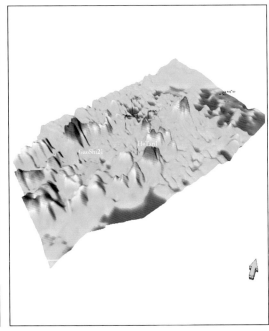

图 3-37　川中地区灯二段台内丘滩厚度图

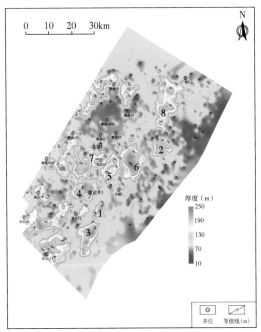
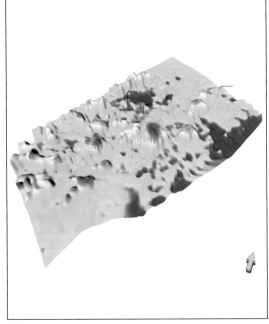

图 3-38　川中地区灯四段台内丘滩厚度图

地震相分析表明：丘滩体地震相特征为丘状外形幅度高、杂乱反射结构、弱振幅、连续性差；海槽地震相特征为强振幅、强连续性、平行反射。如图 3-39 所示，暖色部分代表丘滩体地震相特征，冷色部分代表滩间海地震相特征。

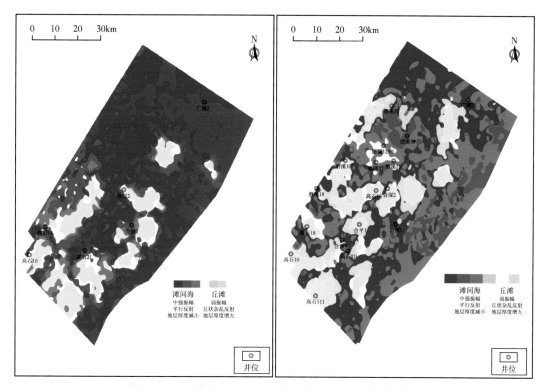

图 3-39　川中地区灯二段（左）和灯四段（右）地震相图

五、岩相古地理格局与沉积模式

基于露头及岩心沉积地质分析，建立测井相解释模型，通过单井沉积相特征详细解释、连井相分析及地震相分析，根据灯二段和灯四段厚度这一单因素，综合考虑丘滩体和滩间海在地震上的反射特征，绘制了灯二段和灯四段岩相古地理图。

（一）岩相古地理格局

灯二段沉积期，合川—潼南探区西侧发育一条近南北向的台缘带，台缘带西侧为斜坡带，台缘带以藻丘和台缘滩相为主，二者发育规模较大，连片分布（图 3-40）。灯二段在台内发育一条北东向的台内丘滩发育带，相对台缘带丘滩规模来看，台内丘滩发育带内的丘滩规模较小。

灯四段岩相古地理格局与灯二段基本一致。西侧发育一条近南北向的台缘带，台缘带西侧为斜坡带，台缘带上以藻丘和台缘滩相为主，二者发育规模较大，连片分布（图 3-41）。灯四段在台内发育一条北东向的台内丘滩发育带，台内丘滩发育带内的丘滩规模较小，但是相对灯二段来看，灯四段台内丘滩体规模较大。

（二）沉积模式

灯影组沉积期上扬子台地是一个半孤立镶边碳酸盐岩台地（张宝民，2014）。台地沉积以菌藻类白云质灰泥丘、丘间洼地和颗粒滩或丘滩复合体为特征。在台地演化过程中经

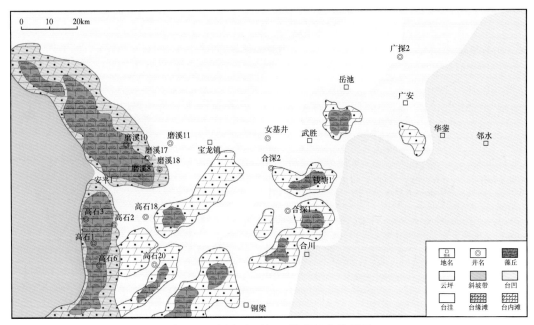

图 3-40　川中地区灯二段岩相古地理图

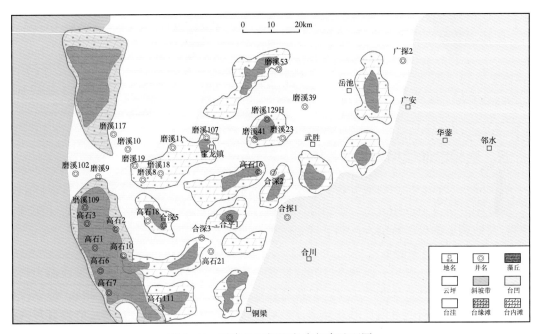

图 3-41　川中地区灯四段岩相古地理图

历过多次较为均匀的升降运动，沉积了灯一段至灯四段各自富有特色的碳酸盐岩台地沉积。其中灯一段及灯二段沉积时期为碳酸盐岩台地，高磨气田西部存在裂陷海槽，东部合川—潼南工区内发育多个次级小洼地，洼地内沉积能量低，洼地周缘发育台地内部微生物丘滩体。灯三段沉积时期，海平面上升，四川盆地整体为陆棚环境。台内发育深灰色、蓝灰色泥质碎屑岩类。灯四段沉积时期碳酸盐岩台地继续生长，台内洼地及生物丘滩体可能在灯二段的基础上继承生长，呈现出台内丘滩广泛发育的特征。台地的多次升降运动也造成了台地内部不同程度的分化,在台地西部形成了近南北向延伸的裂陷槽。裂陷槽的形成改变了台地沉积格局,也影响了台地上沉积相带的展布。

需要指出的是,四川盆地灯影组沉积模式不同于经典的镶边台地沉积模式。该模式中,高磨气田所在的台地边缘与 Wilson 的镶边台地边缘类似;而在台地内部,可能存在小型洼地,该洼地的成因可能是断裂或微古地貌的差异造成的。在洼地周缘存在相对的古地形高,微生物丘滩能够规模化生长,进而成为有利的勘探目标。

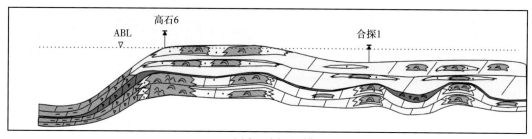

(a)灯四段沉积时期

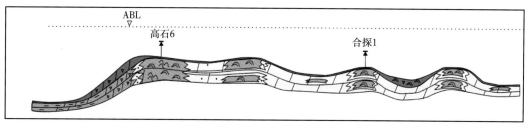

(b)灯三段沉积时期

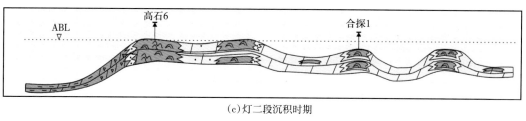

(c)灯二段沉积时期

| 局限台地 | 开阔台地 | 较深水开阔台地 | 高能滩 | 生物丘 | 生物礁 | 深水相 | 石灰岩 | 颗粒灰岩 | 白云岩 | 膏盐岩 | 泥质云岩 | 角砾云岩 |

图 3-42　灯影组沉积模式

第二节　龙王庙组岩相古地理及沉积演化

一、沉积相类型及特征

(一)岩石学特征

1. 颗粒云岩

1) 砂屑云岩

砂屑云岩主要呈灰色—深灰色,中—厚层状产出,颗粒以砂屑为主,偶尔含少量鲕粒、生屑及砾屑,砂屑粒径为 0.3~1.5mm,粒间为亮晶白云石胶结。岩心上常见密集针状溶蚀孔及溶蚀洞，孔隙性为一般—较好（图3-43）。砂屑云岩主要发育在局限台地内部浪基面之上的高能水体环境中，构成台内浅滩，是局限台地颗粒滩的主要岩石类型。此外，砂屑云岩与泥质纹层、风暴层理同时产出，呈薄层状，溶蚀孔隙欠发育（图3-43e、f）。主要发育在平均浪基面之下，多受风暴或重力作用下的异地搬运沉积。

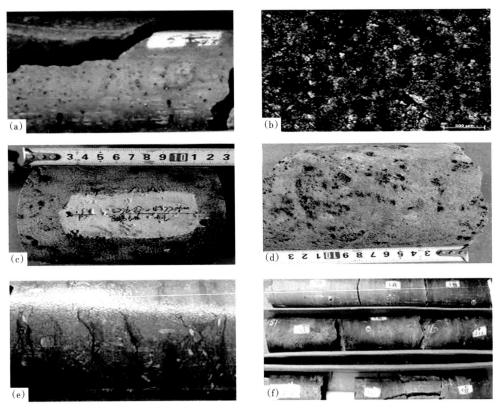

图3-43 砂屑云岩岩石学特征

(a)溶蚀孔洞砂屑云岩，潼探1井，4998.65m；(b)残余砂屑白云岩，间溶蚀粒间孔，潼探1井，4998.65m；
(c)灰色溶蚀孔洞砂屑云岩，磨溪16井，4776.3m；(d)溶蚀孔洞砂屑云岩，磨溪20井，4612.2m；
(e)含砾屑泥晶砂屑云岩，见不规则泥质纹层构成的风暴层理，广探2井；(f)深灰色泥晶云岩—灰色
泥晶砂屑云岩旋回，砂屑云岩中含有砾屑及泥质纹层，呈反韵律，潼探1井

2）鲕粒云岩

鲕粒云岩主要呈灰色—深灰色、薄—中层状产出，鲕粒以分选良好的椭圆状—圆状为主，粒径为0.05~2mm，其中粒径0.5~1.5mm的鲕粒可达80%以上，粒间为亮晶白云石胶结（图3-44a）或泥晶胶结（图3-44b）。在岩心上可见交错层理。局部可见粒间孔和针孔，孔隙型为较差——一般。鲕粒云岩主要发育在局限台地内部浪基面之上的高能水体环境中，构成台内浅滩，是局限台地颗粒滩的主要岩石类型。需要指出的是，鲕粒云岩仅在磨溪井区发育，工区内潼探1井及广探2井取心段均未揭示鲕粒云岩。

2. 结晶云岩

结晶云岩通常是指具有明显白云岩晶形的白云岩，且见不到明显残余沉积结构。深灰色暗斑以粉晶为主，浅灰色亮斑以泥晶为主，有时呈明暗交互的"花斑状"，层理不清晰。岩心上发育少量针孔和溶蚀孔。结晶云岩的成因复杂，其中的细晶云岩可能与低能沉积环

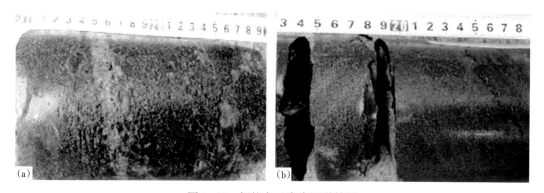

图 3-44 鲕粒白云岩岩石学特征

(a)深灰色鲕粒云岩，交错层理，颗粒边缘清晰，亮晶胶结，磨溪 203 井，4770.2m；

(b)鲕粒白云岩，颗粒边缘不清晰，泥晶胶结为主，磨溪 203 井，4787.2m

境相关（图 3-45a、b），而晶体较为粗大可能与颗粒云岩经历了较为完全的白云石化作用相关（图 3-45c）。

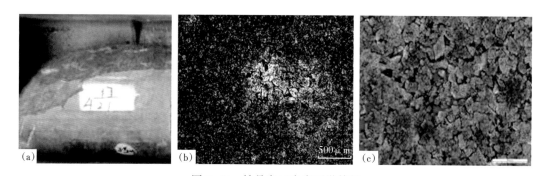

图 3-45 结晶白云岩岩石学特征

(a)浅灰色细晶白云岩，潼探 1 井，4992.55m；(b)细晶白云岩，无明显残余结构，见少量溶蚀孔，
潼探 1 井，4992.55m；(c)粗晶白云岩，溶蚀孔，高石 113 井，4990m

3. 泥晶云岩/泥质泥晶云岩

泥晶云岩与泥质泥晶云岩在工作中比较难以区分，因为它们均为低能沉积环境的产物，可以作为同一种岩石类型。它们主要呈灰黑色、薄层状产出，泥晶为主，发育泥质纹层或泥质条带（图 3-46），常见生物扰动构造。岩性致密，不发育孔洞。它们主要发育在

图 3-46 泥晶云岩/泥质泥晶云岩沉积学特征

(a)深灰色泥晶云岩，见生物扰动构造，潼探 1 井，4997.7~4998.3m；(b)深灰色泥晶云岩，广探 2 井，5628.17m

局限台地内部浪基面之下的低能还原沉积水体环境中，是局限台地潟湖中云泥质潟湖的主要岩石类型。

（二）沉积相组合类型及特征

前述盆地沉积背景表明，寒武系龙王庙组为碳酸盐岩台地背景。合川—潼南工区主要发育局限—半局限台地，主要识别为台内滩、滩间海及风暴滩（表3-2）。

表3-2 寒武系龙王庙组及洗象池组沉积相类型及岩石学特征

亚相	开阔—半局限台地		
微相	台内滩	风暴滩	滩间海
岩性特征	砂屑云岩为主，偶见鲕粒云岩。呈浅灰色及中—厚层的特点，溶蚀孔发育	砂屑云岩或鲕粒云岩与泥质纹层、风暴层理及递变层理共生，呈薄层状，孔隙欠发育	深灰色泥质泥晶云岩、泥晶云岩及泥粉晶云岩，水平层理，生物扰动及风暴层理
发育层位	龙王庙组、洗象池组		

1. 台内颗粒滩

台内颗粒滩岩性主要为砂屑云岩及鲕粒云岩，颜色通常为灰色—浅灰色，呈中—厚层状，多发育溶蚀孔隙，为平均浪基面附近高能水动力条件的产物。从潼探1井、广探2井岩心特征来看，以砂屑云岩为主，偶见少量鲕粒云岩，滩体单层厚度较大。

2. 台内风暴滩

风暴滩岩性主要为砂屑及鲕粒云岩，以泥晶胶结为主，颜色通常为深灰色或深灰色与浅灰色互层，薄层状，多与泥质纹层、风暴层理及递变层理共生。在平均浪基面之下沉积环境，沉积了受风暴或重力作用改造台内颗粒滩沉积物后搬运至深水区的沉积物。从潼探1井、广探2井岩心与洗象池组广探2井、合12井岩心特征看，颜色深灰色为主，薄层状，岩性多为砂屑云岩与泥质纹层、风暴层理及递变层理共生，且溶蚀孔隙欠发育。

3. 滩间海

滩间海岩性主要为泥质泥晶云岩及泥粉晶云岩，颜色为深灰色，薄层，水平层理、生物扰动及风暴层理常见。从潼探1井、广探2井岩心特征看，颜色较深。这种差异可能与古气候、沉积速率及海平面变化规模有关。

二、基干剖面沉积学特征

（一）潼探1井岩心沉积学特征

潼探1井在寒武系龙王庙组取心4次，深度范围为5010~4985m，取心位置为龙王庙组中上部。

从下至上岩心主要有以下沉积学特征（图3-47）：

（1）第6次取心，底部为灰色藻白云岩，白云岩污浊，自形程度差，向上溶蚀孔隙增多；上部为灰色—浅灰色藻及砂屑白云岩，溶蚀孔洞发育程度高，底部发育约0.4m藻凝块白云岩；顶部为深灰色泥粉晶云岩。

（2）第5次取心，下部为灰色—浅灰色藻砂屑白云岩，溶蚀孔洞发育，与下部泥粉晶白云岩厚层一个向上变浅的高频旋回。上部发育一个深灰色泥粉晶白云岩及藻颗粒白云岩旋回，构成另一个向上变浅的高频旋回。

（3）第4次取心和第3次取心，下部为较厚的深灰色细晶白云岩加薄层藻云岩，上部为浅灰色砂屑白云岩，溶蚀孔洞发育，整体为一个向上变浅的高频旋回。

地层				取心筒次	深度(m)	GR 0—100 (API)	岩性剖面	岩性照片	岩性描述	沉积相			准层序	孔隙度 0—10 (%)	渗透率 0—0.01 (mD)
系	统	组	段							微相	亚相	相			
寒武系	下武统系	龙王庙		3	4984 4986 4988				灰色—浅灰色藻及砂屑白云岩，溶性孔洞发育	台内滩	滩间海	局限台地			
				4	4990 4992				深灰色相晶白云岩，夹薄层灰色藻白云岩，见生物碎屑，孔隙差	滩间海	台内滩—滩间海				
				5	4994 4996 4998 5000 5002				灰色藻凝块白云岩孔隙差	台内藻丘					
									灰色—浅灰色藻及砂屑白云岩，溶蚀孔洞发育，下部为深灰色藻凝块白云岩	台内滩					
				6	5004 5006 5008 5010				灰色—浅灰色藻及砂屑白云岩，溶蚀孔洞发育，下部为深灰色藻凝块白云岩	滩间海					
									灰色藻白云岩，自形程度差，污浊，向上溶蚀孔隙增多	台内滩 台内藻丘					

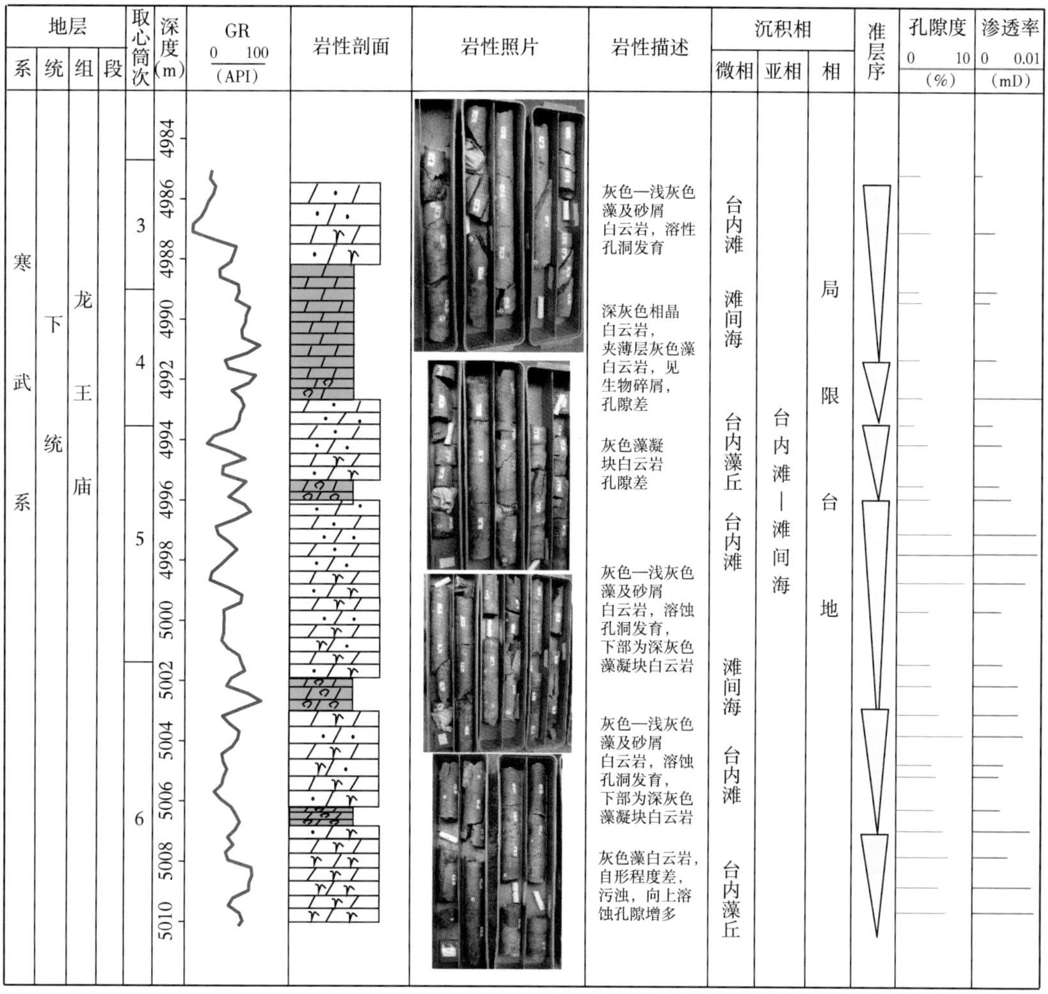

图3-47 潼探1井寒武系龙王庙组岩心沉积特征综合柱状图

龙王庙组发育多个泥粉晶云岩与藻颗粒白云岩的高频旋回，颗粒台内滩多发育溶蚀孔洞。整体上分析，潼探1井颗粒滩发育程度高、溶蚀孔洞发育程度高。

（二）广探2井岩心沉积学特征

广探2井在龙王庙取心3次，深度5360~5314m，岩心累计厚度46m，取心位置在龙王庙组中—上部。

从下至上岩心特征主要为（图3-48）：整体上看该井岩心主体岩性为深灰色—灰色泥晶、粉晶白云岩，底部夹薄层（约1m）砂屑白云岩，见少量针状溶蚀孔；中部及上部见灰色薄层泥晶砂屑云岩及砂屑云岩，发育泥质条带层理或风暴层理。因此，沉积学分析表明该取心段表现出较低能的台内环境，为潮下低能沉积，偶尔发育薄层薄台内滩，风暴滩常见。由于整体为低能相带，溶蚀孔隙普遍欠发育。

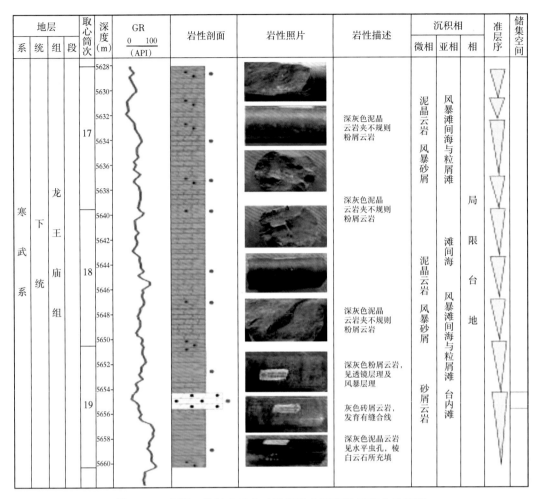

图 3-48　广探 2 井寒武系龙王庙组岩心沉积特征综合柱状图

三、沉积相分析

(一)测井相

在潼探 1 井、广探 2 井岩心沉积学分析的基础上，开展岩心归位，优选岩性敏感度较高的自然伽马曲线作为测井相分析的主要系列，总结出龙王庙组微相组合的测井相特征（图 3-49、图 3-50）。主要表现为较高幅度的齿化特征，漏斗形常见，解释为较薄层的台内滩与滩间海互层。见少量齿化正韵律，也可以解释为台内滩向滩间海过渡。与灯影组大量箱状及块状测井相不同，这种高频率出现的齿化，预示着台地内部台内滩及滩间海随高频海平面变化造成叠置样式差异的影响。

(二)单井沉积相分析

在岩石学特征分析、测井相分析的基础上，对单井沉积相进行分析。如高石 16 井位于四川盆地高石梯井—合川区块北段，龙女寺构造以南，属于典型的台地内部滩沉积。龙王庙组深度范围为 5021~5132m，厚度为 111m。早期为碳酸盐岩台地，沉积记录了大套灰黑色—深灰色薄层泥晶云岩，为典型的低能滩间海亚相，随着海平面变化，发育多套深灰

92

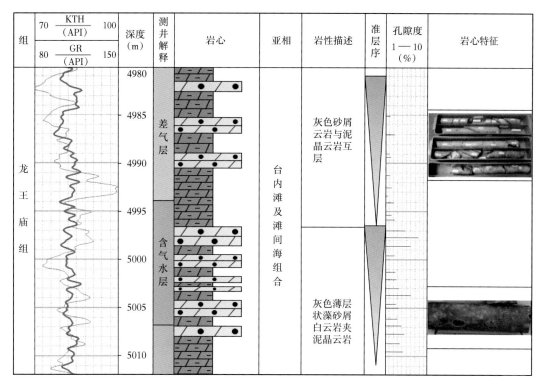

图 3-49　潼探 1 井龙王庙组微相组合测井相特征

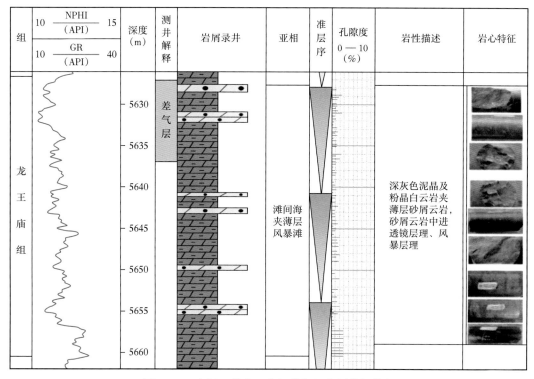

图 3-50　广探 2 井龙王庙组微相组合测井相特征

93

色薄层台内颗粒滩沉积，为台内滩亚相。进入高位体系域中晚期，高频海平面缓慢下降，发育多套薄层台内颗粒滩，形成低能带与滩的组合，滩厚在 2~3m 之间。基于其岩性组合特征，将该井识别出局限台地相。

（三）沉积相对比

在单井相分析的基础上，建立连井剖面，对比沉积相特征。如建立过磨溪 16 井、磨溪 46 井、高石 16 井、高石 113 井、合探 1 井沉积相对比剖面。解剖龙王庙组沉积相宏观沉积学特征，可以看出：该剖面地层厚度范围 79~120m，其增减幅度不大，沉积环境相对稳定，属局限台地相。沉积早期除磨溪 46 井和合探 1 井发育台内滩沉积，其余皆发育一套碳酸盐岩台地，属于典型的潮下低能沉积。随着海平面变化，台内滩在整个剖面上的发育较为普遍，各井均见有多套中—薄层滩体，且滩体间连通性较为良好。从整体上看，龙王庙组沉积中晚期滩体发育频率、规模相对早期要大，可以认为龙王庙组沉积中晚期沉积时期是龙王庙组滩体形成的主要时期。该剖面高能滩单层厚度范围为 1~4m，平均值为 2.6m，单井累计厚度在 28~42.7m，平均值为 36.2m。高石 113 井的台内滩单层及累计厚度最大，磨溪 46 井的台内滩单层及累计厚度最小。

四、地震相特征

从龙王庙组地震反射特征来看（图 3-51），内缓坡上颗粒滩发育区域，龙王庙组厚度变大，地震反射上龙王庙组内部发育一套中强振幅波谷，连续性较强，如高石 16 井附近，地震频率一般高于 36Hz。内缓坡相地震频率低，龙王庙组内部不发育中强振幅波谷，如磨溪 107 井附近，地层厚度较其他颗粒滩发育钻井变薄，因此龙王庙组的地层厚度布基本能够反映龙王庙组颗粒滩发育分布特征。

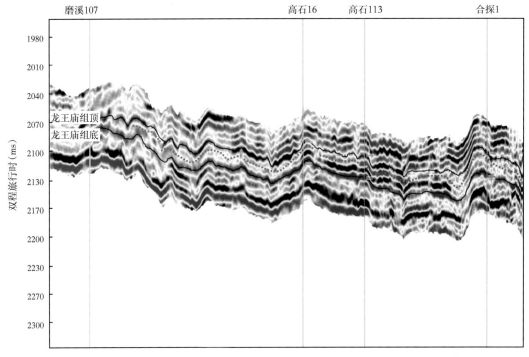

图 3-51　过磨溪 107 井—高石 16 井—高石 113 井—合探 1 井的龙王庙组地震反射特征

龙王庙组地层厚度主要分布在 87~119m，其中高石 16 井—合探 1 井—高石 21 井一带地层厚度较大（图 3-52），分布在 108~120m。经过钻井地层厚度与地震解释厚度对比分析，误差小于 5m 的占 100%。

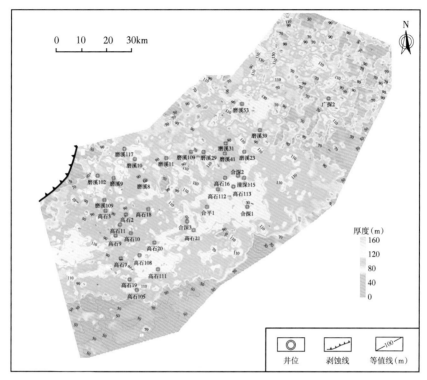

图 3-52　川中地区龙王庙组厚度图

基于研究区二维和三维地震数据体，确定了储层段在时间剖面上所对应的时间段后，提取平均振幅、平均瞬时相位、平均瞬时频率等多种属性，针对龙王庙组颗粒滩发育段进行对比分析，认为频率属性对颗粒滩储层具有较好的刻画能力（图 3-53），频率属性与龙王庙组颗粒滩储层吻合率为 93%。

地震相分析结果（图 3-54）表明：颗粒滩地震相特征为中强振幅，高频，连续性较强（图中暖色区域）；缓坡地震相特征为弱振幅，低频，中等连续性（图中冷色区域）。

五、岩相古地理特征

根据川中地区龙王庙组厚度、地震属性以及地震相图，结合沉积相特征及钻探成果，绘制了龙王庙组岩相古地理分布图（图 3-55）。从图中可以看出，龙王庙组的沉积走向整体与乐山龙女寺古隆起背斜的轴部走向一致，这说明在龙王庙组沉积期，乐山—龙女寺古隆起已对龙王庙组沉积具有控制作用。在华蓥山附近为潟湖相，局部存在膏盐发育区；向西北方向上，受乐山—龙女寺古隆起的控制，发育内缓坡，龙王庙组厚度增加，特别是在高石 111 井—高石 21 井—潼探 1 井一线，龙王庙组厚度最厚，说明内缓坡上颗粒滩发育。另外，在乐山—龙女寺古隆起的倾伏端广探 2 井附近，发育少量的低能颗粒滩。

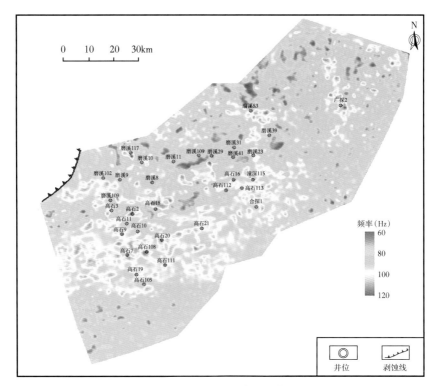

图 3-53 川中地区龙王庙组频率属性图

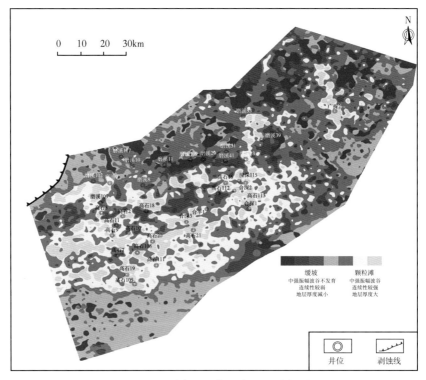

图 3-54 川中地区龙王庙组地震相图

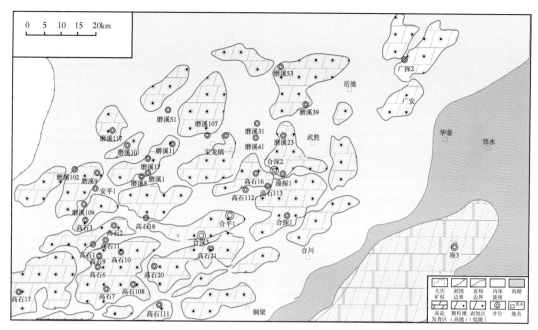

图 3-55　川中地区龙王庙组岩相古地理分布图

第三节　洗象池组岩相古地理及沉积演化

一、沉积相类型

(一)岩石学特征

前述盆地沉积背景表明，寒武系龙王庙组与洗象池组均为碳酸盐岩台地背景，川中地区主要发育局限—半局限台地，两组在岩石学特征及微相类型上相似。

1.砂屑云岩

砂屑云岩主要呈灰色—深灰色，薄—中层状产出，颗粒以砂屑为主，粒间为亮晶白云石胶结。偶尔含砾屑，见交错层理，常见针状溶蚀孔及溶蚀洞，孔隙性为一般—较好(图 3-56)。合 12 井及广探 2 井砂屑云岩比较发育，但并不是所有砂屑云岩都具有好的溶蚀孔。砂屑云岩主要发育在局限台地内部浪基面之上的高能水体环境中，构成台内浅滩，是局限台地颗粒滩的主要岩石类型。

2.泥晶砂屑云岩

泥晶砂屑云岩岩心上表现出明显的颗粒感，但是一般与递变层理、风暴层理及泥质纹层共生，薄层状产出，溶蚀孔隙欠发育(图 3-57)。主要发育在平均浪基面之下，多受风暴或重力作用下的异地搬运沉积。

3.泥粉晶云岩

泥粉晶白云岩颜色主要为灰色及深灰色，薄层状产出，发育泥质纹层或泥质条带，常见生物扰动构造，岩性致密，不发育孔洞(图 3-58)。它们主要发育在台地内部浪基面之下的低能还原沉积水体环境中。

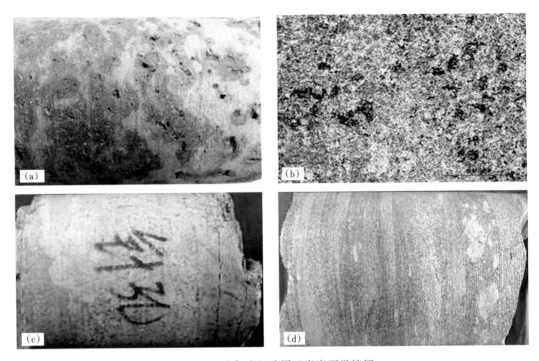

图 3-56 洗象池组砂屑云岩岩石学特征

(a)斑状砂屑云岩, 溶蚀孔洞, 广探 2 井, 5336.5m; (b)残余砂屑白云岩, 溶蚀孔, 广探 2 井, 5336.5m;
(c)颗粒白云岩, 针状溶蚀孔, 合 12 井, 1-9/24; (d)颗粒白云岩, 含砾屑, 合 12 井, 6-49/59

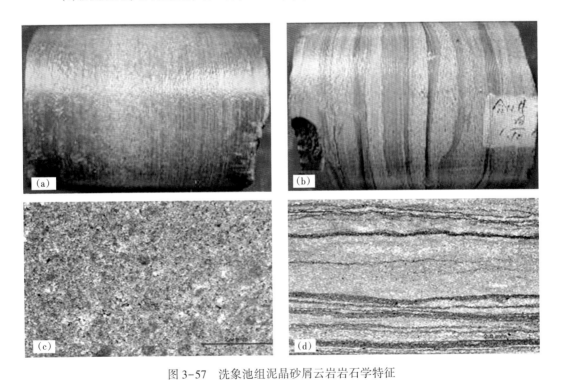

图 3-57 洗象池组泥晶砂屑云岩岩石学特征

(a)泥晶砂屑云岩, 见递变层理, 合 12 井, 8-6/12; (b)泥晶砂屑云岩, 见风暴交错层理, 合 12 井, 1-28/50;
(c)残余砂屑泥粉晶云岩, 合 12 井, 8-6/12; (d)泥晶云岩, 见泥晶纹层, 合 12 井, 1-28/50

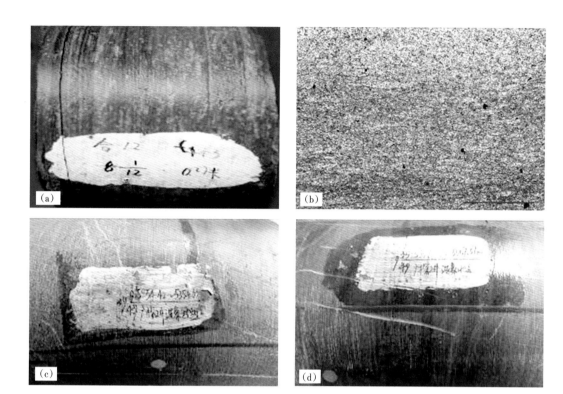

图 3-58 洗象池组泥晶粉晶云岩岩石学特征

(a)深灰色泥晶云岩，水平层理，生物扰动，合 12 井，8-1/12，(b)泥晶云岩，水平纹层，合 12 井，8-1/12；
(c)深灰色粉晶云岩，广探 2 井，5354.6m；(d)深灰色粉晶云岩，广探 2 井，5357.6m，8-1/12

(二)沉积相组合类型及特征

前述盆地沉积背景表明，寒武系龙王庙组与洗象池组均为碳酸盐岩台地背景。川中地区主要发育局限—半局限台地，在岩石学特征及微相类型上与龙王庙组相似，主要识别为台内滩、滩间海及风暴滩(表 3-2)。

二、基干剖面沉积学特征

1. 合 12 井岩心沉积学特征

合 12 井在龙王庙组取心 5 筒次，深度 4679~4608m，累计厚度 71m，取心位置为龙王庙组上部(图 3-59)。从下至上龙王庙组岩心特征表现为：

(1)第 10 次及第 9 次取心，整体为浅灰色砂屑白云岩，夹褐红色斑状灰色砂屑白云岩及石膏，上部发育深灰色泥晶白云岩，见泥质条带、水平层理及透镜层理。整体构成两个相上变浅的高频旋回，砂屑白云岩中发育针状溶蚀孔，解释为台内滩沉积。

(2)第 8 次及第 7 次取心，整体为深灰色泥晶云岩夹薄层泥晶鲕粒云岩及泥晶砂屑云岩，发育泥质条带、透镜层理及水平层理，解释为较深水台地内发育多层风暴滩沉积。

(3)第 6 次及第 5 次取心，整体为浅灰色砂屑白云岩，夹薄层灰色泥粉晶白云岩，部分砂屑白云岩中发育针状溶蚀孔，整体构成多个薄层泥晶云岩—厚层砂屑白云岩的向上变浅旋回。也预示着龙王庙组沉积晚期，海平面持续缓慢下降的特点。溶蚀孔主要发育在砂屑白云岩中，且只有少量的砂屑白云岩发育较好的溶蚀孔隙。

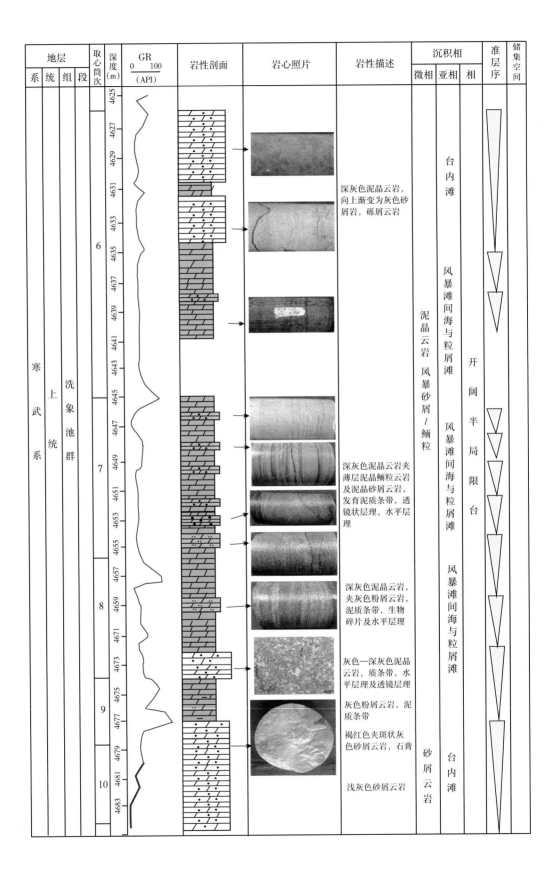

地层				取心筒次	深度 (m)	GR 0 100 (API)	岩性剖面	岩心照片	岩性描述	沉积相			准层序	储集空间
系	统	组	段							微相	亚相	相		
寒武系	上统	洗象池群		6	4625 4627 4629 4631 4633 4635 4637 4639 4641 4643				深灰色泥晶云岩，向上渐变为灰色砂屑岩，砾屑云岩	泥晶云岩 风暴砂屑／鲕粒	台内滩 风暴滩间海与粒屑滩 风暴滩间海与粒屑滩 风暴滩间海与粒屑滩	开阔半局限台		
				7	4645 4647 4649 4651 4653 4655				深灰色泥晶云岩夹薄层泥晶鲕粒云岩及泥晶砂屑云岩，发育泥质条带，透镜状层理，水平层理					
				8	4657 4659 4671 4673				深灰色泥晶云岩，夹灰色粉屑云岩，泥质条带，生物碎片及水平层理					
				9	4675 4677 4679				灰色—深灰色泥晶云岩，质条带，水平层理及透镜层理 灰色粉屑云岩，泥质条带 褐红色夹斑状灰色砂屑云岩，石膏	砂屑云岩	台内滩			
				10	4681 4683				浅灰色砂屑云岩					

100

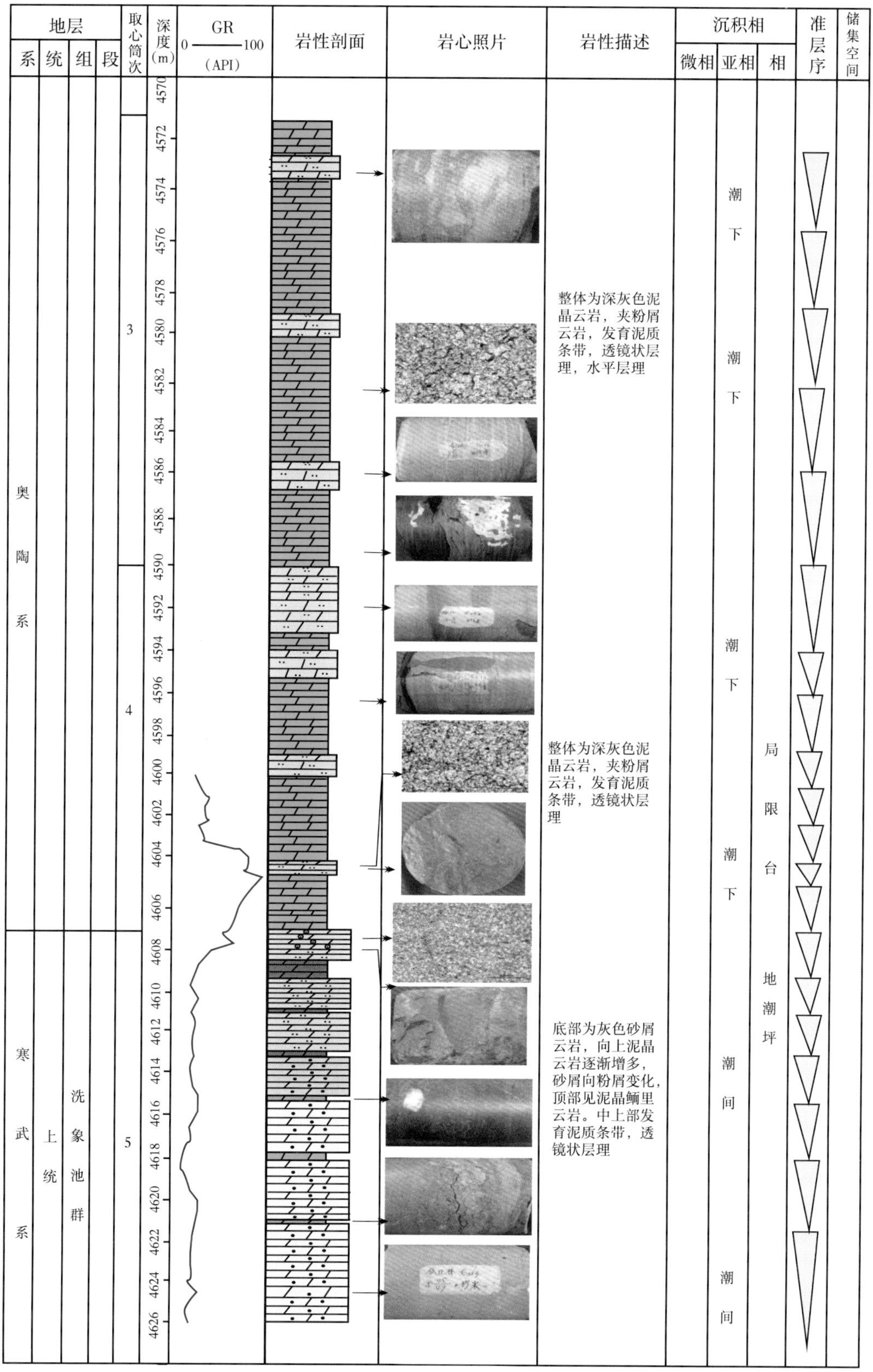

地层				取心筒次	深度(m)	GR 0 —— 100 (API)	岩性剖面	岩心照片	岩性描述	沉积相			准层序	储集空间
系	统	组	段							微相	亚相	相		
奥陶系				3	4570 4572 4574 4576 4578 4580 4582 4584 4586 4588				整体为深灰色泥晶云岩，夹粉屑云岩，发育泥质条带，透镜状层理，水平层理		潮下 潮下			
				4	4590 4592 4594 4596 4598 4600 4602 4604				整体为深灰色泥晶云岩，夹粉屑云岩，发育泥质条带，透镜状层理		潮下 潮下	局限台地潮坪		
寒武系	上统	洗象池群		5	4606 4608 4610 4612 4614 4616 4618 4620 4622 4624 4626				底部为灰色砂屑云岩，向上泥晶云岩逐渐增多，砂屑向粉屑变化，顶部见泥晶鲕粒云岩。中上部发育泥质条带，透镜状层理		潮间 潮间 潮间			

图 3-59　合 12 井寒武系洗象池组岩心沉积特征综合柱状图

2. 广探 2 井岩心沉积学特征

广探 2 井在洗象池组有 5 筒取心，深度 5360～5314m，累计厚度约 46m（图 3-60）。
从下至上岩心特征主要表现为：

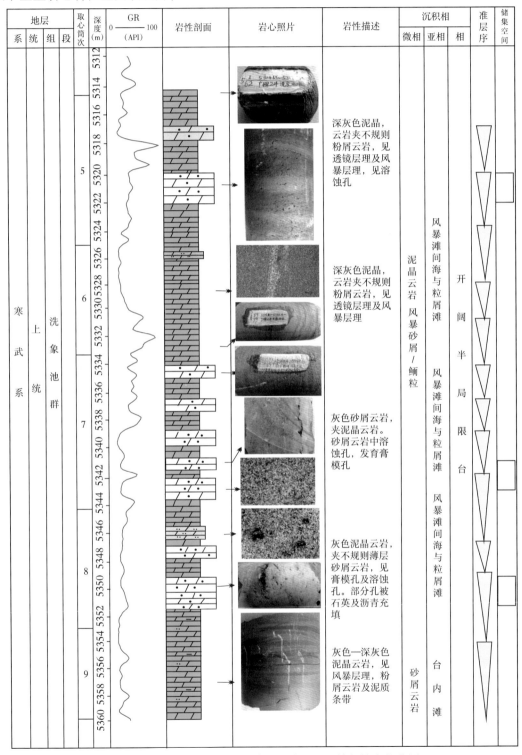

图 3-60 广探 2 井寒武系洗象池组岩心沉积特征综合柱状图

（1）第9次及第8次取心，下部为灰色—深灰色泥晶白云岩，夹薄层风暴层理砂屑白云岩及泥质条带白云岩，为较深水台地沉积；上部逐渐过渡为砂屑白云岩，见溶蚀孔及沥青与石英充填溶蚀孔洞，解释为海平面下降形成的台内滩沉积。整体解释出3~4个向上变浅的高频旋回。

（2）第7次取心，表现为砂屑白云岩、风暴层理砂屑白云岩及泥晶白云岩互层，说明海平面频繁变化，解释为潮下低能及风暴滩与台内砂屑滩的频繁互层。

（3）第6次取心及第5次取心，下部为较厚的深灰色泥晶白云岩夹含不规则泥质条带砂屑白云岩，见透镜层理及风暴层理，上部发育两套砂屑白云岩。整体表现出多个向上变浅的高频旋回。需要指出的是，砂屑台内滩白云岩厚度较薄，且只有少量砂屑白云岩发育针状溶蚀孔。

三、沉积相分析

（一）测井相

在潼探1井、广探2井岩心沉积学分析的基础上，开展岩心归位，优选岩性敏感度较高的自然伽马曲线作为测井相分析的主要系列，总结出洗象池组微相组合的测井相特征（图3-61）。主要表现为较高幅度的齿化特征，漏斗形常见，解释为较薄层的台内滩与滩间海互层。见少量齿化正韵律，也可以解释为台内滩向滩间海过渡。与灯影组大量箱状及块状测井相不同，这种高频率出现的齿化，预示着台地内部台内滩及滩间海随高频海平面变化造成叠置样式差异的影响。

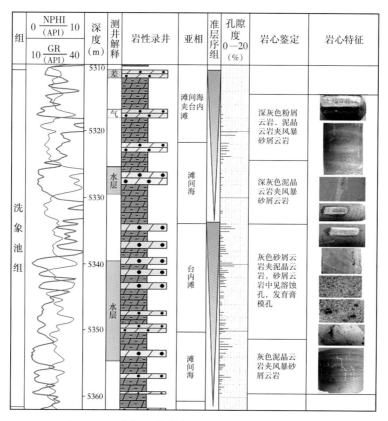

图 3-61　广探 2 井洗象池组微相组合测井相特征

103

(二)单井相

与前述震旦系单井沉积相剖面建立的思路一致,在寒武系洗象池组,完成录井岩性的沉积学解译,并分析沉积学特征。如高石16位于四川盆地高石梯—合川区块北段,龙女寺构造以南,属于典型的台地内部滩沉积。洗象池组深度为4730~4936m,厚度为206m,可分为两个三级层序,第一个三级层序为113m,第二个三级层序为93m。第一个三级层序发育多套灰色薄层台内滩颗粒沉积,形成低能带与滩的组合,滩厚在0.5~3m。第二个三级层序早期发育多套灰色薄层台内滩颗粒沉积,属于台内滩亚相,随着海平面变化,进入高位体系域中晚期,高频海平面缓慢下降,台内颗粒滩逐渐减少。基于其岩性组合特征,将该井识别出局限台地相。

(三)沉积相对比

建立过磨溪16井、磨溪46井、高石16井、高石113井、合探1井沉积相对比剖面。解剖洗象池组沉积相宏观沉积学特征,可以看出:该剖面地层厚度范围69~213m,其增减幅度变化较大,属局限台地相。洗象池组可以分为两个三级层序:第一个三级层序早期发育一套碳酸盐岩台地,属于典型的潮下低能沉积,随着海平面变化,台内滩发育规模变大且滩体间连通性较为良好,以薄层为主;第二个三级层序除高石113井发育一套碳酸盐岩台地,其余皆发育2~3套颗粒滩沉积,随着海平面变化,进入高位体系域中晚期,台内滩逐渐减少,仍以薄层为主。从整体上看,洗象池组两个三级层序滩体发育频率、规模相对均一,但洗象池组沉积晚期较早期发育频率及规模大,可以认为洗象池组沉积晚期是洗象池组滩体形成的主要时期。该剖面第一个三级层序高能滩单层厚度为1~3m,平均值为1.5m,单井累计厚度在5.26~22.44m,平均值为13.2m;第二个三级层序高能滩单层厚度为1~3m,平均值为1.5m,单井累计厚度在8.62~21.87m,平均值为16.4m。高石16井的台内滩单层及累计厚度最大,磨溪16井的台内滩单层及累计厚度最小。

四、地震相

从地震反射特征上来看,洗象池组台内颗粒滩发育部位多呈丘状反射外形,内部反射较杂乱,弱振幅(图3-62)。

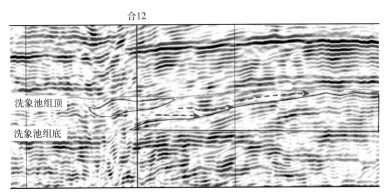

图3-62 川中地区洗象池组颗粒滩反射特征

从洗象池组厚度图(图3-63)可以看出,洗象池组厚度主要分布在8~256m,其中,东南部厚度大,向西北方向减薄,至磨溪9井附近尖灭。从洗象池组厚度与钻井地层厚度统计结果来看,误差小于5m的占100%。

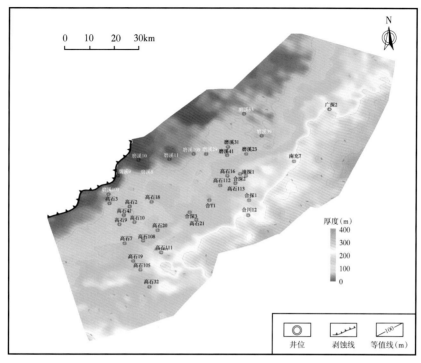

图 3-63　川中地区洗象池组厚度图

　　从川中地区洗象池组厚度变化来看，洗象池组存在一个明显的厚度变化坡折带(图 3-64)，坡折带两侧地层厚度变化差异较大。该条坡折带的走向基本与乐山—龙女寺古隆起的轴部

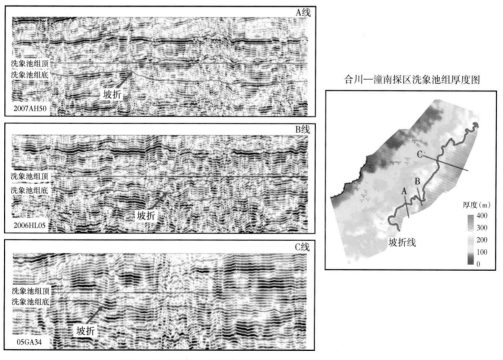

图 3-64　川中地区洗象池组厚度坡折带地震剖面图

走向一致，在坡折带西侧，洗象池组厚度变化不大，坡折带东侧地层厚度急剧增加。根据洗象池组沉积时的这种地貌特征，认为在坡折带之上（坡折带西侧），洗象池组沉积时的水动力应该较强，应该发育高能颗粒滩相；而在坡折带之下，洗象池组沉积时，水体较深，水动力较弱，发育的颗粒滩应该为低能颗粒滩。

基于研究区二维和三维地震数据体，确定了储层段在时间剖面上所对应的时间段后，提取平均反射强度、平均瞬时相位、平均振幅、平均瞬时频率、均方根振幅、平均绝对振幅等多种属性，针对洗象池组颗粒滩发育段进行对比分析，认为均方根振幅等属性对颗粒滩储层具有较好的刻画能力（图3-65）。洗象池组均方根振幅异常变化带，就是"呈丘状反射外形，内部反射较杂乱，弱振幅"的显著特征，可能是颗粒滩储层的反映。

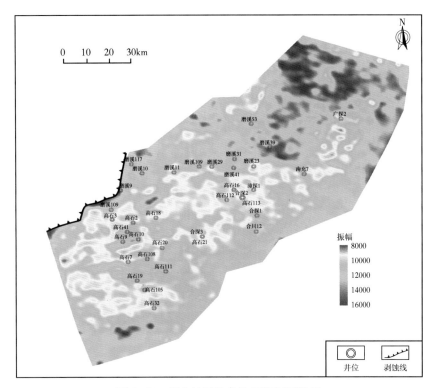

图3-65　川中地区洗象池组振幅属性图

地震相分析结果表明（图3-66）：颗粒滩地震相特征为弱振幅，弱连续性，丘形杂乱反射（图中暖色区域）；缓坡地震相特征为中等振幅，中强连续性，与顶底同相轴平行（图中冷色区域）。

五、岩相古地理特征

根据洗象池组厚度变化特征，结合沉积相、地震相等，绘制了洗象池组的岩相古地理图（图3-67）。洗象池组沉积相主要为局限台地相，发育台内滩、台坪、局限湾湖亚相，其中台内滩为主要的储集相类型，而在台内滩中砂屑滩微相最为发育，通过对洗象池组沉积相特征进行了分析，明确了优势相的展布特点。从洗象池组的岩相古地理图来看，洗象池组的沉积走向与乐山—龙女寺古隆起的走向一致，沉积时受古隆起的影响。西侧发育混积潮坪相。沿洗象池组坡折带一线发育一条北东向台内高能颗粒滩相，在坡折带之下发育

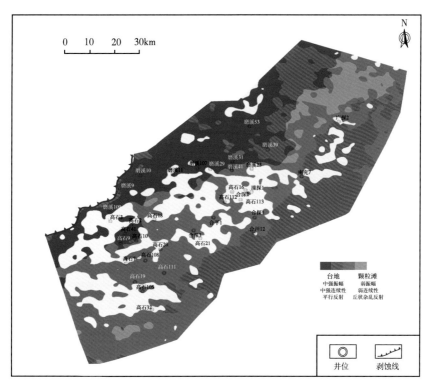

图 3-66 川中地区洗象池组地震相图

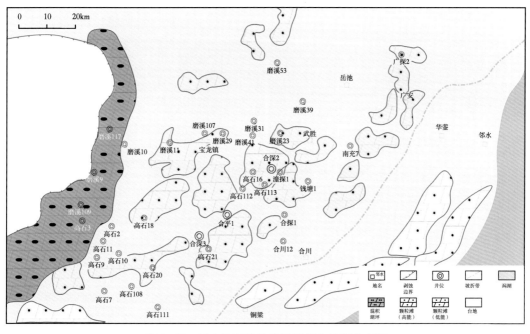

图 3-67 川中地区洗象池组岩相古地理分布图

一些北东向分布的低能颗粒滩相,向东南方向过渡为台内潟湖相。总体来看,在坡折带之上发育的高能颗粒滩相较坡折带之下发育的低能颗粒滩相规模要大。

107

第四节　栖霞—茅口组岩相古地理及沉积演化

栖霞组及茅口组同为生物繁盛的开阔碳酸盐岩台地，在岩石学特征及微相类型上基本上相似。

一、沉积相类型及特征

（一）岩石学特征

1. 生屑灰岩、泥晶生屑灰岩及泥质泥晶生屑灰岩

基于邓哈姆灰泥与颗粒含量的分类方案，栖霞—茅口组可以识别出三种岩石类型：生屑灰岩、泥晶生屑灰岩及泥质生屑泥晶灰岩（图3-68）。二叠纪，碳酸盐岩台地十分繁盛，该相带内生物特别发育，常见绿藻（蠕孔藻 *Vermiporella*、假蠕孔藻 *Pseudovermiporella*、米齐藻 *Mizzia*、始角藻 *Eogoniolina* 和中华孔藻 *Sinoporella*、红藻（包括二叠钙藻 *Permocalculus*、裸松藻 *Gymnocodium*、翁格达藻 *Ungdarella* 等）、有孔虫（砂盘虫 *Ammodiscus*、串珠虫 *Textularia*、拟球瓣虫 *Paraglobivalvulina*、厚壁虫 *Pachyphloia*、南京蟌 *Nankinella*、希瓦格蟌 *Schwagerina* 和拟纺锤蟌 *Parafusulina* 等）、腕足类（长身贝 *Productus*、围脊贝 *Marginifera*、鱼鳞贝 *Squamularia* 等）、介形虫、棘皮类等。从颗粒含量及胶结物特征分析，亮晶生屑灰岩沉积能量高，泥晶生屑灰岩次之，泥质泥晶生屑灰岩能量最低。

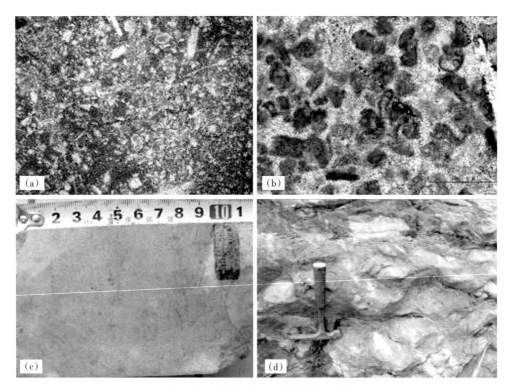

图3-68　栖霞—茅口组岩石学特征

（a）泥晶生屑灰岩，长江沟剖面，茅口组；（b）亮晶生屑灰岩，栖霞组，长江沟剖面；（c）亮晶生屑灰岩，磨深1井，4279.5m；（d）泥质泥晶生屑灰岩（眼球状灰岩），华蓥山，茅口组

2. 残余生屑白云岩

栖霞—茅口组白云岩主要见于川西北、川西南、川中地区。川西北及川西南，前人做了大量的研究工作，本次研究不一一叙述。从川中合川—潼南地区及其邻区看，栖霞—茅口组白云岩主要为生屑白云岩、残余生屑白云岩（图3-69），白云岩比较孤立地出现，连续性差。该区发育白云岩的井主要是广参2井、女基井、磨溪42井等，其他井没有或很少发育。

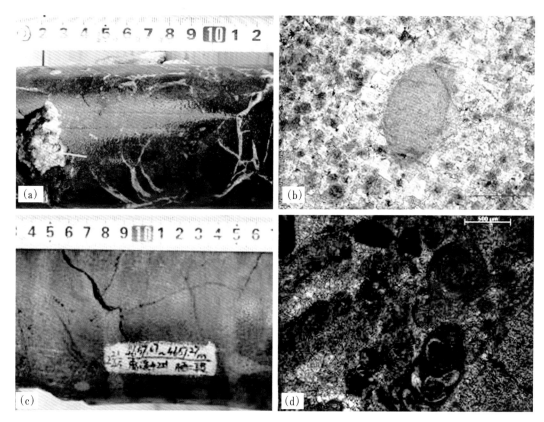

图3-69　栖霞—茅口组白云岩岩石学特征

（a）深灰色残余生屑中—粗晶白云岩，见大量白云石（黄色箭头所指）充填于溶蚀的洞和缝中，未完全充满，广参2井茅口组中上部，4612m；（b）中晶白云岩，半自形—它形，部分晶面弯曲，发育残余生屑和残余砂屑，见部分分明亮的粗晶白云石，单偏光，广参2井茅口组中—上部，4612m；（c）溶蚀孔缝白云岩，磨溪42井，4657.3m，栖霞组；（d）泥晶生屑灰岩，少量细晶白云岩，潼探1井，4165m，茅口组

（二）沉积相组合类型及特征

前人研究表明栖霞—茅口组为缓坡型碳酸盐岩开阔台地沉积环境。川中地区主要为内缓坡相，相当于开阔台地（表3-3）。主要由中—薄层泥晶灰岩、生屑泥晶灰岩、眼球状灰岩以及泥质岩组成，局部地区见少量亮晶生屑灰岩。内缓坡相中可以进一步识别出台内滩亚相和台内洼地（较深水台地、滩间海）亚相。台内滩亚相的岩性为亮晶生屑灰岩或泥亮晶生屑灰岩，生屑以有孔虫为主，藻类次之，见少量砂屑。残余生屑白云岩的宿主岩多为生屑灰岩，因此白云岩可以理解为相对高能相带。台内洼地亚相岩性主要是"眼球状灰岩"，也可以是生屑泥晶灰岩与泥质岩互层。

表 3-3 栖霞—茅口组沉积相类型及岩石学特征

亚相	内　缓　坡	
微相	台内滩	滩间海
岩性特征	亮晶生屑灰岩或泥亮晶生屑灰岩，生屑以有孔虫为主，藻类次之。残余生屑白云岩	"眼球状灰岩"、生屑泥晶灰岩与泥质岩互层
发育层位	栖霞组、茅口组	

二、基干剖面沉积学特征

(一)露头沉积学特征

剑阁县上寺长江沟剖面，位于广元市剑阁县城西北的上寺村长江沟，它发育了一套从中二叠统梁山组—下三叠统飞仙关组的完整地层，其底部梁山组页岩与下伏石炭系接触关系明显，地层确认，上部飞仙关组未见顶。

从图 3-70 看出，以长江沟剖面为解剖对象，从岩相变化来分析相对水深的变化，可以把梁山组和栖霞组识别出一个三级层序，梁山组滨岸沼泽碎屑岩为海侵初期的产物，随着海侵的持续，四川盆地转变为清水碳酸盐岩台地沉积，在栖霞组底部相对水深达到最

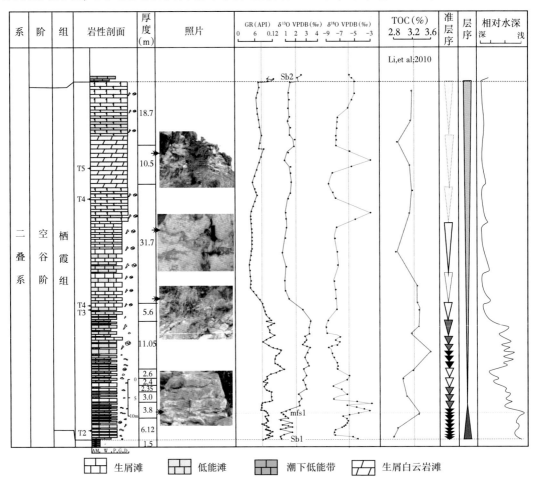

图 3-70 剑阁上露头栖霞组沉积学特征柱状图

大，沉积了一套深灰色薄层泥晶灰岩—泥质灰岩的沉积，为凝缩段的特征。向上，可以见到由多个高频旋回组成的向上变浅的准层序/准层序组，为高位体系域的特征，岩相主要表现为生屑泥晶灰岩/泥质灰岩—泥晶生屑灰岩的组合。随着相对水深的逐渐变浅，向上可以见到一大套厚层—块状的灰白色亮晶砂屑灰岩，并伴随有白云石化，为中缓坡高能滩沉积，其沉积水体达到最浅，预示着该层序的结束。茅口组总体厚度约220m，下部为薄—中层生屑泥晶灰岩夹泥质岩沉积，向上过渡为眼球状灰岩，为PSQ2层序凝缩段。越过该凝缩段，地层的单层厚度逐渐变厚，沉积能量也逐渐变大，直至出现一套20余米厚的灰色块状亮晶生屑砂屑灰岩，预示着该层序的结束（图3-71）。这是茅口组内部第一个三级层序。块状亮晶生屑砂屑灰岩之上，复而沉积了大套沉积水体相对较深的中薄层生屑泥晶灰岩夹泥质岩，其中将泥质岩较厚的位置识别为PSQ3层序的凝缩段，向上，同样可以见到多个向上变浅的高频旋回，旋回的厚度逐渐增加，高位体系域特征十分明显，直至出现厚层—块状泥亮晶生屑灰岩，预示着该层序的结束，也预示着茅口组的结束。该层序之上为30m左右的薄层泥晶灰岩沉积，解释为吴家坪组，茅口组顶部风化壳特征不明显。

（二）取心井沉积学特征

磨溪42井在栖霞组取心两次，深度为4660~4649m，取心位置为栖霞组上部。从下至上岩心沉积学特征主要为（图3-72）：发育三个深灰色生屑泥晶灰岩及灰色残余生屑白云岩旋回，解释为三个向上变浅的高频层序，高频层序上部为相对高能的台内滩沉积。白云岩内见溶蚀孔、溶蚀洞及裂缝。

潼探1井在茅口组有二次连续取心，深度为4165~4150m，累计厚度约为15m，取心位置为茅口组顶部。整体特征为（图3-73）：深灰色—灰色泥晶生屑灰岩及生屑泥晶灰岩，见不规则裂缝，溶蚀孔洞缝大量发育，裂缝中见少量方解石、沥青及岩溶渗流泥砂充填。岩心揭示茅口组整体为较深水的台地沉积。

广参2井在茅口组取心长度为49m，取心位置为茅口组中—上部。从下至上岩心沉积学特征主要为（图3-74）：下部为深灰色生屑泥晶灰岩、泥质泥晶灰岩及眼球状灰岩，代表较深水台地沉积，亦或为潮下低能带沉积。向上为深灰色泥晶生屑灰岩，沉积水体稍微变浅，为滩间海沉积。上部为泥晶生屑灰岩夹一套约4m厚的灰色生屑白云岩，白云岩内见大量溶蚀孔、溶蚀洞及缝，溶蚀洞中见巨晶白云石充填。

三、沉积相分析

（一）测井相

在潼探1井、磨溪42井岩心沉积学分析的基础上，开展岩心归位，优选岩性敏感度较高的自然伽马曲线作为测井相分析的主要系列，总结栖霞茅口组组合的测井相特征（图3-75、图3-76）为：与前述龙王庙组及洗象池组相似，栖霞—茅口组台内滩与低能带组合对应的自然伽马曲线同样见到齿化的低幅与高幅组合，见漏洞型韵律。该测井相组合可以解释为高频层序相关的海平面变化的响应。

（二）单井沉积相

1. 栖霞组单井沉积相

如高石16井，该井位于四川盆地高石梯—合川区块北段，龙女寺构造以南，属于典型的开阔台地沉积。该井揭示栖二段和栖一段：栖二段深度为4501.7~4527.6m，厚度为25.9m；栖一段深度为4527.6~4624.6m，厚度为97m。栖一段为潮下低能带沉积，发育有

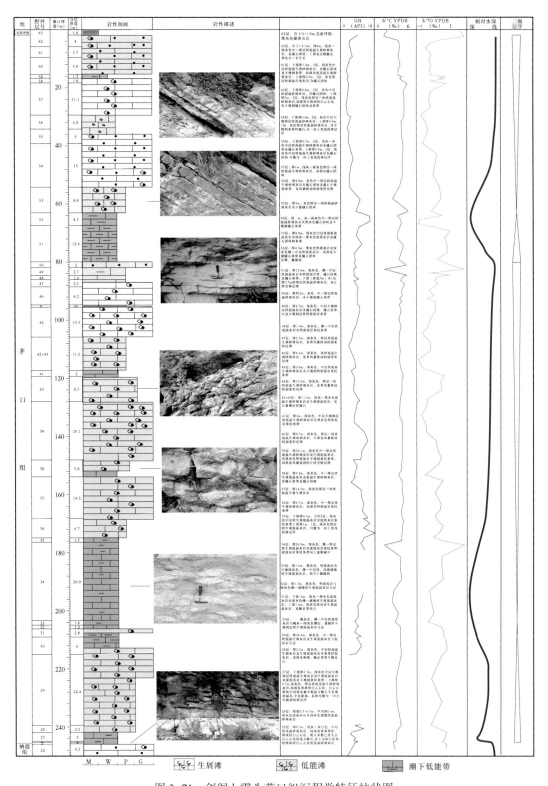

图 3-71 剑阁上露头茅口组沉积学特征柱状图

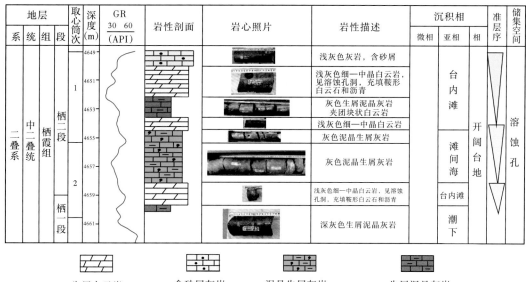

图 3-72 磨溪 42 井栖霞组岩心沉积学特征柱状图

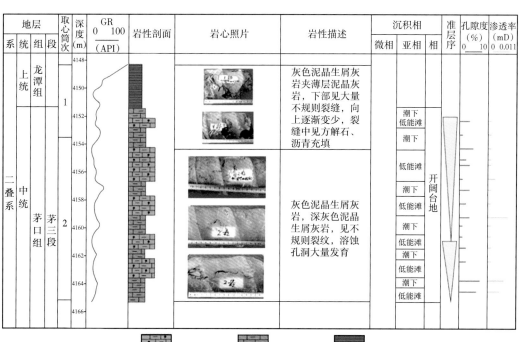

图 3-73 潼探 1 井茅口组岩心沉积学特征柱状图

灰色泥质泥晶灰岩、灰色泥晶生屑灰岩、深灰色藻屑泥晶灰岩及深灰色生屑泥晶灰岩。栖二段沉积早期已进入高位体系域中晚期，高频海平面缓慢下降，台内滩迅速发育，形成了低能带与台内滩组合，台内滩组合向上逐渐增厚，滩体厚度范围为 3~6m。受海平面变化影响，栖二段沉积晚期发育一套灰色—褐灰色泥晶灰岩，为潮下低能沉积。基于其岩性组合特征，将该井识别出台内滩、低能滩和潮下三个沉积亚相。

113

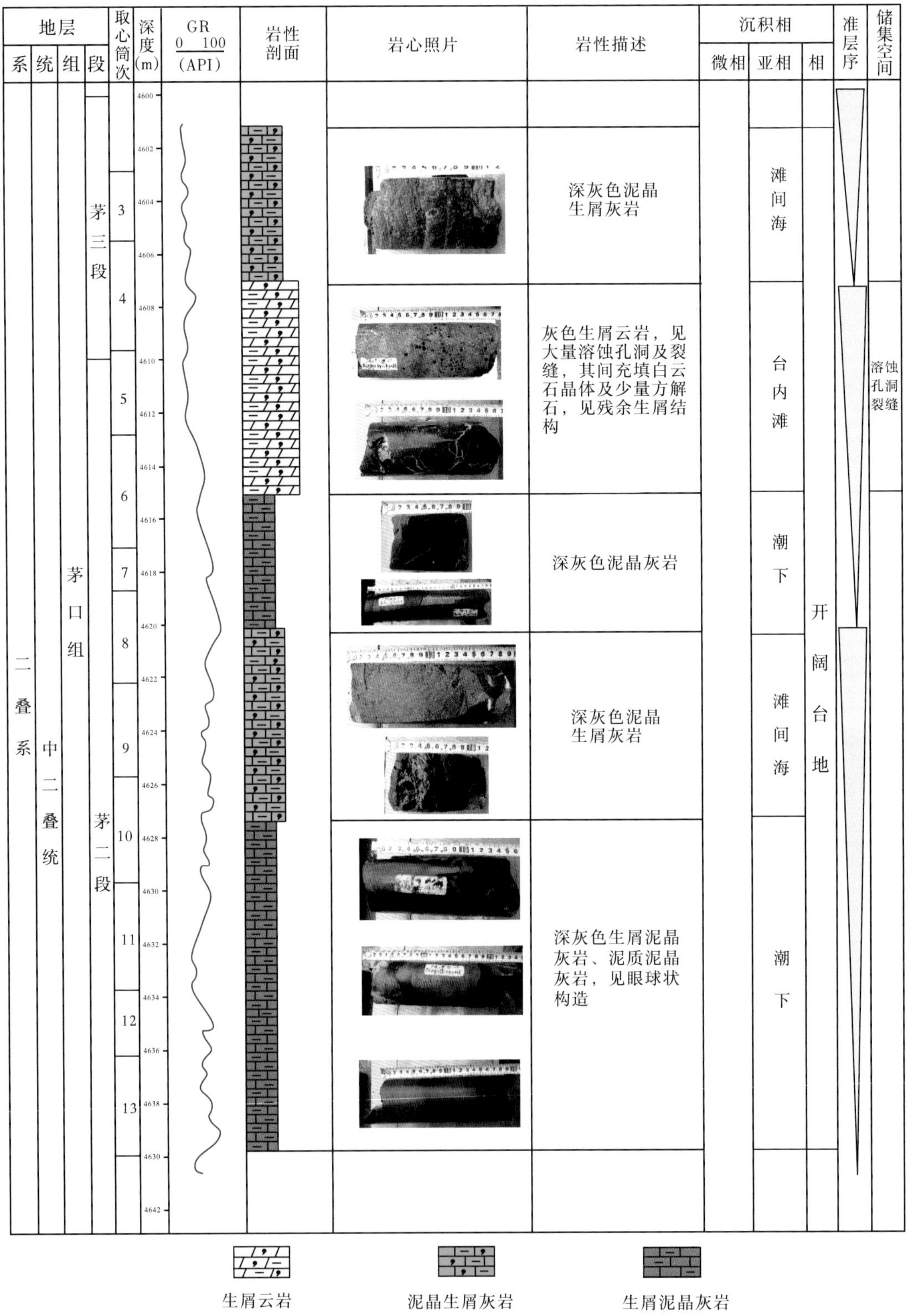

图 3-74 广参 2 井茅口组岩心沉积学特征柱状图

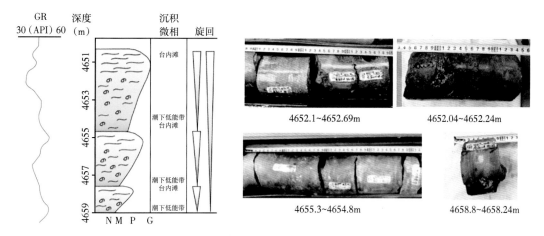

图 3-75　磨溪 42 井栖霞组测井相响应

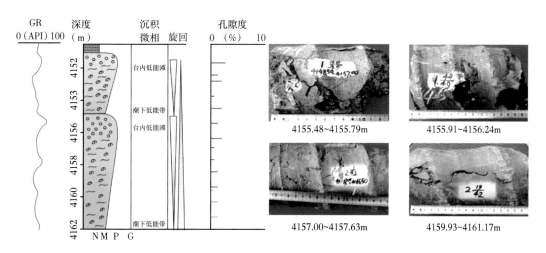

图 3-76　潼探 1 井茅口组测井相响应

再如广探 2 井，该井位于四川盆地乐山—龙女寺古隆起斜坡带广安构造震顶构造高部位，属于典型的开阔台地沉积。该井揭示栖二段和栖一段：栖霞组栖二段深度为 4901～4916m，厚度为 15m；栖一段深度为 4916～5020m，厚度为 104m。栖一段为潮下低能带沉积，发育有深灰色泥质泥晶灰岩、灰色生屑泥晶灰岩及灰色泥晶生屑灰岩。栖二段沉积早期已进入高位体系域中晚期，高频海平面缓慢下降，台内滩迅速发育，形成了低能带与台内滩组合，台内滩组合向上逐渐增厚，滩体厚度范围为 1～3m。受海平面变化影响，栖二段沉积晚期发育一套灰色泥晶灰岩，为潮下低能沉积。基于其岩性组合特征，将该井识别出台内滩、低能滩和潮下三个沉积亚相。

2. 茅口组单井沉积相

如高石 21 井，该井位于四川盆地乐山—龙女寺古隆起王家场潜伏构造震顶构造高点，属于典型的较深水开阔台地沉积。该井揭示茅三段、茅二段和茅一段：茅三段深度为3937～3979m，厚度为 42m；茅二段深度为 3979～4063m，厚度为 84m；茅一段深度为4063～4141m，厚度为 78m。茅口组整体为较深水开阔台地，为潮下低能环境，高能滩欠发育，大量发育深灰色眼球—眼皮状灰岩（"眼球"为生屑泥晶灰岩，"眼皮"为泥质灰岩），该井未见点滩。基于其岩性组合特征，将该井识别出低能滩和潮下两个沉积亚相。

再如南充 7 井，该井位于龙女寺构造以东局部构造高点，属于典型的较深水较深水开阔台地沉积。该井揭示茅三段、茅二段和茅一段：茅三段深度为 4343~4375m，厚度为 32m；茅二段深度为 4375~4479m，厚度为 104m；茅一段深度为 4479~4539m，厚度为 60m。茅口组整体为较深水开阔台地，为潮下低能环境，高能滩欠发育，大量发育深灰色眼球—眼皮状灰岩（"眼球"为生屑泥晶灰岩，"眼皮"为泥质灰岩），局部可见点滩，4434.2~4440.8m 发育泥质云岩，厚度 6.6m，对应井段测井解释为气层，录井显示出气侵。基于其岩性组合特征，将该井识别出低能滩和潮下两个沉积亚相。

通过单井沉积相分析，统计高能生屑滩基本特征：滩体单井平均厚度为 10.1m，最大厚度 16m，最小厚度 2.05m；滩体平均厚度为 3.9m，最大厚度 6.5m，最小厚度 1.36m。

（三）沉积相对比

1. 栖霞组沉积相对比

建立过高石 21 井、高石 112 井、高石 113 井、潼探 1 井、南充 7 井及广探 2 井沉积相对比剖面，解剖栖霞组沉积相宏观沉积学特征，可以看出：该剖面地层厚度为 110~132m，其增减幅度不大，沉积环境相对稳定，属开阔台地相。台内滩发育在三级层序高位体系域，多见于栖二段，栖一段上部也有发育。栖二段沉积时期，台内滩在整个剖面上的发育较为普遍，除南充 7 井未见滩外，其余各井均见有 2~3 套滩体，且滩体间连通性较为良好。栖一段沉积早期，以潮下低能环境为主，台内滩并不发育，到了栖一段沉积晚期，高石 113 井及潼探 1 井处可见 1~2 套滩体发育，滩体间具有一定连通性，但从整体上来看，栖一段上部滩体发育频率、规模相对栖二段要小，可以认为栖二段沉积时期是栖霞组台内滩形成的主要时期。该剖面井高能滩单层厚度范围 1.5~6.05m，平均值为 3.11m，单井累计厚度在 4.05~15.45m，平均值为 9m。高石 113 井的台内滩单层及累计厚度最大，广探 2 井的台内滩单层及累计厚度最小。

2. 茅口组沉积相对比

建立过高石 21 井、高石 112 井、高石 113 井、潼探 1 井、南充 7 井及广探 2 井沉积相对比剖面，解剖茅口组沉积相宏观沉积学特征，可以看出：该剖面地层厚度范围 185.3~219.1m，其增减幅度不大，沉积环境相对稳定，属开阔台地相。茅口组整体为潮下低能环境，台内滩并不发育。

四、地震相

（一）栖霞组

从过高石 112 井—高石 16 井—潼探 1 井栖霞组台内颗粒滩的地震反射特征来看，颗粒滩发育区地震反射具有丘状、弱振幅、杂乱反射的特征（图 3-77）。

从地层厚度图（图 3-78）可以看出，栖霞组厚度主要分布在 89~130m，其中，磨溪 107 井—磨溪 53 井—磨溪 41 井—高石 16 井—合探 1 井—涞 1 井一带厚度较大，为 110~128m。从栖霞组厚度与钻井地层厚度统计结果来看，误差小于 5m 的占 100%。

基于研究区二维和三维地震数据体，确定了储层段在时间剖面上所对应的时间段后，提取均方根振幅等多种属性，针对洗象池组颗粒滩发育段进行对比分析，认为均方根振幅等属性对颗粒滩储层具有较好的刻画能力（图 3-79）。

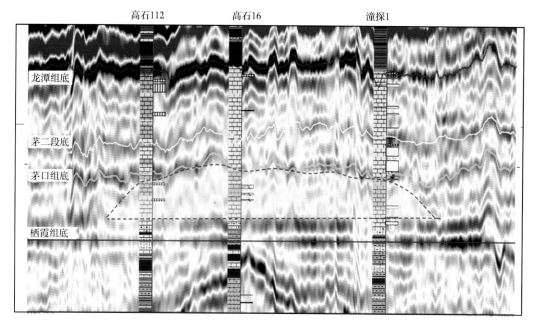

图 3-77　川中地区栖霞组颗粒滩地震反射特征图

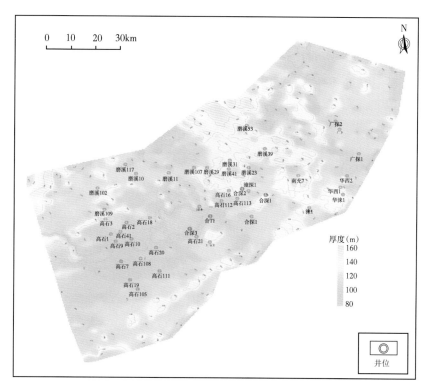

图 3-78　川中地区栖霞组厚度分布图

地震相分析结果表明(图 3-80)：颗粒滩地震相特征为弱振幅、弱连续性、丘状杂乱反射(图中暖色区域)；缓坡地震相特征为中等振幅、中强连续性，与顶底同相轴平行(图中冷色区域)。

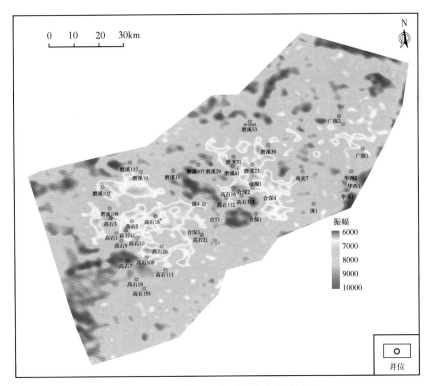

图 3-79　川中地区栖霞组振幅属性图

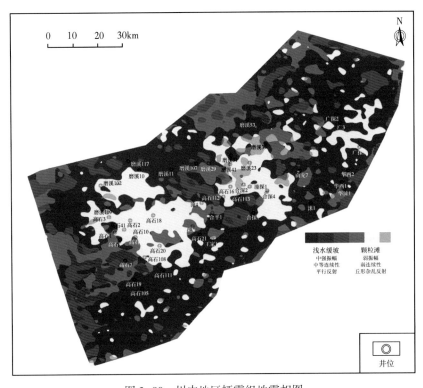

图 3-80　川中地区栖霞组地震相图

(二)茅口组

茅口组沉积结束之后，受东吴运动影响，茅口组遭受过暴露剥蚀，合川—潼南探区内大部分地区缺失茅四段，现今茅口组厚度只能反映茅口组沉积后的残留古地貌，对原始古地理格局已不具参考意义。茅口组现今发现的产气层位主要分布在茅二段和茅三段内，绘制茅二段和茅三段古地理图，对茅口组勘探具有重要意义。因此，考虑到茅一段在全区分布，没有遭受剥蚀，茅二段和茅三段沉积对茅一段沉积地貌具有一定的继承性，本次在绘制茅二段和茅三段岩相古地理过程中，主要参考茅一段的地层厚度来恢复茅二段和茅三段时的沉积格局。

由于茅一段是海侵过程中的产物，茅一段沉积期的地貌底部位沉积厚度往往越大，而在高部位沉积厚度往往较小。现今已钻井钻遇的茅一段地层厚度如图 3-81 所示，不同井之间存在一定差异。根据已钻井揭露茅一段厚度，绘制了茅一段厚度变化趋势（图 3-82），从茅一段厚度图来看，在磨溪 51 井—磨溪 41 井—潼探 1 井—涞 1 井一线发育一条北西向古地貌高带，在磨溪 13 井—高石 2 井—高石 20 一带发育一条北西向的古地貌低带。

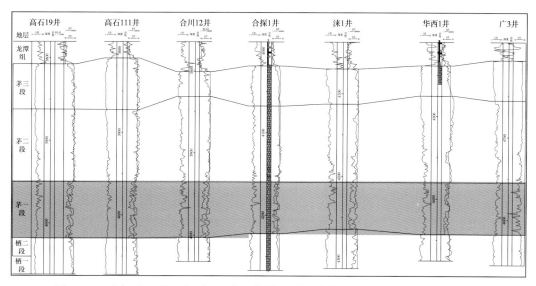

图 3-81　过高石 19 井—高石 111 井—合川 12 井—合探 1 井—涞 1 井—华西 1 井—
广 3 井茅口组地层对比剖面

确定了茅口组顶底界面的分层方案，经过精细的井震标定，确定茅口组顶底界面的地震解释方案，开展茅口组顶底界面精细构造解释，再经过时深转换得到茅口组厚度图（图 3-83），茅口组厚度分布在 188~227m。通过与矿权内及周边地区 36 口井钻井厚度进行对比，误差小于 5m 的占 100%，表明地层厚度具有较高的精度。通过与栖霞组厚度分布范围比较来看，茅一段对栖霞组古地貌具有一定继承性，二者趋势吻合较好，说明用茅一段厚度图来反映茅二段和茅三段古地理格局是合理的。

茅口组区域上总体呈近南北向展布，茅口组发育 5 个北西向的厚度增大带，分别高石 3—高石 111 井区、磨溪 13—高石 21 井区、磨溪 11—合川 12 井区、磨溪 31—涞 1 井区以及广探 2 井区一带。

在地震剖面上，颗粒滩储层表现为丘状、低频、弱振幅反射特征，连续性较差；滩间海表现为中强振幅、较强连续性的平行反射特征（图 3-84）。

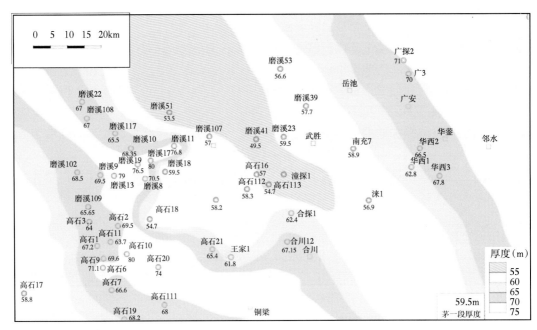

图 3-82　川中地区钻井揭露茅一段厚度分布图

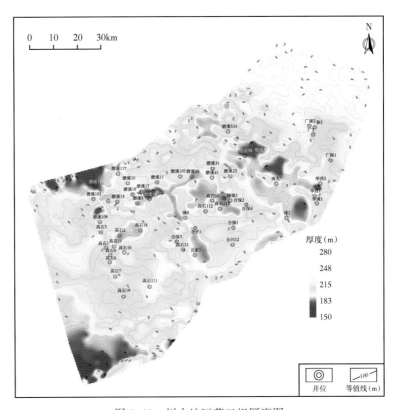

图 3-83　川中地区茅口组厚度图

基于研究区二维和三维地震数据体，确定了储层段在时间剖面上所对应的时间段后，提取均方根振幅等多种属性，针对茅口组颗粒滩发育段进行对比分析，认为均方根振幅等

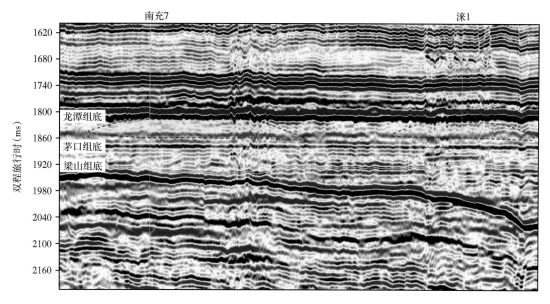

图 3-84　过南充 7 井—涞 1 井地震剖面（P_1m 拉平）

属性对颗粒滩储层具有较好的刻画能力（图 3-85）。茅口组均方根振幅异常变化带，可能就是"弱振幅、内部杂乱、丘状反射结构"的显著特征，可能是颗粒滩储层的反映。

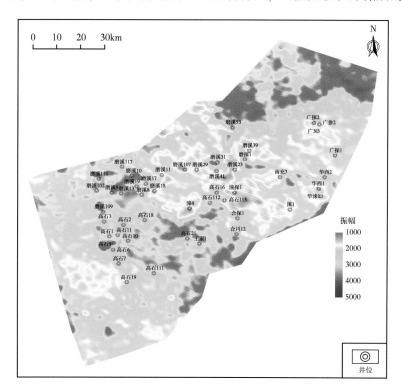

图 3-85　川中地区茅口组振幅属性

地震相分析结果表明：颗粒滩地震相特征为丘状、低频、弱振幅反射，连续性较差。缓坡地震相特征为中强振幅、中强连续性、平行反射。洼地地震相特征为中强振幅、中强连续性、平行反射，地层厚度增大（图 3-86）。

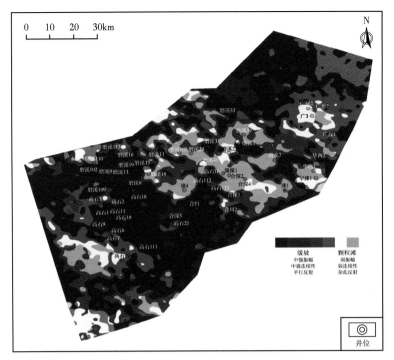

图 3-86　川中地区茅口组地震相图

五、岩相古地理特征

(一)栖霞组

根据栖霞组厚度变化特征，结合沉积相、地震相等，绘制了栖霞组的岩相古地理图（图 3-87）。从栖霞组的岩相古地理图来看，栖霞组的沉积走向为北西向，浅水缓坡颗粒

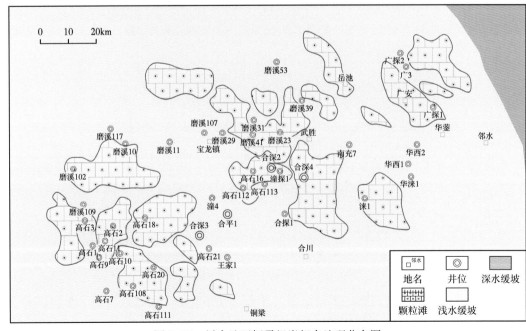

图 3-87　川中地区栖霞组岩相古地理分布图

滩主要沿北西向展布，在华蓥山东北侧变为深水缓坡。

（二）茅口组

根据茅口组厚度变化特征，结合沉积相、地震相等，绘制了茅口组岩相古地理图（图3-88）。从图中可以看出：茅口组的沉积走向为北西向，在浅水缓坡内发育一条北西向的台内洼地，台内洼地西侧发育低能颗粒滩；台内洼地东侧发育高能颗粒滩，高能颗粒滩单个滩体分布范围相对较大，多呈孤立状，主要沿北西向展布；在华蓥山东北侧变为深水缓坡沉积。

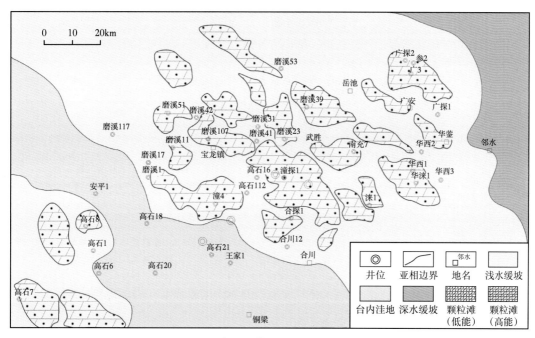

图3-88　川中地区茅口组岩相古地理分布图

第五节　长兴组岩相古地理及沉积演化

一、沉积相类型

（一）岩石学特征

基于邓哈姆分类方案，长兴组可以明显区分出两大类岩石：一类为颗粒与泥晶相关的生屑灰岩、泥晶生屑灰岩及泥质生屑泥晶灰岩；另一类为原地生长的具有骨架结构的生物礁灰岩/白云岩（图3-89）。

1. 生屑灰岩、泥晶生屑灰岩、生屑泥晶灰岩及泥质灰岩

生屑灰岩中，见亮晶方解石胶结，多含有孔虫、藻类及双壳类，为高能水动力条件下的产物。泥晶生屑灰岩中，生屑与亮晶生屑灰岩相似，生屑边缘不清晰，泥晶胶结为主。生屑泥晶灰岩，生屑含量较少，泥晶为主。在露头剖面中，根据沉积能量的差异，亮晶生屑灰岩一般表现为浅灰色—灰色中—厚层，泥晶生屑灰岩及生屑泥晶灰岩一般为灰色—深灰色薄—中层，泥质灰岩多与不规则条带伴生，颜色以深灰色为主，多为薄层。

图 3-89　长兴组岩石学特征

(a)亮晶生屑灰岩,有孔虫、藻类及双壳类,台内滩,华蓥山李子垭剖面;(b)泥晶生屑灰岩,滩间海(潮下低能),华蓥山李子垭剖面;(c)下部为灰色厚层亮晶生屑灰岩,向上过渡为深灰色薄—中层泥晶生屑灰岩、生屑泥晶灰岩,含不规则泥质条带及燧石结核,上部为中层泥晶生屑灰岩,整体表现出台内滩—洼地—潮下低能带的沉积特征,华蓥山李子垭剖面;(d)深灰色泥质中—薄层含泥质条带生屑泥晶灰岩,台内洼地,华蓥山陈二湾剖面

2. 生物礁灰岩/云岩

生物礁灰岩具有骨架结构,由海绵、苔藓虫及棘屑类等造礁生物构成,多为灰色—浅灰色,厚层—块状结构。生物礁可以进一步细分为礁基、礁核、礁盖/礁前等微相。合川—潼南区位于台内洼地的东南边缘,工区内发育的生物礁为台内点礁部分露头或钻井生物礁灰岩发生白云石化,成为残余结构生物礁云岩或白云岩。

(二)沉积相组合类型及特征

长兴组碳酸盐岩台地生物繁盛。合川—潼南工区内发育台内洼地、台内礁、台内生屑滩及滩间海亚相组合。台内洼地主要为深灰色薄—中层生屑泥晶灰岩,含不规则泥质条带及燧石结核,滩间海/潮下低能带主要为灰色薄—中层泥晶生屑灰岩、生屑泥晶灰岩,台内礁滩主要为礁灰岩/云岩及亮晶生屑灰岩(表3-4)。

表3-4　长兴组亚相类型及岩石学特征

碳酸盐岩台地			
台内滩	台内礁	滩间海/潮下低能带	台内洼地
灰色—浅灰色亮晶生屑灰岩或泥亮晶生屑灰岩,生屑以有孔虫为主,藻类次之	灰色中—厚层礁灰岩/礁白云岩	灰色薄—中层泥晶生屑灰岩、生屑泥晶灰岩	深灰色薄—中层生屑泥晶灰岩,含泥质条带及燧石结核

二、基干剖面沉积学特征

（一）露头沉积学特征

1. 盘龙洞长兴组露头剖面

盘龙洞长兴组剖面出露非常完整，观察和测量极为方便，尤其是河水中经冲刷风化后的海绵生物礁结构清楚。实测剖面大致沿地层倾向方向进行，测线总体上呈北东—南西方向展布，沿公路延伸。剖面自下而上发育的地层有吴家坪组、长兴组和飞仙关组，长兴组出露完整，顶、底界线易于识别，其中顶部以中—厚层状微晶白云岩与飞仙关组底部的薄层泥质白云岩接触，底部以薄—中层状泥质灰岩与吴家坪组顶部的石灰岩—硅质条带互层相接触。长兴组剖面共划分为22层，实测厚度249.3m，生物礁发育于4—13层，其间常间互发育粒屑滩或生屑滩，构成生物礁沉积的基底，14—22层主要为台地边缘浅滩沉积（图3-90）。

第1层：深灰色薄—中层状泥质灰岩夹薄层黑色页岩，上部偶夹薄层或透镜状硅质条带，底部以薄层黑色页岩与吴家坪组顶部的厚层泥—微晶灰岩分界。层厚3.2m，为开阔台地相—潮下亚相—静水泥微相。

第2层：灰色薄—中层微晶灰岩，含少量生物碎屑、砂屑，偶夹薄层硅质条带。层厚4.1m，为开阔台地相—台内滩亚相—粒屑滩微相。

第3层：浅灰色厚层—块状夹中层状生物屑灰岩，含有孔虫、腕足类等生物碎屑。层厚8.1m，为台地边缘生物礁相—礁基亚相—生屑滩微相。

第4层：浅灰色块状白云质海绵礁灰岩，大量溶蚀孔洞发育，海绵含量30%左右，含有腕足和有孔虫等生物碎屑。层厚约6.4m，为台地边缘生物礁相—礁核亚相—障积礁微相。

第5层：深灰色中—薄层状生物屑灰岩。层厚1.9m，为台地边缘生物礁相—礁基亚相—生屑滩微相。

第6层：浅灰色块状海绵灰岩，附礁生物主要有腕足类、海百合、𧉫、有孔虫等，下部见受构造作用影响产生的岩石破碎带，中部发育直径约1m的溶洞。层厚12.5m，为台地边缘生物礁相—礁核亚相—障积礁微相。

第7层：浅灰色块状白云质海绵礁灰岩，溶蚀孔洞发育，常形成豹斑状云质灰岩，海绵含量30%～50%，生物间充填大量方解石胶结物。层厚7.3m，为台地边缘生物礁相—礁核亚相—障积礁微相。

第8层：浅灰色块状沥青质海绵骨架礁云岩，海绵个体规模均较下伏地层更发育，附礁生物有腕足类、有孔虫等，溶蚀孔洞发育，大部被碳化沥青充填，形成古油藏。层厚53m，为台地边缘生物礁相—礁核亚相—骨架礁微相。

第9层：浅灰色块状白云质礁灰岩，孔洞中常被碳化沥青充填。层厚8.2m，为台地边缘生物礁相—礁核亚相—障积礁微相。

第10层：浅灰色块状礁云岩，顶部为厚4m的生物碎屑云岩。层厚约15.4m，为台地边缘生物礁相—礁核亚相—障积礁微相。

第11层：浅灰色块状灰质角砾岩，角砾间充填大量方解石胶结物。层厚1.7m，为台地边缘生物礁相—礁前亚相—塌积岩微相。

第12层：深灰色中层状砂屑微晶灰岩，含少量的海绵生物。层厚6.2m，为台地边缘

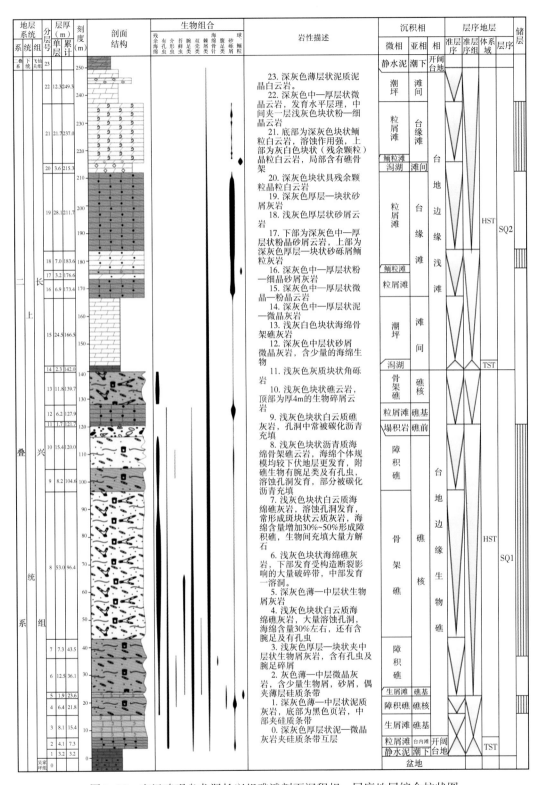

图 3-90 宣汉鸡唱盘龙洞长兴组礁滩剖面沉积相—层序地层综合柱状图

生物礁相—礁基亚相—粒屑滩微相。

第13层：灰白色块状海绵骨架礁灰岩。层厚11.8m，为台地边缘生物礁相—礁核亚相—骨架礁微相。

第14层：深灰色中—厚层状泥—微晶灰岩。层厚2.3m，为台地边缘浅滩相—滩间亚相—潟湖微相。

第15层：深灰色中—厚层状微晶云岩。层厚24.5m，为台地边缘浅滩相—滩间亚相—潮坪微相。

第16层：深灰色中—厚层状粉—细晶砂屑灰岩。层厚6.9m，为台地边缘浅滩相—台缘滩亚相—粒屑滩微相。

第17层：下部为深灰色中—厚层状粉晶砂屑灰岩，上部为深灰色厚层—块状砂砾屑鲕粒灰岩。层厚3.2m，为台地边缘浅滩相—台缘滩亚相—鲕粒滩微相。

第18层：浅灰色厚层状砂屑云岩。层厚7.0m，为台地边缘浅滩相—台缘滩亚相—粒屑滩微相。

第19层：深灰色厚层—块状砂屑灰岩。层厚28.1m，为台地边缘浅滩相—台缘滩亚相—粒屑滩微相。

第20层：浅灰色块状晶粒白云岩，粉—细晶结构。层厚3.6m，为台地边缘浅滩相—台缘滩亚相—粒屑滩微相。

第21层：底部为深灰色块状鲕粒云岩，溶蚀作用强，大多鲕粒被溶孔后充填炭质沥青；上部为灰白色块状晶粒（具残余颗粒结构）白云岩，局部含有生物礁骨架。层厚21.7m，为台地边缘浅滩相—台缘滩亚相—鲕粒滩+粒屑滩微相。

第22层：深灰色中—厚层状微晶云岩，发育平行层理，中间夹一层2.5m厚的浅灰色块状粉—细晶云岩，顶部以中层微晶白云岩与飞仙关组的薄层泥质白云岩分界。层厚12.3m，为台地边缘浅滩相—滩间亚相—潮坪微相。

2. 文星场长兴组露头剖面

文星场剖面地理上位于重庆市北碚区天府镇，古地理上位于蓬溪—武胜台凹的东南方向，与遂宁台内高带相邻，属于典型的台内生物礁剖面（图3-91）。

"生物礁规模较小，造礁生物数量少，单层厚度薄，无明显的白云石化现象"是文星场长兴组生物礁剖面的典型特点。除此之外，在剖面的中上部燧石结核发育，并呈明显的顺层状产出，是文星场剖面的又一大特点。结合前人对该地区的研究成果，认为文星场剖面以开阔台地相沉积为主，并发育台内礁、台内滩等亚相和生屑滩、障积礁、生屑滩、滩间等微相，其中在剖面的底部和上部发育有生物礁，其规模小，以障积礁为主。该剖面岩石类型相对单一，以石灰岩为主，包括泥晶灰岩、生物礁灰岩、生屑灰岩以及含燧石结核生屑灰岩。

（二）取心井沉积学特征

川中地区长兴组取心井很少，仅有涞1井在长兴组取心，岩心深度为3824～3778m，取心位置在长兴组上部（图3-92）。

从下至上可以看出：递变为深灰色泥晶灰岩及生屑泥晶灰岩，向上为灰色泥晶生屑灰岩及生屑灰岩，表现出由潮下低能带—台内滩组合的向上变浅旋回。该旋回之上，沉积约1m厚的泥晶生屑灰岩，然后演化为亮晶生屑灰岩及礁灰岩。整体解释为第一个成礁旋回，该旋回由礁基（生屑灰岩）及礁核构成。该旋回之上，继续生长发育两个礁相似的礁旋回，

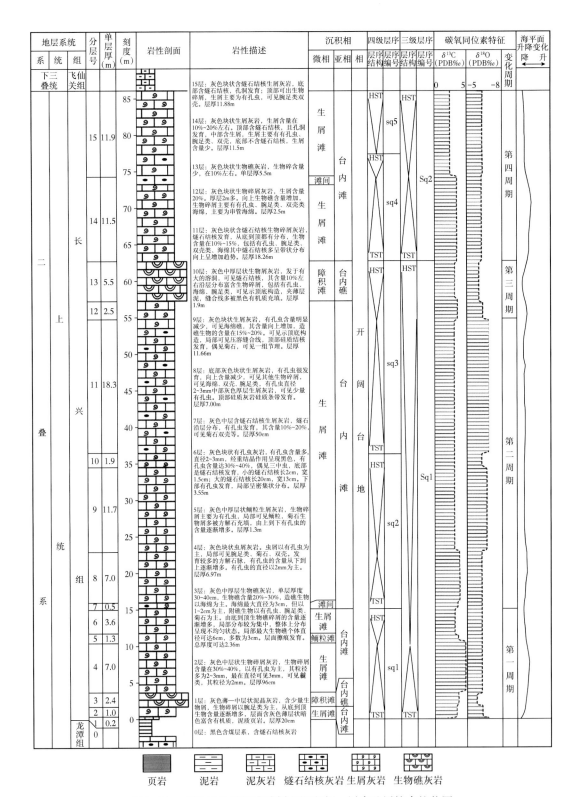

图 3-91 文星场长兴组礁滩剖面沉积相—层序地层综合柱状图

128

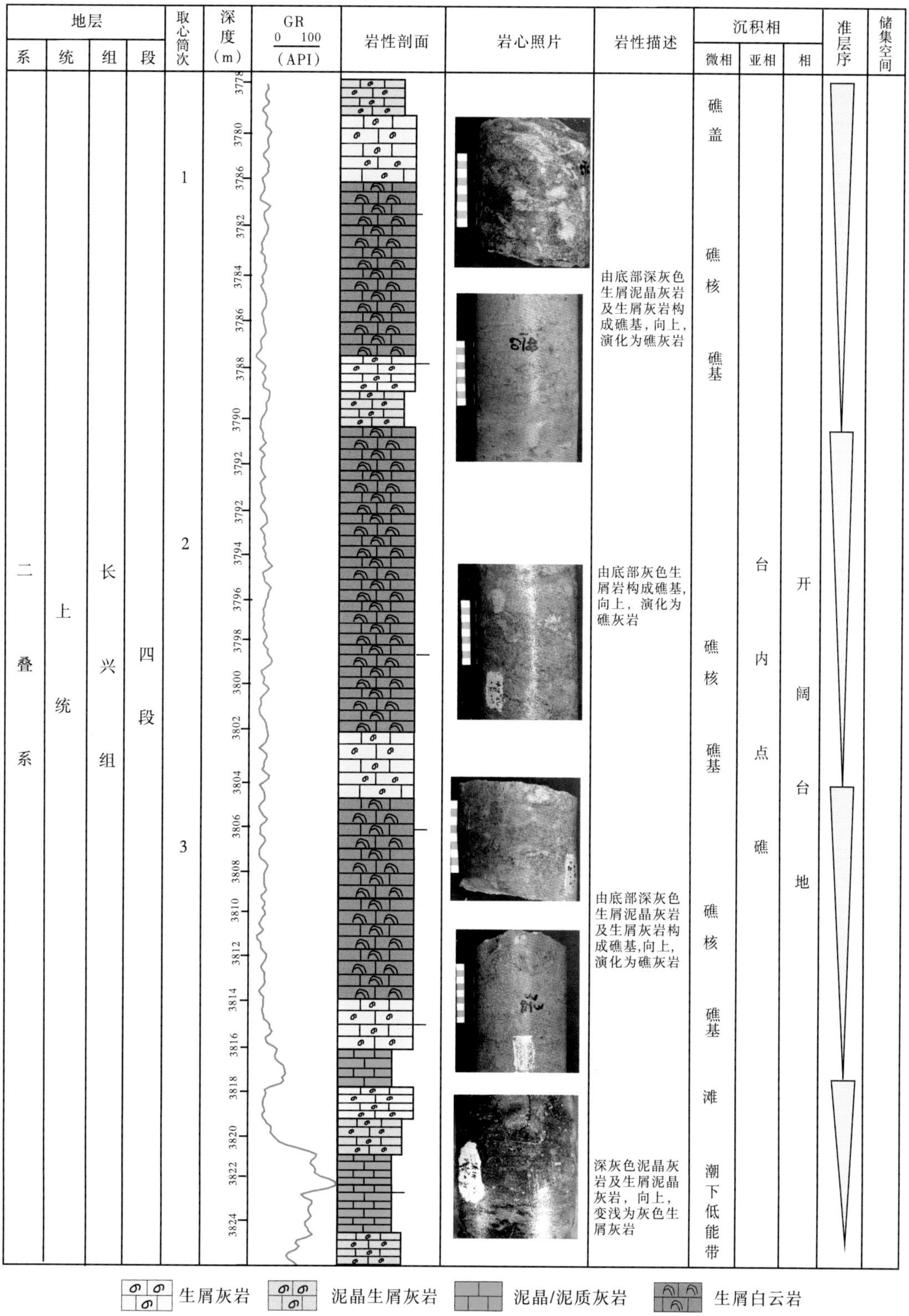

地层				取心筒次	深度（m）	GR 0—100（API）	岩性剖面	岩心照片	岩性描述	沉积相			准层序	储集空间
系	统	组	段							微相	亚相	相		

图 3-92　涞 1 井长兴组岩心沉积特征综合柱状图

图例：生屑灰岩　泥晶生屑灰岩　泥晶/泥质灰岩　生屑白云岩

同样由生屑灰岩礁基及生物礁灰岩礁核构成。岩心整体无明显的溶蚀孔洞发育，也无明显的白云石化作用。

三、沉积相分析

(一)测井相

在涞1井沉积学分析的基础上，开展岩心归位，优选岩性敏感度较高的自然伽马曲线作为测井相分析的主要系列，总结长兴组测井相特征为(图3-93、图3-94)：

(1)潮下低能带与台内滩组合。自然伽马曲线为齿化高幅—低幅，具有漏斗形特征。该测井相组合可以解释为高频层序相关的海平面变化的响应。

(2)生物礁。自然伽马整体为低幅度箱形，微齿化，代表高能的沉积环境。

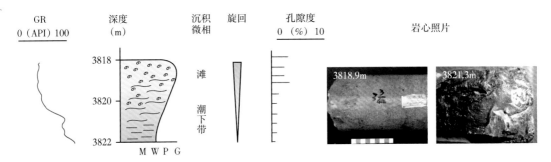

图3-93 长兴组潮下低能—台内滩组合测井响应

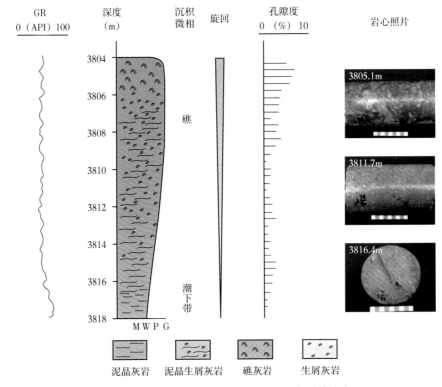

图3-94 长兴组潮下低能—生物礁组合测井响应

（二）单井沉积相

广探 1 井，位于四川盆地广安构造南部高点，属于开阔台地内洼地边缘沉积。该井揭示长兴组地层，顶底深度为 4073~4284m，厚度为 211m。长兴组发育有薄层生屑泥晶灰岩，沉积环境属台内洼地，也见有生屑灰岩—礁灰岩，为台内礁滩组合，台内滩厚度为 1~5m，生物礁厚度为 2~9m，未见明显白云石化，礁滩储集空间欠发育，高能带主要发育在三级层序高位体系域。基于其岩性组合特征，将该井识别出台内滩、低能滩、潮下及滩间洼地四个沉积亚相。

涞 1 井，位于涞滩构造，属于开阔台地内洼地边缘沉积。该井揭示长兴组，顶底深度为 3766~3956m，厚度为 190m。长兴组发育有薄层生屑泥晶灰岩，沉积环境属台内洼地，也见有生屑灰岩—礁灰岩，为台内礁滩组合，台内滩厚度为 1~5m，生物礁厚度为 7~11m，未见明显白云石化，礁滩储集空间欠发育，高能带主要发育在三级层序高位体系域。基于其岩性组合特征，将该井识别出台内滩、低能滩、潮下及滩间洼地四个沉积亚相。

综合单井沉积相分析，统计高能生屑滩基本特征为：滩体单井平均厚度为 10.1m，最大为 16m，最小为 2.05m；滩体平均厚度为 3.9m，最大为 6.5m，最小为 1.36m。

（三）沉积相对比

建立过高石 21 井、合探 1 井、涞 1 井、华涞 1 井、华西 1 井及广探 1 井沉积相对比剖面，解剖长兴组沉积相宏观沉积学特征，可以看出：该剖面地层厚度为 86.88~211.3m，发育两个完整的三级层序，整体沉积环境为开阔台地，华涞 1 井及华西 1 井上部沉积相为台内洼地。台内滩主要发育在三级层序高位体系域，第一个三级层序顶部滩体的连通性较好，但从整个剖面来看，滩体多呈孤立状分布。涞 1 井和广探 1 井见有 3~4 套生物礁发育，礁体厚度为 2.1~10.93m，礁平均厚度为 7.19m，累计厚度平均值为 24.21m，礁体的发育位置均为长兴组上部。该剖面井高能滩发育较为频繁，其单层厚度为 1.05~4.6m，平均值为 2.67m；单井累计厚度为 13.45~32.25m，平均值为 21.43m；广探 1 井的台内滩单层厚度最大，高石 21 井的最小；合探 1 井的台内滩累计厚度最大，华西 1 井的最小。

建立过磨溪 39 井、南充 7 井、华西 1 井及华涞 1 井沉积相对比剖面，解剖长兴组沉积相宏观沉积学特征，可以看出：该剖面地层厚度为 70~154.8m，发育两个完整的三级层序，该剖面第一个三级层序的沉积环境为开阔台地，第二个三级层序的为台内洼地。台内滩主要发育在第一个三级层序的高位体系域，且其顶部滩体的连通性较好，孤立滩体的主要在海侵体系域上部及高位体系域下部发育。该剖面井高能滩单层厚度为 1.2~3.86m，平均值为 2.46m；单井累计厚度为 4.7~15.31m，平均值为 10.53m；台内滩单层厚度及累计厚度最大的井为华涞 1 井，单层厚度最小的井为磨溪 39 井，累计厚度最小的井为南充 7 井。

四、地震相

首先通过精细的井震标定确定长兴组顶底反射界面特征：上二叠统长兴组顶部反射，该反射波组反射能量中强—较弱，能量变化大。由于受长兴组生物礁发育的影响，在生物礁发育区能量变化大，反射较杂乱，非生物礁发育区反射同相轴连续性较好。总的来说，对比上有一定困难，但在全区尚能追踪。上二叠统长兴组大隆组底部反射，也是强反射轴、连续性好，全区可以对比追踪。由于长兴组与龙潭组分界处对应薄互层。这个相位总体稳定、但有一定变化。简单地看，可以认为是龙潭组两段海相页岩所夹石灰岩调谐所形成的调谐反射。由于总体是深海相沉积，所以总体稳定性仍较好。相位变化主要发生在斜坡相向深海盆地过渡的部位，这个相位将会消失。由于页岩沉积相比较稳定，推测是龙潭组中的石灰岩夹层变薄造成的，这可能是龙潭组最深的沉积相带。上二叠统底部龙潭组反射是区域性的标准反射波。在明确长兴组顶底界面反射特征的基础上确定长兴组不同亚相有以下地震反射特征：

（1）生物礁。丘状外形幅度高，杂乱反射结构，弱振幅，连续性差，钻井揭示以生物礁相为主，其中涞1井表现为典型的生物礁储层特征（图3-95）。

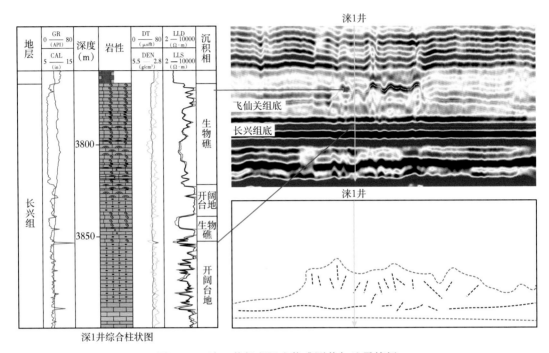

图3-95　涞1井长兴组生物礁测井与地震特征

（2）生屑滩。丘状外形幅度低，中弱振幅，连续性中等，钻井揭示以生屑滩为主，生屑滩厚度越大，含气性越好，地震反射振幅越强。钻井揭示的王家1井发育20.95m厚的生屑滩，产气5.87×10⁴m³（图3-96）。

（3）海槽。开阔台地内水体局部加深区域，可能是构造基底沉降造成的，位于浪基面之下。沉积特征是深灰色含燧石结核灰岩与薄层状泥晶灰岩互层，生物种属单调。海槽亚相地震上表现为强振幅、强连续性、平行反射特征。

根据已钻井揭示，识别出长兴组生物礁滩体两种主要反射特征，其中广3井和涞1井为高幅丘状、杂乱反射弱振幅的生物礁，王家1井和磨溪7井是低幅丘状、连续反射中弱振幅的生屑滩（图3-97）。

地震相分析表明，生物礁地震相特征为丘状、幅度高，杂乱反射结构，弱振幅，连续性差（图3-98）；生屑滩地震相特征为丘状、幅度低，中弱振幅，连续性中等（图3-99）；海槽地震相特征为强振幅，强连续性，平行反射，如图3-100所示，暖色代表海槽地震相特征，冷色代表生物礁滩地震相特征。

在生物礁滩识别的过程中，除了在常规振幅剖面上反射波识别的一般标志相位相同、

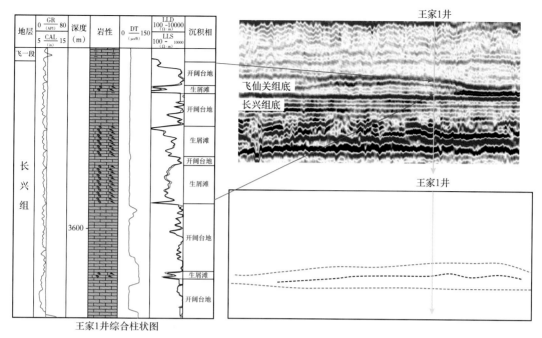

图 3-96　王家 1 井长兴组生屑滩测井与地震特征

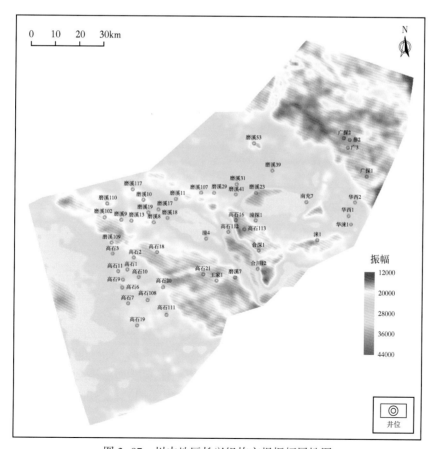

图 3-97　川中地区长兴组均方根振幅属性图

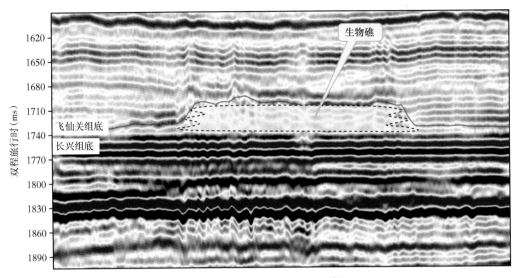

图 3-98　长兴组生物礁地震相特征

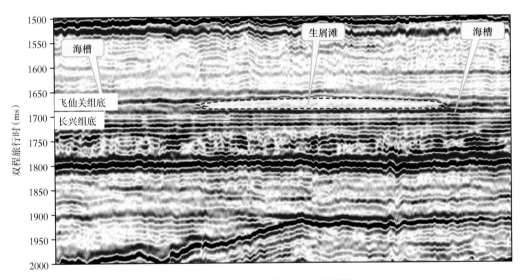

图 3-99　长兴组生屑滩地震相特征

能量增强、波形相似、连续性等外，根据生物礁油气藏的特殊情况，在长兴组顶层位对比过程主要采用了以下技术方法：

（1）地震常规振幅剖面与瞬时相位剖面和瞬时振幅剖面相结合对比追踪。因为在生物礁异常处，常常出现反射能量不稳定、强弱变化大，常规振幅剖面很难连续追踪强振幅。针对这种困难，利用瞬时相位属性不受反射波能量变化的影响，只反映岩性变化的优点，因而在对比过程中采用了瞬时相位剖面与常规振幅剖面波形对比相结合的方法，提高层位对比追踪的可靠性。图 3-101 是地震反射常规振幅剖面，图 3-102 是瞬时相位剖面，图 3-103 是瞬时振幅剖面。从图中可以看出：生物礁异常体常规振幅剖面长兴组顶面反射振幅弱，不易对比追踪；瞬时相位剖面连续性较好；同时在瞬时振幅剖面上，能量的变化可以更加清楚地刻画生物礁的边界发育特征。

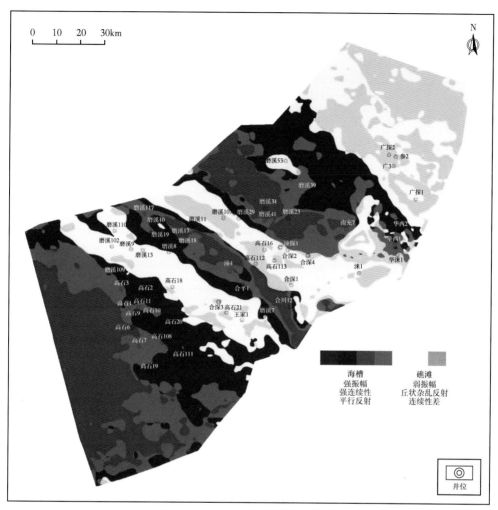

图 3-100　川中地区长兴组地震相图

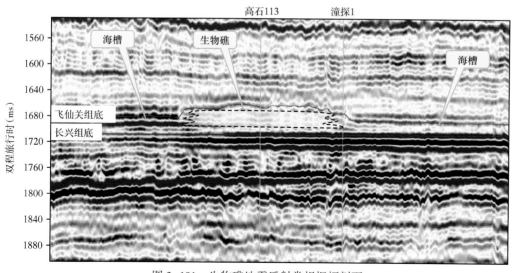

图 3-101　生物礁地震反射常规振幅剖面

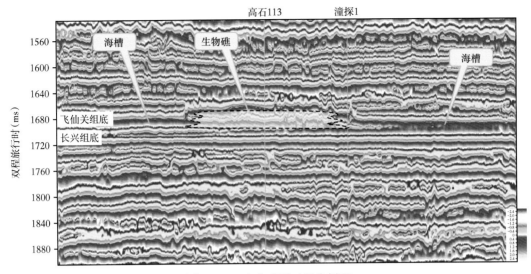

图 3-102 生物礁瞬时相位剖面

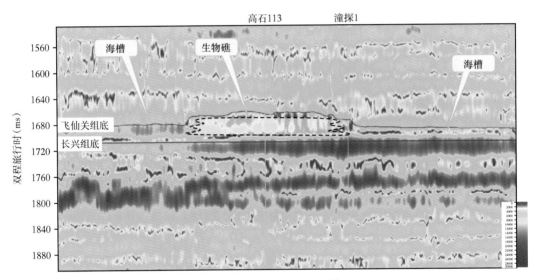

图 3-103 生物礁瞬时振幅剖面

（2）对比追踪时考虑生物礁特殊的地震反射结构。通常生物礁异常体表现为丘状、透镜状或杏仁状的反射外形。在对比追踪时遇到同相轴变弱或中断的情况下，要充分考虑生物礁的特殊反射外形，出现长兴组顶面穿相位的情况是可能的。这可以从现代生物礁的外形特征中得到印证。特别要注意的是，根据区域地质资料可知，地区在上二叠统构造稳定，断裂不发育，同相轴中断的情况不是由断层造成的，应该充分考虑出现生物礁异常体的可能。

通过以上方法实现了对上二叠统长兴组顶界面的精细对比追踪。一般来说，受生物礁发育的影响，生物礁地层厚度明显会比非生物礁地层要大。进一步井震结合恢复川中地区长兴组地层厚度图，长兴组发育三个北西—南东向厚度变大高带，即广安高带、遂宁1号高带和遂宁2号高带；台内高带与海槽界限明显，台内高带是礁滩发育的有利地区（图3-104）。

136

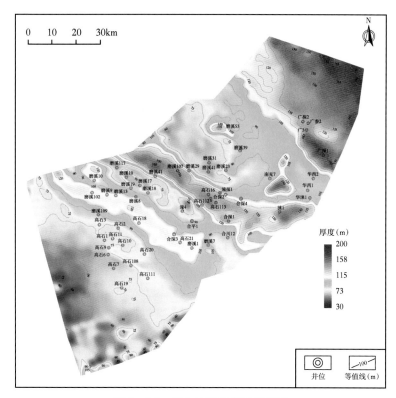

图 3-104　川中地区长兴组厚度图

五、岩相古地理特征

根据长兴组地层厚度变化特征,结合沉积相、地震相等,绘制了长兴组的岩相古地理图(图 3-105)。从图中来看,长兴组的沉积走向为北西向,整体发育一条北西向的蓬溪——

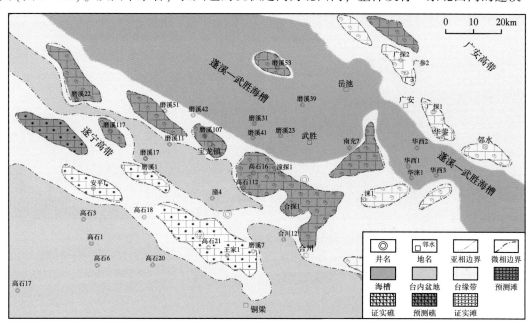

图 3-105　合川—潼南探区长兴组岩相古地理图

武胜海槽，在蓬溪—武胜海槽两侧发育两条北西向的台缘带，东北侧为广安高带，西南侧为遂宁高带，在遂宁高带内，发育北西向的台内盆地。其中长兴组礁滩体主要分布在台缘带靠海槽一侧，而生屑滩主要分布在遂宁高带靠台内一侧。

第六节　雷口坡组岩相古地理及沉积演化

一、沉积相类型

(一)岩石学特征

雷口坡组岩性复杂，可以总结为"杂、细"两个特点："杂"为岩石成分复杂，有泥质、灰质、云质及膏质等；"细"为岩石的主要颗粒一般较细。结合工区及邻区的岩心与露头分析，在雷口坡组识别出岩性类为白云岩类、含泥质岩类及膏质岩类。

1. 白云岩类

雷口坡组为开阔/局限台地—蒸发台地沉积环境，岩性以白云岩为主。常见的白云岩有颗粒白云岩及晶粒白云岩。其中颗粒白云岩主要为砂屑云岩，晶粒白云岩以泥粉晶为主，发育残余结构(图3-106)。部分颗粒及晶粒白云岩中发育溶蚀孔及溶蚀洞。

图3-106　雷口坡组白云岩岩石学特征

(a)砂屑云岩，平行层理，磨溪27井，3-29/63；(b)灰色中层状细晶白云岩，溶蚀洞，江油含增剖面；
(c)砂屑白云岩，见裂缝，潼探1井，2586m；(d)粉晶白云岩，残余结构，大量沥青充填，潼探1井，2585.6m

2. 含泥质及含膏质岩类

这类岩性主要以含物的形式出现，其所在岩石的主体岩性一般为碳酸盐岩，如泥质云岩、泥质灰岩或膏质云岩、含泥膏质云岩。这里岩石一般多在蒸发台地潮坪或局限潟湖中发育，它们的储集空间几乎不发育 (图 3-107)。

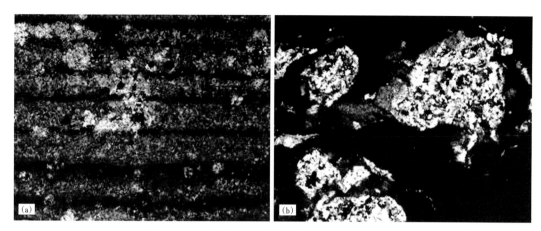

图 3-107　雷口坡组泥质岩及膏质岩类岩石学特征

(a) 含膏含泥质泥晶白云岩，泥质纹层，潼探 1 井，2376.3m；(b) 含石膏泥晶白云岩，潼探 1 井，2373.9m

(二)沉积相组合类型与特征

前人研究表明四川盆地雷口坡组主要为碳酸盐岩局限台地—潟湖/蒸发台地沉积。垂向上雷口坡组四个段发生了海平面变化导致的相带迁移，存在开阔、局限、蒸发台地类型的变化。合川—潼南工区内，雷口坡组整体为局限台地沉积。结合沉积学背景及岩心沉积学特征，在工区内可以识别出微相类型及组合为 (表 3-5)：台内滩主要岩性为砂屑白云岩；滩间海一般与台内滩共生，主要岩性为细粒的泥粉晶白云岩、含泥质粉晶白云岩；潟湖主要岩性为含膏泥晶云岩及膏盐岩等。

表 3-5　雷口坡组沉积相类型及岩石学特征

亚相	局 限 台 地		
微相	蒸发潟湖	滩间海	台内滩
岩性特征	含膏质泥晶云岩、膏盐岩	薄层泥粉晶白云岩、含泥质泥粉晶白云岩	砂屑白云岩为主
发育层位	雷二段、雷三段	雷一段、雷二段、雷三段	雷一段、雷三段

二、基干剖面沉积学特征

(一)露头沉积学特征

旺苍卢家坝剖面位于四川盆地北部，出露完整，顶底界限清楚，沉积厚度 360m。该剖面主要由碳酸盐岩局限台地构成，局部夹开阔台地相，总体以局限台地潮坪和台内浅滩亚相互层为特征。剖面上云岩普遍发育，下部泥质含量较高，向上过渡为晶粒云岩、生屑云岩、鲕粒云岩夹石灰岩沉积，上部为晶粒云岩组成。根据岩相变化规律，将该剖面划分为 4 个三级层序，依次编号为 Sq1、Sq2、Sq3 和 Sq4，均由 TST 和 HST 组成。各层序分别对应于四个岩性段，即 Sq1—Sq4 分别对应雷一段、雷二段、雷三段和雷四段。其中TST 一般由局限台地或开阔台地潮下沉积组成，台内浅滩普遍发育于该沉积期；HST 主要为局限台地潮坪沉积 (图 3-108)。

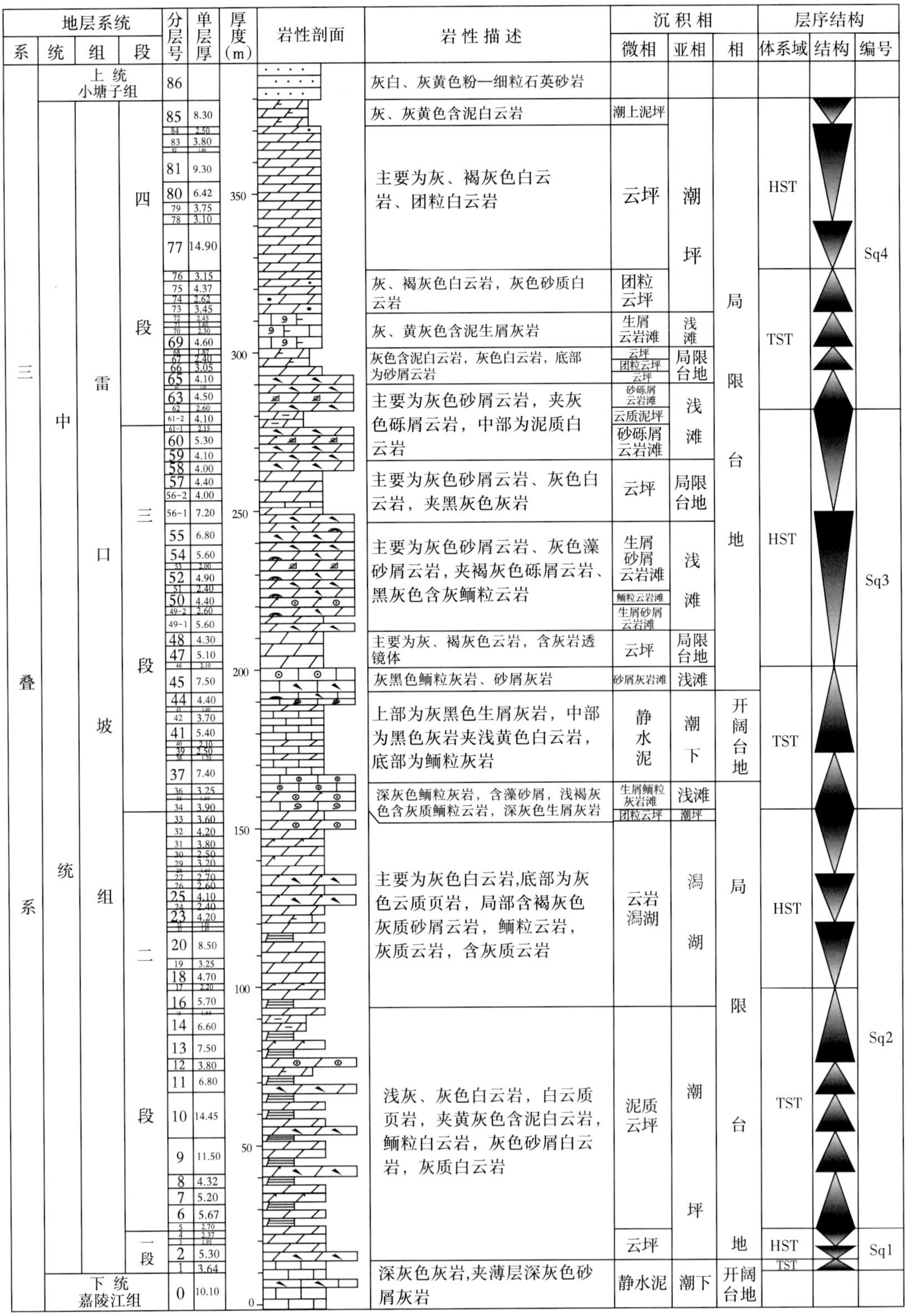

系	统	组	段	分层号	单层厚	厚度(m)	岩性描述	微相	亚相	相	体系域	编号
	上 统 小塘子组			86			灰白、灰黄色粉—细粒石英砂岩					
三 叠 系	中 统	雷 口 坡 组	四 段	85	8.30	350	灰、灰黄色含泥白云岩	潮上泥坪	潮 坪	局 限 台 地	HST	Sq4
				84	2.50							
				83	3.80							
				81	9.30		主要为灰、褐灰色白云岩、团粒白云岩	云坪				
				80	6.42							
				79	3.75							
				78	3.10							
				77	14.90							
				76	3.15	300	灰、褐灰色白云岩，灰色砂质白云岩	团粒云坪				
				75	4.37							
				74	2.62							
				73	3.45							
				69	4.60		灰、黄灰色含泥生屑灰岩	生屑云岩滩	浅滩		TST	
				66	3.05		灰色含泥白云岩，灰色白云岩，底部为砂屑云岩	云坪团粒云坪	局限台地			
				65	4.10							
			三 段	63	4.50		主要为灰色砂屑云岩，夹灰色砾屑云岩，中部为泥质白云岩	砂砾屑云岩滩/云坪泥坪/砂砾屑云岩滩	浅滩	局 限 台 地	HST	Sq3
				62	2.60							
				61-2	4.10							
				60	5.30							
				59	4.10	250	主要为灰色砂屑云岩、灰色白云岩，夹黑灰色灰岩	云坪	局限台地			
				58	4.00							
				57	4.40							
				56-2	4.00							
				56-1	7.20							
				55	6.80		主要为灰色砂屑云岩、灰色藻砂屑云岩，夹褐灰色砾屑云岩、黑灰色含灰鲕粒云岩	生屑砂屑云岩滩	浅滩			
				54	5.60							
				52	4.90							
				50	4.40			鲕粒云岩滩/生屑砂屑云岩滩				
				49-2	2.60							
				49-1	5.60							
				48	4.30	200	主要为灰、褐灰色云岩，含灰岩透镜体	云坪	局限台地			
				47	5.10							
				45	7.50		灰黑色鲕粒灰岩、砂屑灰岩	砂屑灰岩滩	浅滩		TST	
				44	4.40		上部为灰黑色生屑灰岩，中部为黑色灰岩夹浅黄色白云岩，底部为鲕粒灰岩	静 水 泥	潮下	开 阔 台 地		
				42	3.70							
				41	5.40							
				39	2.50							
				37	7.40							
				36	3.25	150	深灰色鲕粒灰岩，含藻砂屑，浅褐灰色含灰质鲕粒云岩，深灰色生屑灰岩	生屑鲕粒灰岩滩/团粒云坪	浅滩/潮坪			
				34	3.90							
			二 段	33	3.60		主要为灰色白云岩，底部为灰色云质页岩，局部含褐灰色灰质砂屑云岩，鲕粒云岩，灰质云岩，含灰质云岩	云岩潟湖	潟湖	局 限 台 地	HST	Sq2
				32	4.20							
				31	3.80							
				25	4.10							
				23	4.20							
				20	8.50							
				19	3.25	100						
				18	4.70							
				16	5.70		浅灰、灰色白云岩，白云质页岩，夹黄灰色含泥白云岩，鲕粒白云岩，灰色砂屑白云岩，灰质白云岩	泥质云坪	潮 坪		TST	
				14	6.60							
				13	7.70							
				12	3.80							
				11	6.80							
				10	14.45	50						
				9	11.50							
				8	4.32							
				6	5.67							
			一 段	2	5.30			云坪		地	HST	Sq1
				1	3.64						TST	
	下 统 嘉陵江组			0	10.10	0	深灰色灰岩，夹薄层深灰色砂屑灰岩	静水泥	潮下	开阔台地		

图 3-108　旺苍卢家坝剖面中三叠统雷口坡组沉积学特征

140

(二)取心井沉积学特征及测井相特征

磨 27 井在雷三段取心 5 筒次，深度 2425～2360m（图 3-109）。底部为深灰色泥岩及灰褐色生物碎屑岩砂屑灰岩，中下部为灰色泥晶灰岩夹深灰色泥岩、含膏泥岩，夹灰色砂屑灰岩及砂屑白云岩，上部为灰褐色砂屑白云岩。表现为开阔台地到局限台地的变迁，主要发育台内滩及滩间海亚相。磨 29 井在雷一段取心 6 筒次，深度 2835～2785m（图 3-110）。下部为灰色膏质云岩，中下部为灰色石膏夹深灰色膏质云岩、泥岩，中上部为灰色砂屑云岩与灰褐色薄层泥晶灰岩，含膏云岩；上部为灰色石膏。沉积环境表现为局限台内，发育台内滩及滩间海及潟湖。自然伽马曲线呈现幅度变化大、强齿化的整体特征。其中膏盐岩为低幅度齿化箱形，泥质岩为薄层高幅度齿化，白云岩及石灰岩为中幅度齿化的漏斗形或指状。

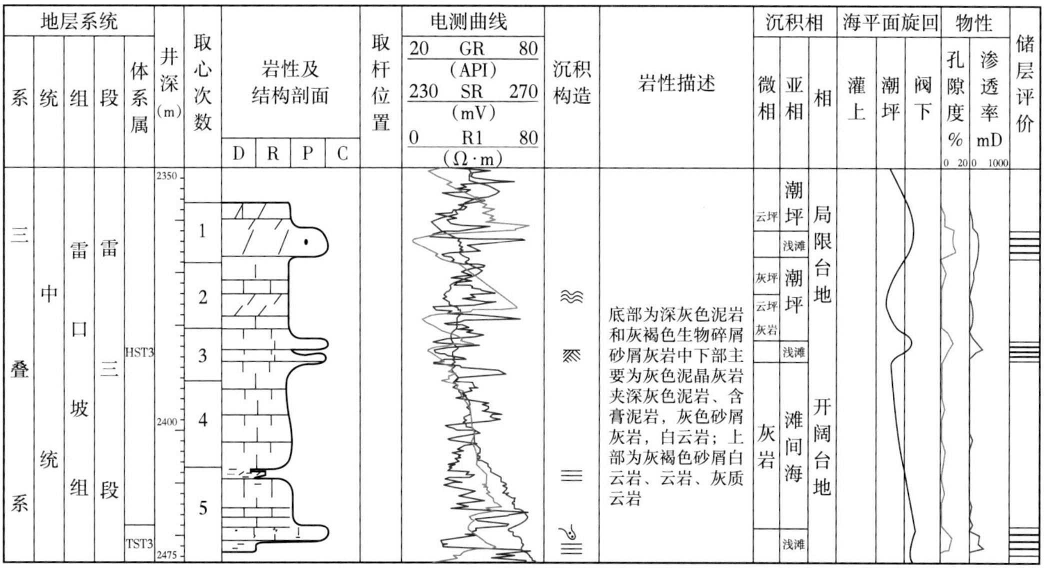

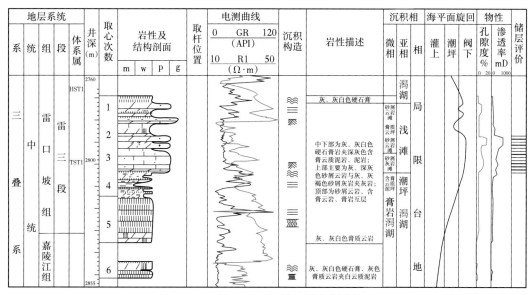

图 3-109　磨 27 井雷口坡组岩心沉积特征

图 3-110　磨 29 井雷口坡组岩心沉积特征

141

三、沉积相分析

（一）单井沉积相

如磨溪7井，该井位于四川盆地川中平缓构造带磨溪构造，属于典型的局限台地—蒸发台地沉积。该井缺失雷四段，只揭示雷三段、雷二段和雷一段：雷口坡组雷三段深度为2228.6~2275m，厚度为46.4m；雷二段深度为2275~2338.7m，厚度为63.7m；雷一段深度为2338.7~2486m，厚度为147.3m。雷一段下部为灰白色石膏层、灰色砂屑灰岩及灰色泥晶砂屑云岩，雷一段上部、雷二段、雷三段主要发育灰色泥质云岩、泥灰岩及灰白色石膏层。基于其岩性组合特征，将该井识别出局限台地和蒸发台地两个沉积相，识别出台内滩、潮坪、潟湖、蒸发潮坪、蒸发潟湖五个沉积亚相。

再如高石112井，该井位于四川盆地乐山—龙女寺古隆起龙女寺构造以南高石16井井区西南部，属于典型的局限台地—蒸发台地沉积。该井揭示雷四段、雷三段、雷二段和雷一段：雷口坡组雷四段深度为2442~2447m，厚度为5m；雷三段深度为2447~2660m，厚度为213m；雷二段深度为2660~2718m，厚度为58m；雷一段深度为2718~2907m，厚度为189m。雷一段下部为灰白色石膏层、深灰色泥质云岩、泥灰岩夹薄层砂屑灰岩；雷一段上部发育大套深灰色砂屑泥晶云岩；雷二段、雷三段下部主要发育灰色泥质云岩、泥灰岩及灰白色石膏层；雷三段上部和雷四段主要发育一套灰色泥晶砂屑灰岩夹薄层砂屑灰岩。基于其岩性组合特征，将该井识别出局限台地和蒸发台地两个沉积相，识别出台内滩、潮坪、潟湖、蒸发潮坪、蒸发潟湖五个沉积亚相。

（二）沉积相对比

建立过高石21井、合探1井、涞1井、华涞1井、华西1井及广探1井沉积相对比剖面，解剖雷口坡组沉积相宏观沉积学特征，可以看出：该剖面地层厚度为271.5~482.2m，发育两个完整的三级层序，其沉积环境为局限台地。台内滩主要发育在第一个三级层序的底部和第二个三级层序顶部，多见于雷一段下部、雷三段上部和雷四段，雷二段及雷三段下部未见滩体发育。该剖面井高能滩单层厚度为1.05~7.4m，平均值为3.6m；单井累计厚度为11.8~45.26m，平均值为24.4m；华西1井的台内滩单层厚度最大，高石21井的最小；广探1井的台内滩累计厚度最大，合探1井的最小。

综合单井沉积相分析及沉积相对比，统计高能台内基本特征为：滩体单井平均厚度为27.4m，最大厚度为48.2m，最小厚度为11.8m；滩体平均厚度为2.62m，最大为6.4m，最小为0.4m。

四、地震相

潼探1井、高石112井雷口坡组一段见好显示，雷一段滩相储层为有利储层。其中潼探1井雷一段中部16号、17号层录井气测显示较好，孔隙度为3.0%~6.0%，平均4.5%左右；有一定的泥质含量，10%~30%。16号层深度为2591.8~2597.9m，电阻率平均大于100Ω·m，结合曲线特征及图版，解释为气水同层。17号层电阻率较低，解释为含气水层。18号、19号层电阻率低且有负差异特征，结合曲线特征及图版，解释为水层。

地震剖面上颗粒滩储层表现为明显的地层加厚，低频、弱振幅、杂乱反射（图3-111）。

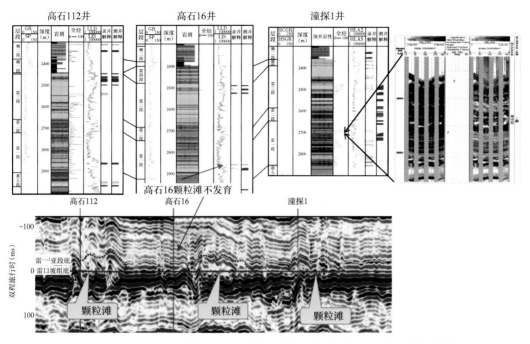

图 3-111　过高石 112 井—高石 16 井—潼探 1 井雷一¹ 亚段颗粒滩储层特征

利用区域内测井和地震测井资料进行地震测井资料标定雷口坡组底界和雷一¹ 亚段顶界，从过高石 112 井—高石 16 井—潼探 1 井地震剖面可以看出（图 3-112），雷口坡组底界和雷一¹ 亚段顶界同相轴均可连续追踪，便于全区追踪解释。

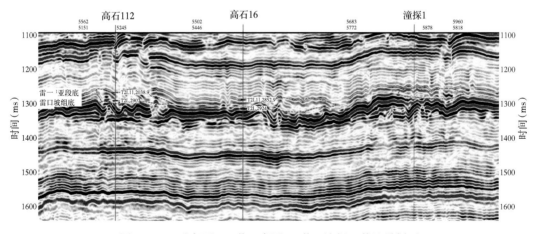

图 3-112　过高石 112 井—高石 16 井—潼探 1 井地震剖面

雷口坡组雷一¹ 亚段厚度在 50m 到 90m 之间，其中潼 4 井—合川 12 井—涞 1 井—广探 2 井—广参 2 井位厚度较大（图 3-113）。通过雷口坡组雷一¹ 亚段 39 口井地层厚度与钻井地层厚度误差统计，误差小于 5m 的占 100%。

基于研究区二维、三维数据体，确定了储层段在时间剖面上所对应的时间段后，提取平均反射强度、平均瞬时相位、平均振幅、平均瞬时频率、均方根振幅、平均绝对振幅等

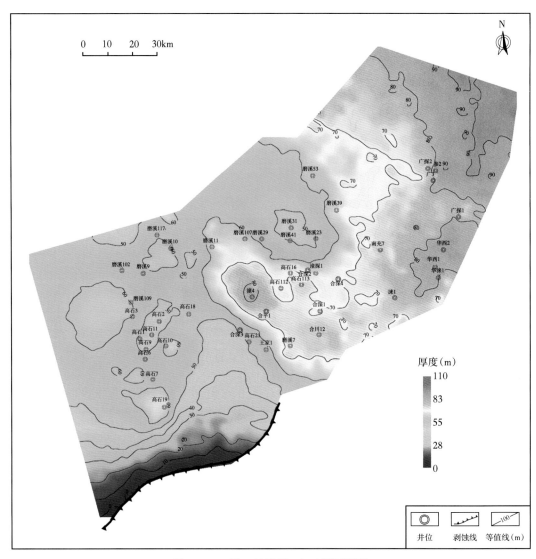

图 3-113 雷口坡组雷一¹亚段厚度图

多种属性，针对雷一¹亚段颗粒滩储层发育段进行对比分析，认为均方根振幅等属性对雷一¹亚段颗粒滩储层特征都有较好的刻画能力（图 3-114）。

根据雷一¹亚段颗粒滩储层地震特征分析结果，采用基于波形分类分析的地震相自动划分技术，进一步划分有利的储集岩发育相带。在二维和三维地震资料的基础上，在层位雷一¹顶面至雷口坡组底界的时窗内提取波形特征，将各种波形按其相似性，使用曼哈顿方法进行分类处理，共分成 7 类波形，每一种颜色代表一类波形，两个相邻类型波形的相似性比不相邻类型波形的相似性要好。分析结果如图 3-115 所示：颗粒滩地震相特征为弱振幅、弱连续性、杂乱反射，明显的地层加厚（图中暖色区域）；局限台地地震相特征为中等振幅、中等连续性、平行反射（图中冷色区域）。依据地震相分析结果可以较好地划分出雷一¹亚段颗粒滩储层发育范围。

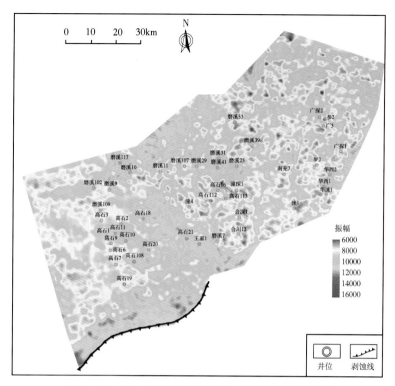

图 3-114 川中地区雷口坡组雷一^{1}亚段振幅属性图

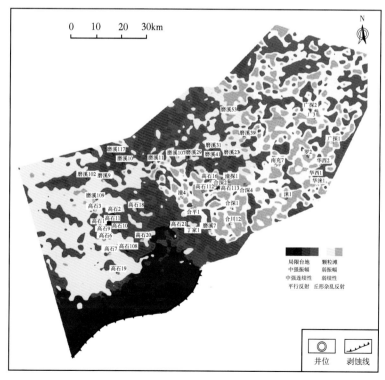

图 3-115 川中地区雷口坡组雷一^{1}亚段地震相图

五、岩相古地理特征

根据茅口组地层厚度变化特征，结合沉积相、地震相等，绘制了雷一¹亚段的岩相古地理图（图3-116）。从图中可以看出，雷一¹亚段整体沉积为局限台地沉积，沉积走向为北西向，颗粒滩单个滩体分布范围相对较大，多呈孤立状，主要沿北西向展布。

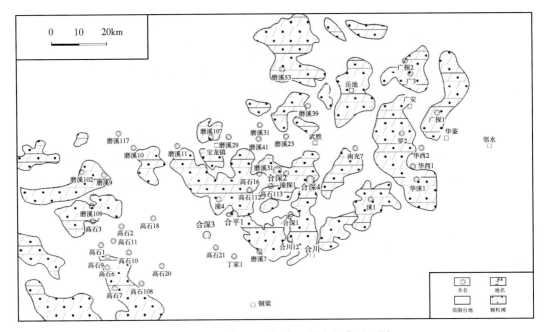

图3-116 川中地区雷一¹亚段岩相古地理图

146

第四章　储层特征及分布预测

第一节　震旦系灯影组储层特征及分布预测

钻探和研究证实，风化壳岩溶作用对丘、滩相碳酸盐岩的叠合改造是灯影组优质储层的主要形成机制。鉴于盆地内钻遇灯影组的井较少，且集中分布于威远构造，相关研究目前基本处于停滞状态。随着近期盆地内高石梯气田的发现，新增了一些钻孔和区域地震大剖面资料，使得对盆地内灯影组岩溶储层的精细研究成为可能。综合运用古地貌、沉积相、地震相以及地震反演等技术，预测灯影组有利储层分布特征。

一、储层成因类型及特征

基于川中地区高石 16 井、高石 21 井、高石 1 井、高石 2 井及高石 18 井岩心观察与分析，总结储层岩石学特征、储集空间类型，明确储层成因类型。

(一)灯四段储层岩石学特征

川中地区灯四段有效储层集中发育在灯四段上部及内部高频层序的靠上部位。岩心及薄片观察，主要的储层岩石学特征主要为(图 4-1、图 4-2、图 4-3)：(1)微生物丘通常为藻黏结岩，以凝块石白云岩及藻格架白云岩储集空间最为发育；(2)颗粒滩中通常含有不同程度的藻黏结结构，其中藻屑白云岩及砂屑白云岩储集空间最为发育。此外，在少量的泥质云岩、泥粉晶云岩及角砾状云岩中也发育少量的溶蚀孔洞。

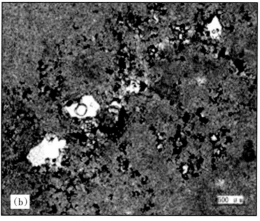

图 4-1　灯四段储层岩石学特征(高石 18 井，过渡带)

(a)藻颗粒白云岩，见大量针状溶蚀孔及少量溶蚀洞，高石 18 井，5135.8m；(b)藻颗粒白云岩，
见溶蚀孔(暗色为孔隙)，普通薄片，单偏光，高石 18 井，5135.8m

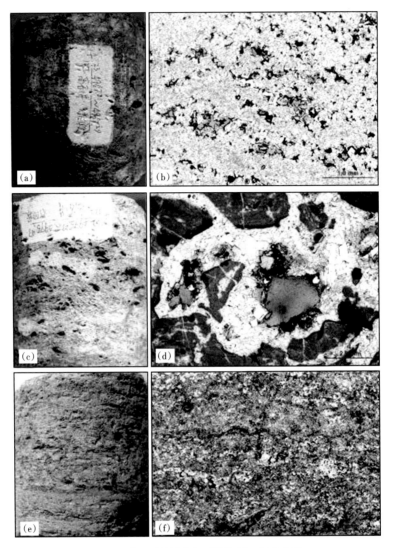

图 4-2　灯四段储层岩石学特征（台地边缘）

（a）藻格架白云岩，藻纹层不规则，藻纹层内发育针状溶蚀孔，格架孔（鸟眼）内发育溶蚀扩大洞，高石 1 井，4967.3m；（b）藻纹层白云岩，纹层内发育溶蚀孔，高石 1 井，4767.3m；（c）凝块石白云岩，见大量溶蚀孔洞，高石 1 井，4975.5m；（d）凝块石白云岩，见凝块石内溶蚀孔，颗粒间为亮晶胶结，高石 1 井，4975.5m；（e）藻纹层白云岩，少量溶蚀孔，高石 2 井，4014.25m；（f）藻纹层白云岩，见少量溶蚀孔，高石 2 井，4014.25m

（二）灯四段储集空间类型

灯影组四段储层空间成因复杂，类型较多。通过宏观岩心、常规薄片、铸体薄片等分析，发现灯四段储层以次生的孔、洞、缝为主，主要包括以下几种类型。

1. 孔隙

1）粒间溶孔

粒间溶孔是在残余粒间孔基础上发生溶蚀扩大或粒间白云石胶结物被强烈溶蚀而产生的孔隙。研究区粒间溶孔主要发育在颗粒云岩及藻云岩云岩中，以 0.5~2mm 大小为主，局部与小型溶洞伴生，面孔率 2%~5%，多沥青半充填，孔隙直径为 0.05~1mm

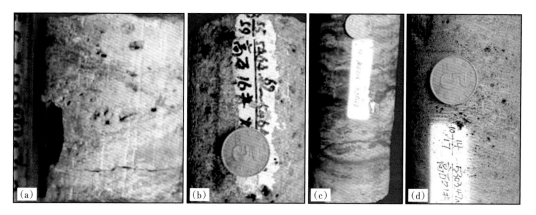

图 4-3　灯四段储层岩石学特征（高石 16 井和高石 21 井，台地内部）

(a)藻格架白云岩，高石 16 井，5482.9m，灯四段，藻纹层密集、纠结，具抗浪构造且发育格架溶蚀孔；
(b)凝块石白云岩，见大量溶蚀孔洞，高石 16 井，5464.7m；(c)藻叠层白云岩，见少量溶蚀孔，
高石 21 井，5322.8m；(d)藻颗粒白云岩，大量针状溶蚀孔，5303.5m

（图 4-4）。川中地区白云岩多见藻屑、藻纹层及其相关的残余结构，说明白云石化作用不彻底，但可以看到藻类及藻颗粒影响孔隙形成的痕迹，进一步支撑沉积环境能够影响溶蚀孔隙的形成。

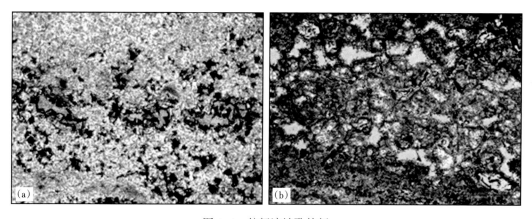

图 4-4　粒间溶蚀孔特征

(a)藻颗粒白云岩，颗粒间溶蚀扩大孔，暗色沥青充填，高石 1 井，4959.4m，(b)藻纹层白云岩，
藻体间及内部发育大量溶蚀孔，高石 2 井，5393.65m

2）晶间溶孔

晶间孔多为微晶白云岩经重结晶转变为较粗晶粒白云岩的过程中，由细小晶间孔重新调整而成。孔径一般较大，多为 0.1~2mm，位于自形、半自形白云石晶体间，呈不规则多边形，分布不规则，连通性较差（图 4-5）。晶间溶蚀孔多发育在较粗粒的白云岩中，这种类型白云岩可能与埋藏或热液白云石化有关。其建设性与破坏性作用对储层形成影响研究目前还处于探索之中。

2. 溶洞

溶洞指直径大于 2mm 的各类溶蚀空间。溶洞的形成与各类溶孔形成机理相似，只是

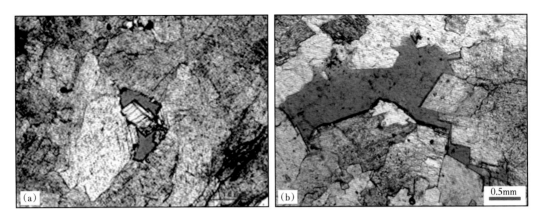

图 4-5　晶间溶蚀孔特征

(a) 粗晶白云岩，晶间溶蚀孔。白云石晶体大，为鞍状白云石，可能是热液成因，高石 1 井，4958.6m；
(b) 粗晶白云岩，晶间溶孔，该孔隙的形成可能是现有溶蚀孔隙加粗晶白云岩充填影响，
构成残余晶间溶孔，高石 101 井，5505.9m

与溶孔相比，溶洞的大小和规模更大。研究区灯影组四段溶洞主要特征为（图 4-6）：（1）在藻纹层、藻叠层及藻格架白云岩中发育，常沿藻的纹层发育，溶洞长轴与构造裂缝方向一致；（2）在凝块石白云岩、凝块白云岩及泥晶云岩中也有溶蚀洞发育；（3）在藻屑白云岩中，溶蚀孔洞发育程度较低；（4）溶洞中常发育白云石及石英等充填矿物。

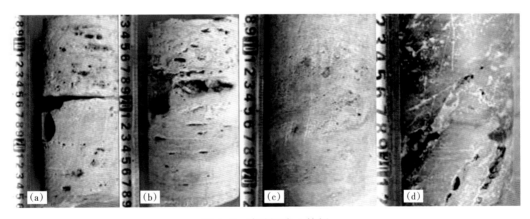

图 4-6　溶蚀洞岩心特征

(a) 藻纹层白云岩，见大量溶蚀洞沿纹层发育，高石 16 井，5453.2m；(b) 凝块白云岩，溶蚀洞，有顺层发育的特点，洞类见白云石充填，高石 21 井，5248.8m；(c) 藻颗粒白云岩，溶蚀孔为主，少量溶蚀洞，高石 21 井，5303.6m；(d) 泥晶白云岩，溶蚀洞沿裂缝发育，白云充填，磨溪 105 井，5323.9m

3. 裂缝

碳酸盐岩性脆，易破裂，裂缝发育是一种常见的地质现象。碳酸盐岩储层中的裂缝既是储集空间，又是重要的渗滤通道。根据裂缝的成因，将研究区灯四段裂缝分为构造缝、溶蚀缝、压溶缝。

1）构造缝

构造缝指在构造应力作用下，构造应力超过岩石的弹性限度，岩石发生破裂而形成的裂缝。从裂缝产状与地层产状的夹角上看，研究区灯四段构造缝多为高角度缝—直立缝，

裂缝未充填或充填沥青和白云石（图 4-7）。

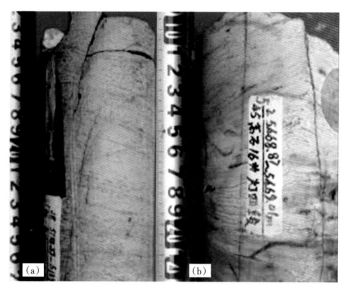

图 4-7　构造缝特征

（a）藻纹层白云岩，高角度裂缝，高石 18 井，5138.9m；（b）藻纹层白云岩，高角度裂缝，高石 16 井，5468.9m

2）溶蚀缝

溶蚀缝指酸性成岩流体溶蚀或改造所形成的，不规则，可呈多期发育，互相切割，被白云石、有机质或黄铁矿全充填或半充填的裂缝，缝壁极不平整，有明显的溶蚀现象。研究区灯四段可见网状溶蚀缝，网状溶蚀缝充填沥青和白云石，可见顺裂缝发生溶蚀扩大形成孔洞（图 4-8）。溶蚀缝的成因比较复杂：首先，裂缝成因复杂，裂缝可能源自构造裂缝、风化壳岩溶破裂、洞穴垮塌作用或压实作用；其次，溶蚀作用复杂，溶蚀作用可能存在大气淡水淋滤或深部埋藏溶蚀。

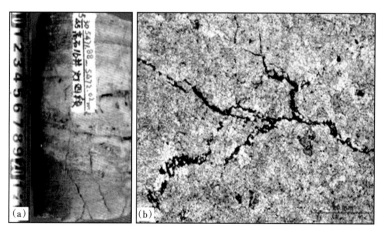

图 4-8　溶蚀缝特征

（a）纹层白云岩，见不规则溶蚀缝与溶蚀洞共生，构成缝洞体，缝内充填有沥青，高石 16 井，5471.9m；

（b）残余藻细晶白云岩，不规则溶蚀缝，被沥青充填，高石 1 井，4956.3m

(三)储层成因特征

古老震旦系灯影组经历了复杂的沉积环境、漫长而复杂的成岩演化过程，形成了包括孔、洞、缝及其复合体在内的复杂储集空间，其储层成因类型的复杂性不言而喻。通过描述岩心及薄片中储集类型的差异，结合沉积学分析及储层特征分析，可以将灯四段储层分为三种成因类型（1）丘滩相早期岩溶型储层；（2）早期岩溶叠加后期表生岩溶型储层；（3）其他因素叠加改造型储层。

1. 丘滩相早期岩溶型储层

该类储层受沉积作用控制，主要发育在丘滩相中，以针孔、小洞、晶间溶孔、顺层状溶孔（洞）为主。溶蚀孔洞的发育与沉积纹层密切相关。溶洞直径为5mm。在颗粒云岩中，针孔顺层理面发育，顺层现象明显，藻白云岩中顺层孔洞也十分发育。显微镜下可见颗粒间的溶孔被白云石以及沥青充填，藻白云岩顺层孔洞在镜下清晰可见。该类储层的特征如下。

（1）微生物丘相关的藻格架白云岩及藻凝块石白云岩、藻屑白云岩溶蚀孔洞发育程度高。从岩性与储集空间发育的关系来看，在藻格架白云岩、藻凝块石白云岩及藻叠层白云岩溶蚀孔洞发育程度最高，藻屑白云岩一般也发育较好的溶蚀孔，而泥粉晶/角砾化白云岩中孔隙发育程度较低。从不同岩性内有效储层发育程度的统计分析，可以发现高石16井及高石21井累计取心厚度约115m，有效储层（从手标本鉴定是否有明显的储集空间为标准）累计厚度为98m。建立不同岩性累计有效储层厚度与总岩心厚度的占比，形成统计直方图，分析有效储层在不同岩性中出现的概率，可以看出：微生物丘相关的藻格架白云岩、藻凝块石白云岩有效储层发育程度相对高，藻颗粒滩相关的藻屑白云岩有效储层发育程度最高，藻纹层白云岩有效储层发育程度低；泥晶云岩及角砾化云岩孔隙发育程度较低。由此可以证实，沉积相明显控制储层的发育，其中高能量带是优质储层形成的物质基础。而这种相控溶蚀孔洞形成一般与沉积作用及准同生期岩溶作用相关。

（2）高频层序（准层序组）上部溶蚀孔洞发育程度高。海相碳酸盐岩高频层序（准层序/准层序组）一般受控于海平面变化。准层序组或准层序在海平面缓慢下降的过程中，沉积水体变浅，在层序上形成高能相带沉积，有利于原生孔隙发育及准同生大气水岩溶作用，进而为后期溶蚀孔隙的形成奠定物质基础。对高石16井及高石21井岩心观察（图4-9、图4-10），明显识别出多个准层序及准层序组相关的高频旋回。建立以准层序组为单元的沉积储层岩心综合柱状图后发现：（1）准层序组垂向上一般表现为薄层泥晶云岩与厚层藻白云岩的岩性组合，即丘滩间海与微生物丘或颗粒滩微相的组合，自然伽马曲线有反韵律的趋势，如高石16井第9次和第8次取心对应的准层序组（图4-10）；（2）准层序组垂向上孔隙度有逐渐变大的趋势，该特点在两口井的准层序组中都能明显识别出来，而对应的溶蚀孔或溶蚀孔洞均主要发育在准层序组的上部。

（3）台地内部微生物丘滩同样发育较好的溶蚀孔洞。与高石梯—磨溪气田所在的台地边缘相比较，合川—潼南工区震旦系位于台地内部，而台地内部是否同样发育较好的丘滩体储层一直是勘探担心的问题。本次通过建立台缘—台内的沉积对比剖面后明确：在高石16井及高石21井区台地内部，发育较为孤立的微生物丘滩组合体，垂向上累计厚度有一定规模，溶蚀孔洞多在藻格架及藻叠层白云岩中发育，藻颗粒滩中针状溶蚀孔也发育。丘滩体规模及丘滩储层的规模较台地边缘小，但单井丘滩体厚度占比仍然达到65%以上，储层厚度占比达到40%。从成因机制上来分析，可能出现这种现象的原因

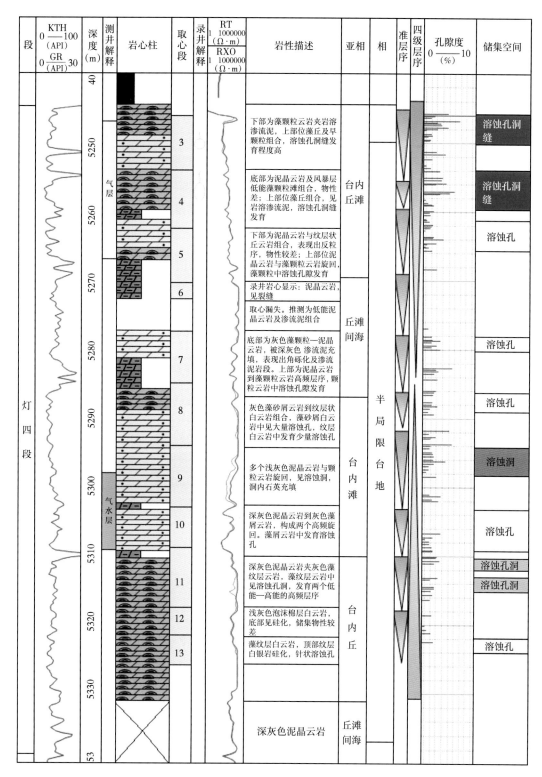

图 4-9　高石 21 井岩心储层特征综合柱状图

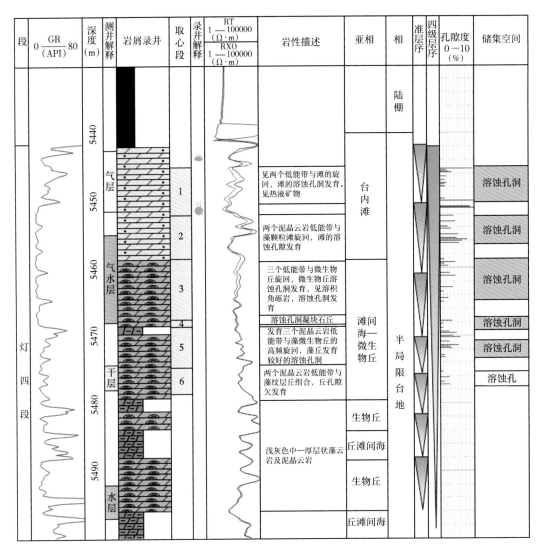

图 4-10 高石 16 井岩心储层特征综合柱状图

有：①震旦系台地边缘与台地内部的沉积古地貌差异不大，沉积层序主要受控于海平面变化，在相同的海平面条件下，可能是古地貌的细微差别造成碳酸盐岩沉积物的沉积速率的差别，台地边缘微古地貌较高，沉积速率更快，最终表现出丘滩体繁盛及厚度大的特点，而台地内部丘滩体沉积速率相对较小，沉积规模可能要稍小；②台地内部可能具有非均一性，可能存在具备的小洼地，洼地周缘可以形成相对古地貌微高，从而有利于台内丘滩生长。

2. 早期岩溶叠加后期表生岩溶型储层

该类储层常发育在灯四段上部，通常发育在顶部不整合面之下 40m 范围内，常与溶积角砾岩、不规则裂缝及岩溶渗流充填物伴生。储集空间以蜂窝状孔洞和溶洞体系为主，在颗粒云岩、藻白云岩以及泥晶云岩中都可以出现此类储层（图 4-11）。孔洞的直径部分可达几厘米。

震旦纪末桐湾运动造成震旦系灯影组抬升，顶部遭受风化剥蚀和溶蚀作用。风化壳岩溶作用的岩石学特征鉴别标志主要为：（1）古岩溶洞穴相关的垮塌角砾岩；（2）岩溶渗流物质；（3）不规则的裂缝及不规则裂缝被岩溶渗流物质充填。观察高石梯—磨溪地区岩心特征，可以明显发现类似的特征，证实了古岩溶风化作用的存在。总体来说，古风化壳岩溶作用是在早期岩溶作用基础上的有利叠加，对储层岩性无明显选择性，在各种岩性中都能发育有利溶蚀缝洞。但工区内岩心观察表明，生物丘中溶蚀缝洞发育程度及发育概率要明显高于低能的沉积相带，说明早期准同生岩溶基础上叠加表生风化壳岩溶，有利于形成溶蚀缝洞体。

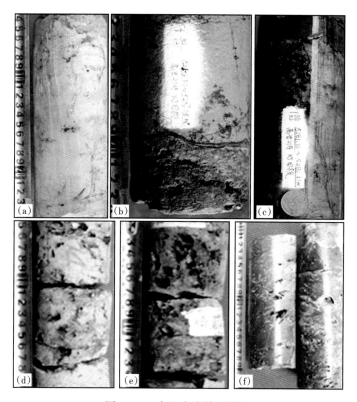

图4-11　表生岩溶储层特征

（a）凝块云岩，见深灰色斑状岩溶渗流充填物，发育不规则裂缝且被岩溶渗流物质充填，见少量不规则溶蚀缝洞，高石21井，5280.8m；（b）凝块云岩，见水平状深灰色岩溶渗流充填物，之下发育不规则溶蚀充填物，高石21井，5257.1m；（c）凝块云岩，见深灰色斑状岩溶渗流充填物，发育不规则裂缝且被岩溶渗流物质充填，见少量不规则溶蚀缝洞，高石21井，5281.4m；（d）藻颗粒云岩，不规则溶蚀洞，磨溪105井，5356.3m；（e）颗粒云岩，蜂窝状溶洞，磨溪105井，5356.3m；（f）泥晶云岩，溶洞，磨溪105井，5307.7m

3. 其他因素叠加改造型储层

灯影组经历了漫长的埋藏演化过程，成岩作用十分复杂。其中影响储层形成的叠加因素主要为构造及热液，因此可以总结为：（1）以构造（裂缝）—热液作用为主的孔—洞—缝储集体；（2）以高角度构造裂缝体系为主的裂缝型储层。

1）以构造（裂缝）—热液作用为主的孔—洞—缝储集体

该类储集体主要表现为裂缝及其相关的扩大溶蚀缝、溶蚀孔及溶蚀洞，且溶蚀缝洞里面多充填石英、粗晶鞍状白云石等矿物。从灯影组缝洞体的产出特征分析，构造及热液作用对储层肯定存在积极的改造意义，但同时也会产生消极影响，例如构造活动相关的热液矿物充填会导致储集空间的较小。在古老碳酸盐岩地层中，埋藏阶段的构造裂缝作用及热液作用可以经常发生，这两种作用对储层形成的影响一直是个复杂的科学问题。该研究涉及作用期次、流体性质及来源、成岩环境等诸多不确定性因素。

2）以高角度构造裂缝体系为主的裂缝型储层

岩心描述发现，高石16井及高石21井多发育高角度构造缝，且高角度缝多为开启，且缝内多发育溶蚀现象，多被沥青充填。说明高角度缝的存在对改造储层有明显的积极意义。

二、储层分布预测

（一）储层岩石物理特征

川中地区灯影组产气优质储层主要类型为孔洞—裂缝孔洞型，表现为相对低速、低密度的测井特征。岩性变化对储层测井响应存在较大干扰，需要开展进一步岩石物理分析。研究区多数试气均为合试，试气厚度各不相同，根据高石16井、高石21井、合探1井、磨溪23井、磨溪39井、磨溪107井、高石108井、高石10井等的干层—差气层—气层孔隙度与声波时差的交会图可以看出（图4-12），储层孔隙度分布区间大于3%，孔隙度小于3%的多为致密层，因此可以通过孔隙度反演识别灯影组有效储层。

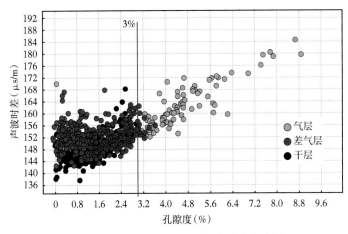

图4-12　灯影组声波时差与孔隙度交会图

（二）地震波形指示反演储层预测

灯影组产气优质储层主要类型为孔洞—裂缝孔洞型，岩石物理图版分析表明储层表现为相对低速、低密度的测井特征，这是开展波阻抗反演预测储层反演的基础。此次研究采用了地震波形指示反演方法，利用三维地震资料和测井曲线开展了反演工作。灯影组丘滩体储层在横向上变化大，反演结果的可靠程度还需要和其他预测方法综合考虑。图4-13是过灯二段和灯四段丘滩体的反演剖面，从图中可以看出，反演结果上可以清晰地刻画出丘滩体的横向边界特征。因而，孔隙度反演结果可以更好地反映丘滩体储层特征。

进一步提取灯二段和灯四段平均孔隙度平面图和储层厚度图，可以看出波形指示反演可以清晰地刻画灯影组丘滩体分布特征。川中三维区块刻画灯二段储层面积559km^2（图4-14、图4-15），灯四段刻画储层面积643km^2（图4-16、图4-17）。

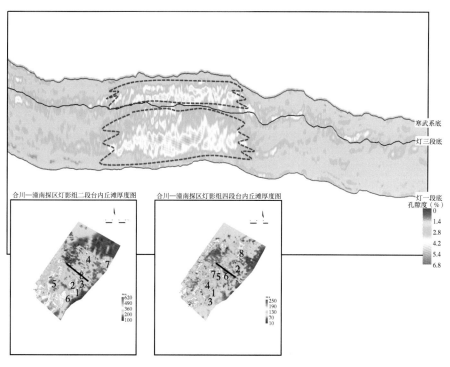

图 4-13 灯影组丘滩体反演剖面

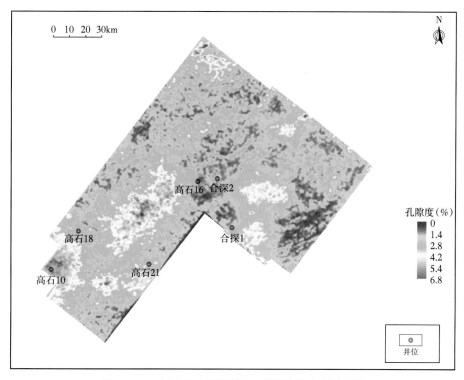

图 4-14 川中区块三维区灯二段平均孔隙度平面图

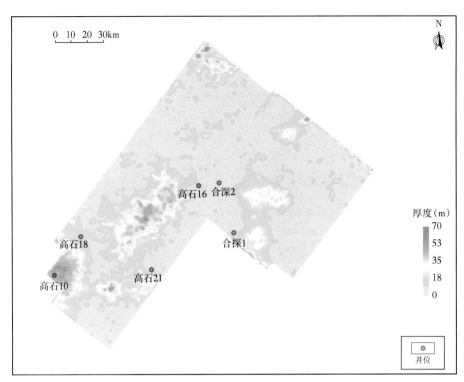

图 4-15　川中地区三维区灯二段储层厚度图

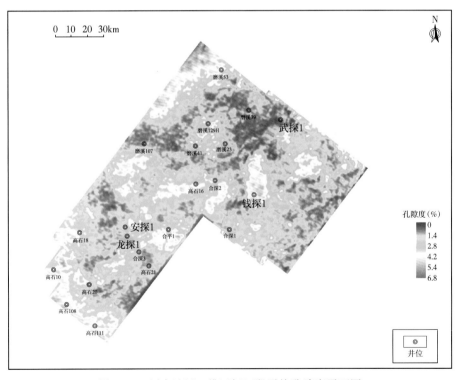

图 4-16　川中地区三维区灯四段平均孔隙度平面图

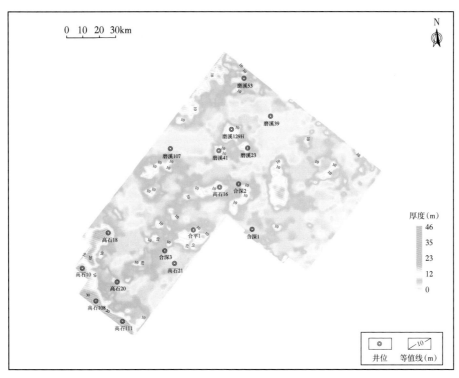

图 4-17 川中地区三维区灯四段储层厚度图

(三) 油气检测

CM 油气检测运用累计能量正态概率分析方法，对地震资料的振幅、频率等特征信息进行分析，根据敏感频率点确定高、低频段，计算低频段、高频段的累计能量及其与全局能量之比等属性参数。

钻井频率振幅谱分析结果表明 (图 4-18)，磨溪 129H 井测试日产气 $141×10^4 m^3$，表现出典型的双峰特征，低频段相对振幅峰值为 0.6~0.8，分布在 15Hz 以内的低频段；与位于高频段的次高峰落差很小；高频段分布在 20~50Hz；高石 8 井测试日产气 $76.72×10^4 m^3$，表现出与磨溪 129H 井相似的特征；高石 16 井测试日产气 $10.59×10^4 m^3$，表现出与磨溪

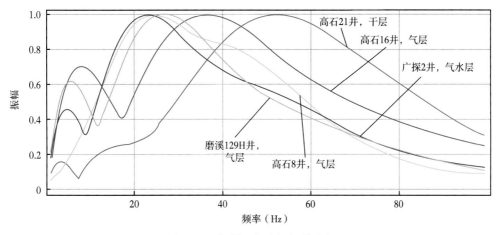

图 4-18 灯影组频率振幅谱分析

129H 井相似的特征；高石 21 井测试为干层，双峰特征不明显，即低频段能量弱，高频段分布在 40~80Hz，比磨溪 39 井和潼探 1 井高出 20~30Hz。

从过高石 16 井和高石 21 井油气检测属性图（图 4-19）中可以看出，高石 16 井气层表现出明显的高频能量属性低、低频能量属性高以及低频/高频能量比属性（Div）增大的特点，高石 21 井干层表现为明显的高频能量属性高、低频能量属性低以及低频/高频能量比属性（Div）减小的特点。

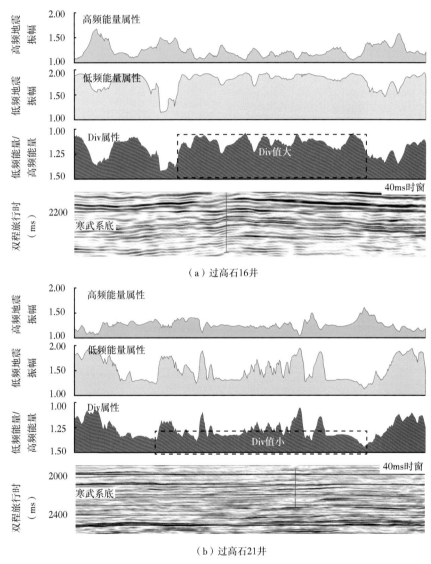

图 4-19 过高石 16 井和高石 21 井油气检测属性图

从过高石 16 井和高石 21 井 Div 属性剖面图（图 4-20）中可以看出，高石 16 井气层表现出明显的 Div 值增大的特点，高石 21 井干层表现为明显的 Div 值减小的特点。进一步提取灯二段（图 4-21）和灯四段（图 4-22）Div 属性平面分布图，通过与测试和测井解释对比，灯二段符合率为 84.3%，灯四段符合率为 85%。

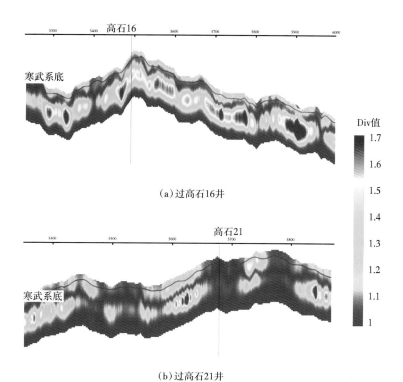

（a）过高石16井

（b）过高石21井

图 4-20　过高石 16 井和高石 21 井 Div 属性剖面图

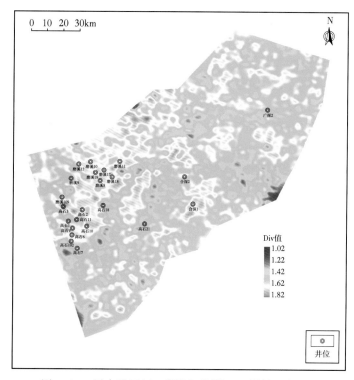

图 4-21　川中地区灯二段油气检测（Div 属性）平面图

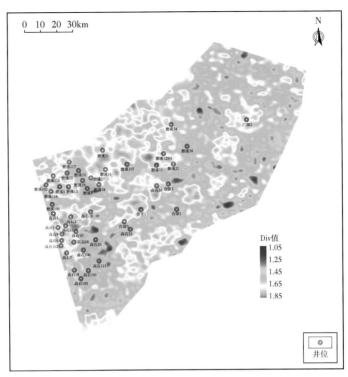

图 4-22　川中地区灯四段油气检测（Div 属性）平面图

第二节　寒武系龙王庙组储层特征及分布预测

研究表明，龙王庙组储层是在颗粒滩白云岩的基础上叠加了加里东期—海西期的风化壳岩溶改造所形成的。大量颗粒滩储层勘探实践和相关研究表明，滩控型储层的孔隙演化受不同构造、沉积背景和成岩演化的联合控制，不同类型的颗粒滩储层存在明显分异。因此在研究龙王庙组颗粒滩发育的地质特征基础上，开展精细地震解释，落实颗粒滩发育的微幅构造和储层厚度，同时通过地震属性和储层反演技术预测储层的平面分布特征。

一、储层成因类型及特征

（一）储层岩石学特征

岩心及薄片观察表明，川中地区龙王庙组主要储层的岩石学类型为颗粒（砂屑）云岩及结晶云岩（图 4-23、图 4-24）。

在颗粒云岩中，砂屑云岩为主要的有利储层，其主要储集空间是溶蚀孔、溶蚀洞。工区内鲕粒云岩储层欠发育。结晶云岩指主要由白云石晶粒组成的白云岩，残余沉积组构难以辨认。根据晶粒的大小又可进一步分为泥—微晶云岩、粉晶云岩、细晶云岩。泥—微晶及粉晶云岩中，较少发育有效的储集空间。细晶—中晶云岩可见少量的晶间孔，局部扩溶形成晶间溶孔和小洞，岩心上也观察到密集顺层分布的溶孔和小洞，可构成较好的储层。工区内龙王庙组砂屑云岩与晶粒云岩均发育好的溶蚀孔洞，且砂屑云岩占主体，其孔隙发育程度相对高于晶粒云岩；而潼探 1 井龙王庙组储集空间发育程度较高，工区东北部边缘的广探 2 井溶蚀孔洞几乎不发育。

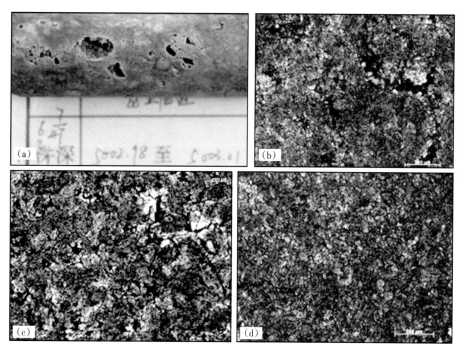

图 4-23　潼探 1 井龙王庙组储层岩石学特征

（a）灰色砂屑云岩，溶蚀孔洞，潼探 1 井，5002.98m；（b）砂屑云岩，残余砂屑结构，溶蚀孔，潼探 1 井，4995.87m；
（c）中晶云岩，白云石结晶程度高，溶蚀晶间孔，潼探 1 井，5007.7m；（d）粉晶云岩，无溶蚀孔，潼探 1 井，4989.1m

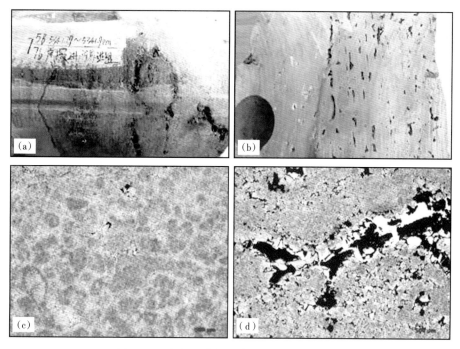

图 4-24　广探 2 井龙王庙组储层岩石学特征

（a）砂屑云岩，见溶蚀孔洞，广探 2 井，5341.9m；（b）细晶云岩，见顺层发育的溶蚀孔洞，广探 2 井，5343.37m；
（c）砂屑云岩，少量溶蚀孔，广探 2 井，5341.9m；（d）细晶云岩，溶蚀孔，广探 2 井，5343.37m

(二)储集空间类型

川中地区寒武系龙王庙组储集空间类型相对简单,主要为溶蚀孔及溶蚀洞,裂缝相关储集空间欠发育。

1. 孔隙

1)粒间溶孔

粒间溶孔是在残余粒间孔基础上发生溶蚀扩大或粒间白云石胶结物被强烈溶蚀而产生的孔隙。研究区粒间溶孔主要发育在颗粒云岩,以 0.5~2mm 大小为主,局部与小型溶洞伴生。工区内白云岩多见藻屑及其相关的残余结构,说明白云石化作用不彻底,但可以看到藻类及藻颗粒影响孔隙形成的痕迹,进一步支撑沉积环境能够影响溶蚀孔隙的形成。

2)晶间溶孔

晶间孔多为微晶云岩经重结晶转变为较粗晶粒云岩的过程中,由细小晶间孔重新调整而成。孔径一般较大,多为 0.1~2mm,位于自形、半自形白云石晶体间,呈不规则多边形,分布不规则,连通性较差(图 4-24d)。晶间溶蚀孔多发育在较粗粒的白云岩中,这种类型白云岩可能于埋藏或热液白云石化有关。其建设性与破坏性作用对储层形成影响研究目前还处于探索之中。

2. 溶洞

溶洞指直径大于 2mm 的各类溶蚀空间。溶洞的形成与各类溶孔形成机理相似,只是与溶孔相比,溶洞的大小和规模更大。研究区溶洞主要特征为(图 4-24d):砂屑云岩中发育,有孤立的大小不一的洞(图 4-23a)常沿纹层发育,也有溶洞长轴与构造裂缝方向一致(图 4-24b)。

(三)储层成因特征

根据岩心揭示的储集空间和沉积特征综合分析,龙王庙组储层基本特征归纳总结为三种类型:(1)以密集、顺层的溶蚀孔为主的砂屑云岩(图 4-25);(2)以溶孔为主、零星小洞为发育、具"花斑状"结构的结晶云岩储层(Ⅲ类)(图 4-26a 和 b);(3)针状溶蚀孔斑状云岩储层(图 4-20c 和 d)具体特征如下:

(1)高能砂屑台内滩是优质储层形成的物质基础,风暴滩及鲕粒滩储集空间欠发育。通过分析潼探 1 井、广探 2 井及合 12 井龙王庙组及洗象池组岩心资料,可以明显发现一个规律:丰富的溶蚀孔、溶蚀洞主要发育在斑状砂屑云岩、残余砂屑结晶云岩中,而在鲕粒云岩及风暴云岩中几乎见不到溶蚀孔隙。该现象可以很好地支撑高能相带是优质储层发育的物质基础的认识。当然,既然优质储层受控于高能相对,那么垂向上同样受高频海平面变化相关的高频层序影响,溶蚀孔洞多发育在层序的上部。

(2)龙王庙组存在风化壳岩溶作用证据。一般来说,风化壳岩溶作用叠加改造是碳酸盐岩储层形成的关键。前期研究表明,龙王庙组顶部接收了短时间的高频海平面下降相关的暴露,可能存在准同生期的风化壳岩溶作用(谭秀诚,2014)。本次研究发现了在龙王庙组上部存在岩溶角砾岩的证据(图 4-27),进一步证实风化壳岩溶的存在。但是,多口井的岩性观察证实洗象池组并无风化壳岩溶作用的证据,进一步证实洗象池组与奥陶系底部是连续沉积。

(四)储层对比及分布

与灯影组储层对比分析的思想类似,龙王庙组储层主要受高能相带控制。因此,在储层对比图中主要继承沉积相对比图的思想,认为高能台内滩是储层发育的主要部位。从过

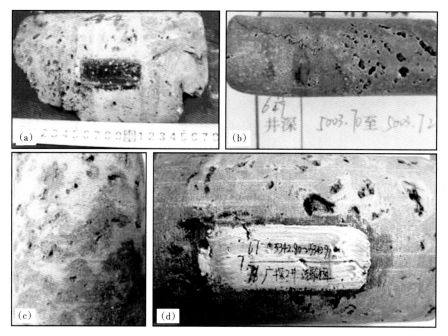

图 4-25 龙王庙组密集、顺层的溶蚀孔及溶蚀洞

(a)砂屑细晶云岩，蜂窝状小洞，磨溪 20 井，4608.1m；(b)砂屑云岩中密集顺层小洞，潼探 1 井，
5003.7m；(c)斑状砂屑云岩，见溶蚀孔及溶蚀洞，顺层发育，广探 2 井，5345.2m；
(d)斑状砂屑云岩，溶蚀洞，广探 2 井，5342.8m

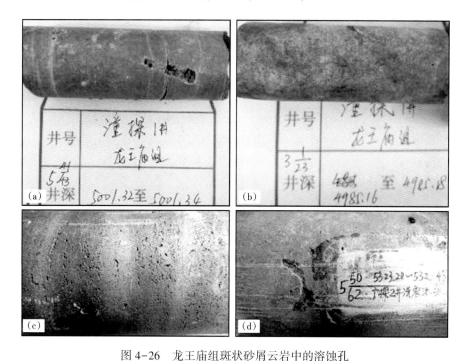

图 4-26 龙王庙组斑状砂屑云岩中的溶蚀孔

(a)斑状砂屑云岩，针状溶蚀孔为主，少量溶蚀洞，潼探 1 井，5001.3m；(b)斑状云岩中的针
状溶蚀孔，潼探 1 井，4985.18m；(c)砂屑云岩，针状溶蚀孔，广探 2 井，5320.1m；
(d)砂屑云岩，针状溶蚀孔，广探 2 井，5323.2m

图 4-27　龙王庙组风化壳岩溶作用证据

(a)浅灰色砂屑细晶云岩，见溶蚀孔，岩表现出不规则的角砾化，角砾间见充填灰色渗流物质，磨溪 203 井，4769.3m；（b）斑状角砾岩，角砾为浅灰色砂屑，角砾不规则，成分单一，角砾间为深灰色岩溶物质

磨溪 16 井—磨溪 46 井—高石 16 井—高石 113 井—合探 1 井储层对比剖面及高石 112 井—高石 16 井—磨溪 23 井—磨溪 39 井—广探 2 井储层对比剖面可以看出，龙王庙组垂向上发育两个有利储集带，集中在层序的高位体系域。横向上，储层向东逐渐减薄。

二、储层预测

（一）储层岩石物理特征

龙王庙组颗粒滩储层由于储集空间会导致速度和密度显著下降，而密度对龙王庙组颗粒滩储层具有较好的识别作用。通过建立密度和孔隙度的线性关系（图 4-28），获取孔隙度曲线（样本井为高石 16 井、高石 21 井、合探 1 井、磨溪 23 井、磨溪 39 井、高石 112 井、高石 113 井），测井解释得到的储层解释结论作为划分储层的依据，储层孔隙度门槛值为 3.2%，因此可以通过孔隙度曲线识别龙王庙组颗粒滩储层（图 4-29）。

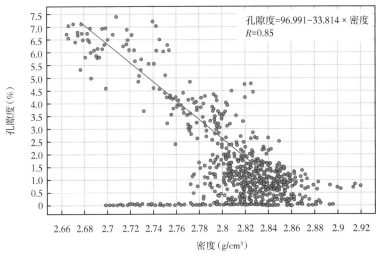

孔隙度=96.991-33.814×密度
R=0.85

图 4-28　孔隙度与密度交会图

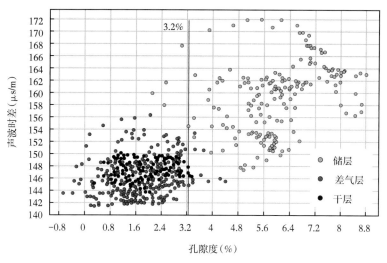

图4-29 孔隙度和声波时差交会图

(二)地震波形指示反演储层预测

颗粒滩储层含气后速度会明显变低,与围岩形成较大的波阻抗差异。岩石物理图版分析表明龙王庙组颗粒滩储层与非储层孔隙度存在明显的差异,这是孔隙度预测的基础。此次研究采用了地震波形指示反演方法,利用三维地震资料和测井曲线开展了反演工作,碳酸盐岩生物礁储层在横向上变化大,反演结果的可靠程度还需要和其他预测方法综合考虑。图4-30是过高石112井—高石16井—磨溪23井—磨溪39井孔隙度反演结果。从图中可以看出,反演结果与实际钻井测试结果吻合(高石16井测试日产气20.44×10⁴m³,磨溪23井测试日产气110.8×10⁴m³,高石112为水层,磨溪39井为干层),因而孔隙度反演结果可以更好地反映龙王庙组颗粒滩储层特征。

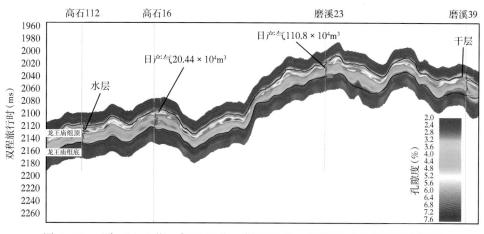

图4-30 过高石112井—高石16井—磨溪23井—磨溪39井孔隙度反演剖面

进一步提取龙王庙组平均孔隙度平面图(图4-31)和储层厚度图(图4-32),可以看出波形指示反演可以清晰地刻画龙王庙组颗粒滩分布特征。三维区块刻画龙王庙组反演预测有利储层面积1120.5km²,通过与测井解释储层吻合率为95%,厚度误差多数小于2m。

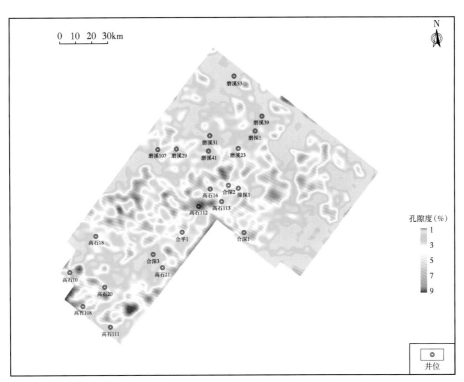

图 4-31 川中地区三维区龙王庙组孔隙度反演平面图

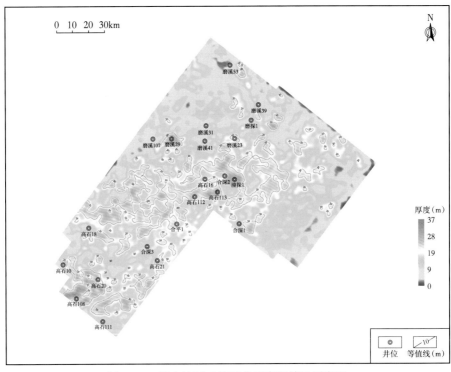

图 4-32 川中地区三维区龙王庙组储层厚度图

三、油气检测

CM油气检测运用累计能量正态概率分析方法，对地震资料的振幅、频率等特征信息进行分析，根据敏感频率点确定高、低频段，计算低频段、高频段的累计能量及其与全局能量之比等属性参数。

钻井频率振幅谱分析结果（图4-33）表明：磨溪23井测试日产气$110.8×10^4m^3$，表现出典型的双峰特征，低频段相对振幅峰值为0.6~0.8，分布在15Hz以内的低频段；与位于高频段的次高峰落差很小；高频段分布在20~40Hz；高石16井测试日产气$20.44×10^4m^3$，表现出与磨溪23井相似的特征，高频段分布在20~50Hz；磨溪39井测试为干层，高石112井测试为水层，两口井均表现出双峰特征不明显，即低频段能量弱，高频段分布在40~80Hz，比磨溪39井和潼探1井高出20~40Hz。

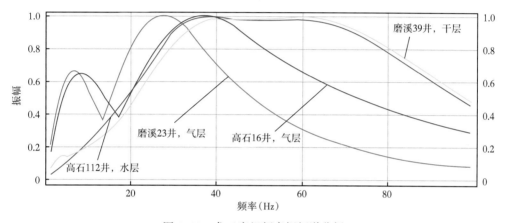

图4-33 龙王庙组频率振幅谱分析

从过磨溪23井和磨溪39井油气检测属性图（图4-34）中可以看出，磨溪23井气层表现出明显的Div值增大的特点，磨溪39井干层表现为Div值减小的特点。从过高石112

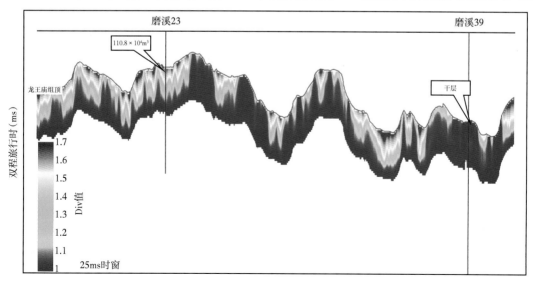

图4-34 过磨溪23井和磨溪39井油气检测剖面

井—高石 16 井油气检测剖面可以看出，高石 16 井测试气层表现出明显的 Div 值增大的特点，高石 112 水层表现为 Div 值减小的特点。龙王庙组油气检测属性能够很好地检测龙王庙组含气性。

进一步提取龙王庙组 Div 属性平面分布图（图 4-35），通过与测试和测井解释对比，符合率为 84.6%。

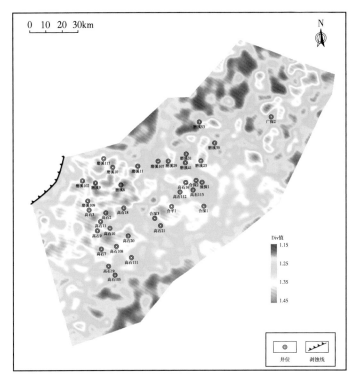

图 4-35　川中地区龙王庙组油气检测（Div 属性）平面图

第三节　寒武系洗象池组储层特征及分布预测

一、储层成因类型及特征

（一）储层岩石学特征

岩心及薄片观察表明，川中地区洗象池组主要储层的岩石学类型为颗粒（砂屑）云岩及结晶云岩（图 4-36）。

在颗粒云岩中，砂屑云岩为主要的有利储层，其主要储集空间是溶蚀孔、溶蚀洞。鲕粒云岩储层欠发育。结晶云岩指主要由白云石晶粒组成的白云岩，残余沉积组构难以辨认。根据晶粒的大小又可进一步分为泥—微晶云岩、粉晶云岩、细晶云岩。泥—微晶及粉晶云岩中，较少发育有效的储集空间。细晶—中晶云岩可见少量的晶间孔，局部扩溶形成晶间溶孔和小洞，岩心上也观察到密集顺层分布的溶孔和小洞，可构成较好的储层。洗象池组晶粒云岩发育程度（占比）要大于颗粒云岩，且晶粒云岩内孔隙发育程度也要好于颗粒（砂屑）云岩。广探 2 井储层发育程度高，储集岩性中晶粒云岩占主体；合 12 井储层发育程度低，在少量的晶粒云岩及砂屑云岩中发育溶蚀孔，且溶蚀洞欠发育。

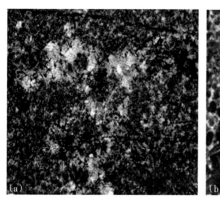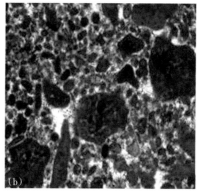

图 4-36 合 12 井洗象池组储层岩石学特征

(a) 残余砂屑云岩，溶蚀孔，合 12 井，2-81 块；(b) 砂屑云岩，合 12，7-1 块

(二) 储集空间类型

川中地区寒武系洗象池组储集空间类型相对简单，主要为溶蚀孔及溶蚀洞，裂缝相关储集空间欠发育。

1. 孔隙

1) 粒间溶孔

粒间溶孔是在残余粒间孔基础上发生溶蚀扩大或粒间白云石胶结物被强烈溶蚀而产生的孔隙。研究区粒间溶孔主要发育在颗粒云岩，孔径以 0.5~2mm 大小为主，局部与小型溶洞伴生。白云岩多见藻屑及其相关的残余结构，说明白云石化作用不彻底，但可以看到藻类及藻颗粒影响孔隙形成的痕迹，进一步支撑沉积环境能够影响溶蚀孔隙的形成。

2) 晶间溶孔

晶间孔多为微晶云岩经重结晶转变为较粗晶粒云岩的过程中，由细小晶间孔重新调整而成。孔径一般较大，多为 0.1~2mm，位于自形、半自形白云石晶体间，呈不规则多边形，分布不规则，连通性较差。晶间溶蚀孔多发育在较粗粒的白云岩中，这种类型白云岩可能于埋藏或热液白云石化有关。其建设性与破坏性作用对储层形成影响研究目前还处于探索之中。

2. 溶洞

溶洞指直径大于 2mm 的各类溶蚀空间。溶洞的形成与各类溶孔形成机理相似，只是与溶孔相比，溶洞的大小和规模更大。研究区溶洞主要特征为：砂屑云岩中发育，有孤立的大小不一的洞常沿纹层发育，也有溶洞长轴与构造裂缝方向一致。

(三) 储层对比及分布

与灯影组储层对比分析的思想类似，洗象池组储层主要受高能相带控制。因此，在储层对比图中主要继承沉积相对比图的思想，认为高能台内滩是储层发育的主要部位。从过磨溪 16 井—磨溪 46 井—高石 16 井—高石 113 井—合探 1 井储层对比剖面及高石 112 井—高石 16 井—磨溪 23 井—磨溪 39 井—广探 2 井储层对比剖面可以看出，洗象池组垂向上发育两个有利储层带，横向上大面积分布。龙王庙组储地比较洗象池组大。

二、储层预测

(一) 储层岩石物理特征

洗象池组颗粒滩储层由于储集空间会导致速度和密度显著下降，而密度对洗象池组颗粒滩储层具有较好的识别作用。通过建立密度和孔隙度的线性关系，获取孔隙度曲线（样本井为高石 16 井、高石 21 井、合探 1 井、磨溪 23 井、高石 112 井、高石 113 井、潼探 1 井），测井解释得到的储层解释结论作为划分储层的依据，储层孔隙度门槛值为 4.0%，因此可以通过孔隙度曲线识别洗象池组颗粒滩储层（图 4-37）。

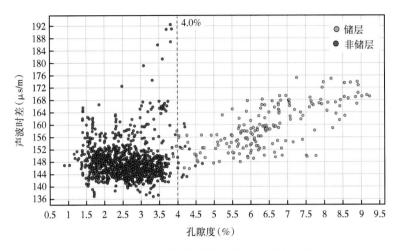

图 4-37　洗象池组孔隙度和声波时差交会图

(二) 地震波形指示反演储层预测

岩石物理图版分析表明洗象池组颗粒滩储层与非储层孔隙度存在明显的差异，这是孔隙度预测的基础。此次研究采用了地震波形指示反演方法，利用地震资料和测井曲线开展了反演工作，碳酸盐岩生物礁储层在横向上变化大，反演结果的可靠程度还需要和其他预测方法综合考虑。图 4-38 是过高石 112 井—高石 16 井—磨溪 23 井—磨溪 39 井孔隙度反演结果，从图中可以看出，反演结果与实际钻井测试结果吻合（高石 16 井测试日产气 7.82×10⁴m³，磨溪 23 井测试日产气 2.11×10⁴m³），因而孔隙度反演结果可以更好地反映洗象池组颗粒滩储层特征。

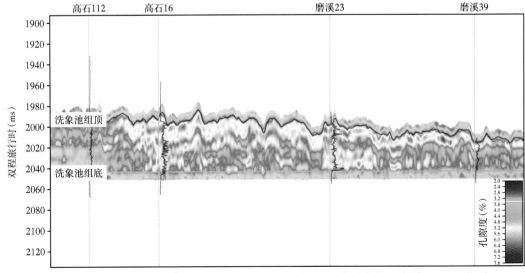

图 4-38　过高石 112 井—高石 16 井—磨溪 23 井—磨溪 39 井孔隙度反演剖面（Cm_{2x} 拉平）

进一步提取洗象池组平均孔隙度（图4-39）和储层厚度图（图4-40），可以看出波形指示反演可以清晰地刻画洗象池组颗粒滩分布。三维区块刻画洗象池组预测有利储层518km²，与测井解释储层吻合率为94%。

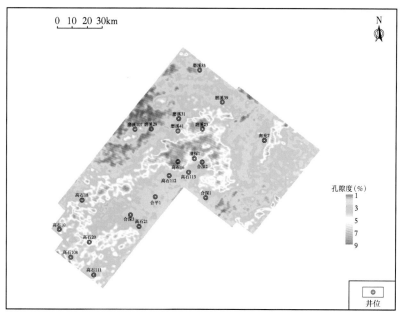

图4-39　川中地区三维区洗象池组平均孔隙度平面图

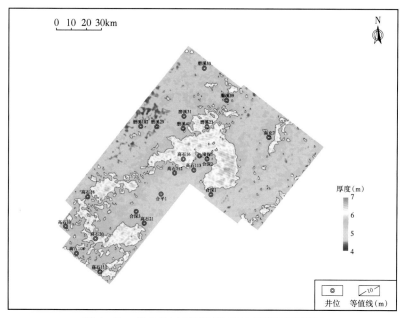

图4-40　川中地区三维区洗象池组储层厚度图

三、油气检测

CM油气检测运用累计能量正态概率分析方法，对地震资料的振幅、频率等特征信息进行分析，根据敏感频率点确定高、低频段，计算低频段、高频段的累计能量及其与全局能量之比等属性参数。

钻井频率振幅谱分析结果（图4-41）表明，高石16井测试日产气7.82×10⁴m³，表现出典型的双峰特征，低频段相对振幅峰值为0.6~0.8，分布在15Hz以内的低频段，与位于高频段的次高峰落差很小；高频段分布在20~60Hz；磨溪23井测试日产气2.11×10⁴m³，表现出与高石16井相似的特征，高频段分布在20~60Hz；磨溪41井测试为干层，表现出双峰特征不明显，即低频段能量弱，高频段分布在30~80Hz，比高石16井和磨溪23井高出10~20Hz。

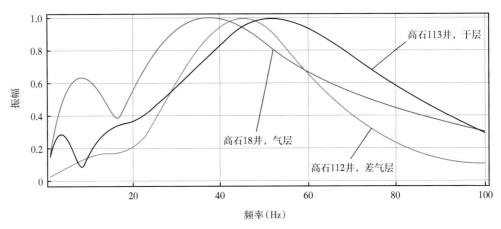

图4-41　洗象池组频率振幅谱分析

从过高石16井和高石113井油气检测剖面上（图4-42）可以看出，高石16井低频/高频能量比属性明显异常。

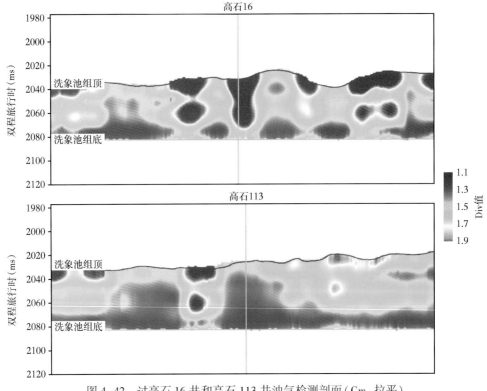

图4-42　过高石16井和高石113井油气检测剖面（Cm_{2x}拉平）

进一步提取洗象池组（图4-43）油气检测Div属性平面分布图，通过与测试和测井解释对比，符合率为84.6%。

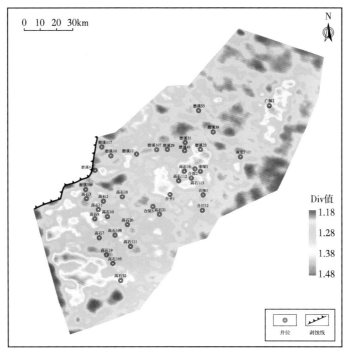

图4-43 川中地区洗象池组油气检测（Div属性）平面图

第四节 二叠系栖霞—茅口组储层特征及分布预测

一、储层成因类型及特征

(一)储层岩石学特征

栖霞—茅口组主要储层特征为：

(1)溶蚀孔洞缝生屑云岩储层（图4-44）。这类储层以白云岩为主要特征，发育较好的溶蚀孔、溶蚀洞，通常与裂缝伴生，表现出孔洞缝储集体。岩石学特征上，明显见到残余的生屑结构，说明白云石化的宿主岩为生屑灰岩。

(2)溶蚀孔洞缝灰岩储层。该储集体主要发育在茅口组顶部，表现为不规则（角砾化）孔洞缝储集体，多被深灰色泥质及方解石充填，为典型风化壳岩溶作用的产物（图4-45）。

(二)溶蚀孔洞缝热液白云岩储层地质模型

1. 岩石学特征

通过对川中地区广参2井茅口组取心（4615~4574m）段的分析，发现了24m厚的深灰色—灰色残余生屑中晶—粗晶云岩，岩心的溶蚀孔洞和裂缝非常发育，大部分孔洞缝中充填了白云石晶簇。此外，广探2井白云岩溶蚀缝中也发现粗晶白云石。薄片分析认为该白云岩为中晶云岩，半自形—他形，部分晶面弯曲，见残余生屑和残余砂屑，可见原岩为生屑灰岩，见部分明亮的粗晶云岩。分析岩心溶洞中的白云岩晶体，为典型的粗晶—巨晶云岩，在单偏光下，晶体平均直径大于1mm，为典型的鞍状白云石，正交偏光下，见波状消光。

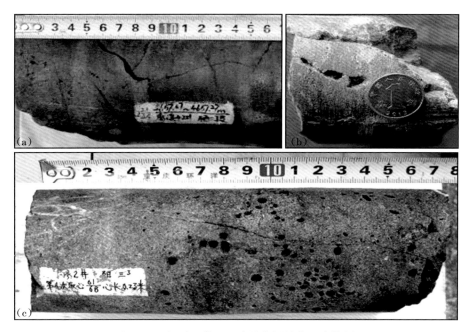

图 4-44　栖霞—茅口组溶蚀孔洞缝白云岩储层

（a）残余生屑云岩，见针状溶蚀孔及少量溶蚀洞，不规则溶蚀缝，构成为孔洞缝储集体，磨溪 42 井，4657m，
栖霞组；（b）残余生屑云岩，见裂缝及扩大溶蚀缝，缝内充填粗晶白云石，广探 2 井，茅口组，4717.9m；
（c）灰色生屑云岩，见大量溶蚀孔、洞及裂缝，构成孔洞缝储集体，广参 2 井，4-61/68，茅口组

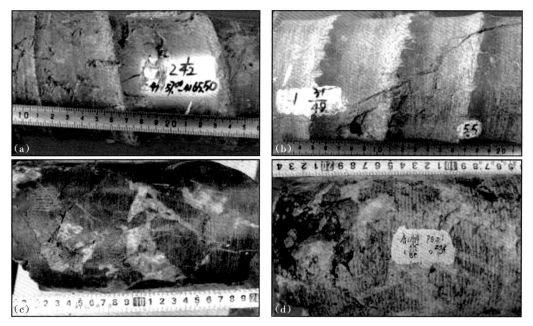

图 4-45　茅口组孔洞缝石灰岩储层特征

（a）泥晶生屑灰岩，不规则网状缝及溶蚀孔洞，被泥质及方解石充填，潼探 1 井，4157m；（b）灰色泥晶生屑灰岩，
见高角度裂缝，被泥质充填，潼探 1 井，4154.1m；（c）灰色泥晶生屑灰岩，见不规则网状裂缝及少量溶蚀孔，裂缝
被方解石及深灰色泥质充填，涞 1 井，4078.8m；（d）角砾化灰岩，裂缝、方解石及深灰色泥质不规则呈现，
合 12 井，茅口组，3929m

2. 同位素分析

川中地区广参2井白云岩碳氧同位素特征(图4-46)如下:

(1)中粗晶云岩的$\delta^{13}C(PDB)$为3.44‰~3.7‰，鞍状白云石为3.56‰，其值在中粗晶云岩的变化区间内，可以说明鞍状白云石与中粗晶云岩的亲缘关系，两者的形成应该受到相同因素的影响;

(2)中粗晶云岩的$\delta^{18}O(PDB)$为-7.64‰~-7.77‰，鞍状白云石为-7.95‰，两者$\delta^{18}O$(PDB)值相近，平均为-7.78‰，而海相泥晶灰岩$\delta^{18}O(PDB)$-2.95‰~-3.61‰，平均为-3.31‰，明显高于海相泥晶灰岩和川西北埋藏白云岩的值(-6.38‰)，但要小于川西南地区(-10.73‰)，说明该区白云岩经历热分馏作用，但高温事件的影响程度要低于川西南地区;

(3)将川中地区中粗晶云岩的$\delta^{13}C-\delta^{18}O$值，投影在碳酸盐沉积物、胶结物的碳—氧同位素判别图版 (Chaqutte 和 James，1990)上，可以看出$\delta^{13}C-\delta^{18}O$值投影在马鞍状白云石晶体区间，表明经历了深埋藏热液白云石化作用。

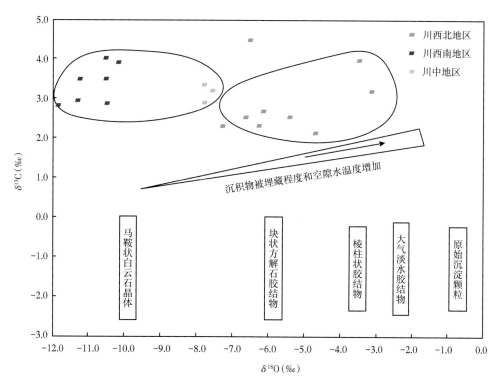

图4-46 川西北、川西南和川中地区栖霞—茅口组白云岩碳氧同位素与碳酸盐
沉积物、胶结物判别图版的对比

3. 稀土元素分析

川中地区广参2井、潼4井白云岩和石灰岩的稀土元素分布规律可以看出，生屑灰岩平均ΣREE为4.7×10^{-6}。Eu<1 负异常，Ce>1 正异常，表明沉积环境具有弱还原性。其中特殊的是广参2井中晶云岩 Eu 明显大于1，说明存在高温环境，热液成因特征较为明显。REE 配分模式表现为轻稀土略富集、重稀土略亏损的右倾型特征，$\Sigma LREE/\Sigma HREE$ 与海相正常石灰岩相近(图4-47)。

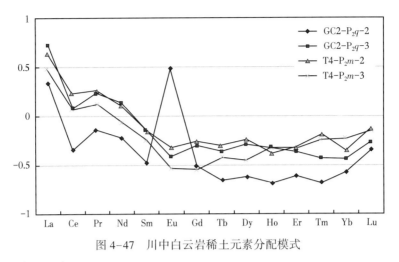

图 4-47　川中白云岩稀土元素分配模式

4. 包裹体均一温度

结合川西南地区包裹体均一温度分析的认识，同样可以推断出广参 2 井白云岩储层形成的时间上限为侏罗纪。分析川中广参 2 井埋藏—热史曲线可以看出，其最大埋深约 6500m，侏罗纪埋藏深度范围为 3200～4700m，地温变化范围为 105～145℃。而该井茅口组鞍状白云石中包裹体均一温度为 125～160℃，均一温度的主要区间集中在 155℃左右（图 4-48），明显高于侏罗纪时期正常的地温变化区间。Davies（2006）统计了大量的热液白云岩包裹体的均一温度，指出其形成的温度一般在 60～250℃，但大部分在 90～120℃之间。综合这一特征，可以明确指出川中广参 2 井白云岩的形成受到了热事件的影响，属于热液成因白云岩。

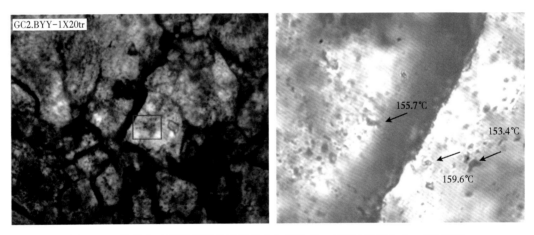

图 4-48　鞍状白云石颗粒裂纹附近盐水包裹体均一温度（广参 2 井，茅口组）

综合上述岩石学、同位素、微量元素以及包裹体均一温度等证据，说明以广参 2 井、广探 2 井、磨溪 42 井为代表的川中地区存在栖霞—茅口组的热液白云岩。

5. 热液白云岩地质模型

综合分析白云岩成因类型和形成的主控因素，总结出川中地区栖霞—茅口组基底断裂相关的热液白云岩成因地质模型（图 4-49）。该模型表明，基底断裂的活动造就了川中古隆起，栖霞—茅口组在川中东部地区对下伏地层削蚀，该削蚀处是古隆起的边缘。

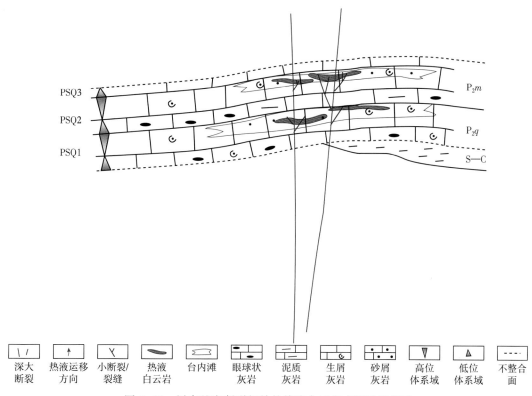

图 4-49　川中基底断裂相关的热液白云岩成因地质模型

　　古隆起边缘形成了古地形高，是上覆栖霞—茅口组台内滩发育的有利部位，而大断裂在栖霞—茅口组沉积后继续活动，带来了下伏地层中的富镁热液流体，与渗透性好的石灰岩(台内滩、断裂或裂缝发育处)发生热液白云石化反应，形成热液白云岩。可见，基底断裂是内因，古隆起边缘、台内滩、断裂裂缝是外因，内因与外因有机结合造就了川中地区热液白云岩的广泛发育。由此可见，张扭型基底断裂的活动带来了深部富镁离子的热液流体，该流体容易在高能相带或断层裂缝发育带中与石灰岩发生热液白云石化作用，形成热液白云岩。因此以川中地区热液白云岩成因地质模型为指导，结合白云岩储层地震响应特征，可以较大程度地实现白云岩储层的预测。

　　在成因地质模型的基础上，以广参 2 井为依托，精细解剖过该井的地震剖面，总结热液白云岩的地震响应特征(图 4-50)。广参 2 井在茅口组上部发育了约 40m 厚的白云岩，白云岩的宿主灰岩为台内生屑滩沉积。从地震剖面上可以看出，有两条基底断裂发育在广参 2 井附近，该断裂为张扭型基底断裂，在茅口组顶部白云岩发育段，地震响应上存在整体为弱振幅的情况下，见薄层的相对强振幅响应，且连续性较差，呈蠕虫状，而白云岩段正好对应这段强振幅(该层段地震剖面的主频为 45Hz，可以分辨出的最小地层厚度为 25m，因此在大套均质石灰岩地层中出现一套 40m 厚的物性相对较好的白云岩地层，可以产生一个波阻抗界面)，同时宏观地震响应上表现为下凹的特征。

　　综上所述，分析川中地区栖霞—茅口组地震响应特征，总结出白云岩储层地震识别规律为：(1)层位上一般发育在栖霞组上部和茅口组中上部的高位体系域中的台内滩中；(2)有基底断裂发育；(3)地震同相轴见下凹的发生特征；(4)弱振幅背景下的强振幅发生，该反射具有蠕虫状，连续性差。

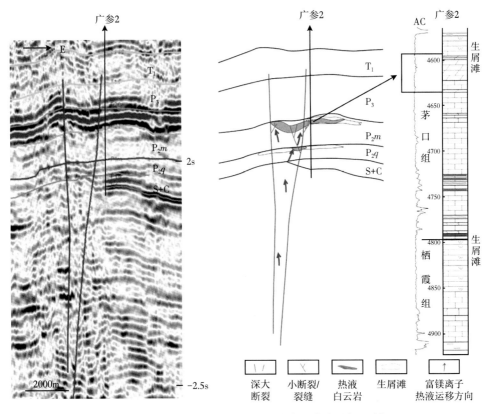

图 4-50　川中地区栖霞—茅口组热液白云岩成因解释剖面

(三)风化壳岩溶作用相关的孔洞缝石灰岩储层

风化壳岩溶作用可以积极改造碳酸盐岩，形成缝洞体储层。茅口组顶部为区域性不整合面，风化壳岩溶作用形成了规模型缝洞储层，这一点四川盆地勘探成果早已证实，本次研究不一一赘述。

(四)储层对比及分布

栖霞组储层主要受控于高能相带及热液白云石化作用，茅口组储层主要受控于热液白云石化作用及风化壳岩溶作用。过磨溪 16 井—磨溪 46 井—高石 16 井—高石 113 井—合探 1 井储层对比剖面及高石 21 井—高石 112 井—高石 113 井—潼探 1 井—南充 7 井—广探 2 井可以看出，栖霞组热液白云岩储层厚度差异大、横向连续性差，主要发育在栖霞组中上部，可能受高能相带控制。过磨溪 16 井—磨溪 46 井—高石 16 井—高石 113 井—合探 1 井储层对比剖面及高石 21 井—高石 112 井—高石 113 井—潼探 1 井—南充 7 井—广探 2 井可以看出，茅口组岩溶风化壳缝洞型储层集中发育在顶部，具有准层状，厚度在 10~30m 范围。热液白云岩储层厚度变化大、横向连续性差，在茅口组任意井段均有发育。

二、储层预测

(一)栖霞组储层预测

1. 储层岩石物理特征

栖霞组颗粒滩储层由于储集空间会导致速度和密度显著下降，而密度对栖霞组颗粒滩储层具有较好的识别作用。通过建立密度和孔隙度的线性关系，获取孔隙度曲线（样本井为高石 16 井、高石 112 井、合探 1 井、磨溪 23 井、高石 18 井、磨溪 41 井、南充 7 井、潼探 1 井、涞 1 井），测井解释得到的储层解释结论作为划分储层的依据，储层孔隙度门槛值为 4.4%，因此可以通过孔隙度曲线识别栖霞组颗粒滩储层（图 4-51）。

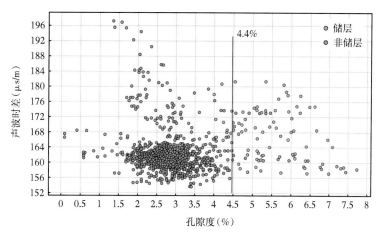

图 4-51　栖霞组孔隙度和声波时差交会图

2. 地震波形指示反演储层预测

颗粒滩储层含气后速度会明显变低，与围岩形成较大的波阻抗差异。岩石物理图版分析表明栖霞组颗粒滩储层与非储层孔隙度存在明显的差异，这是孔隙度预测的基础。此次研究采用了地震波形指示反演方法，利用三维地震资料和测井曲线开展了反演工作，碳酸盐岩颗粒滩储层在横向上变化大，反演结果的可靠程度还需要和其他预测方法综合考虑。图 4-52 是过高石 112 井—高石 16 井—磨溪 23 井—磨溪 39 井孔隙度反演结果，从图中可以看出反演结果和实际钻井结果相符，因而孔隙度反演结果可以更好地反映栖霞组颗粒滩储层特征。

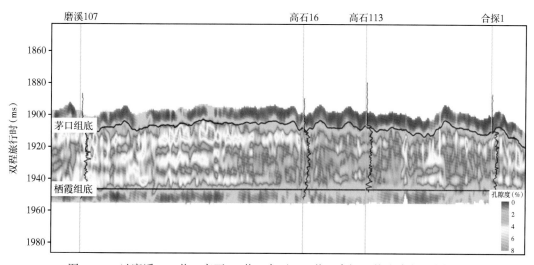

图 4-52　过磨溪 107 井—高石 16 井—高石 113 井—合探 1 井孔隙度反演剖面

进一步提取栖霞组平均孔隙度（图4-53）和储层厚度图（图4-54），可以看出波形指示反演可以清晰地刻画栖霞组颗粒滩分布。三维区块刻画栖霞组预测有利储层面积839km²，与测井解释储层吻合率为91%。

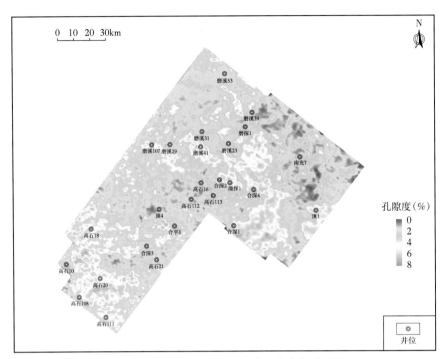

图4-53　川中地区三维区栖霞组孔隙度平面图

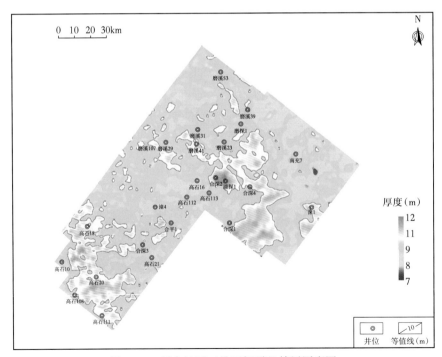

图4-54　川中地区三维区栖霞组储层厚度图

（二）茅口组储层预测

1. 储层岩石物理特征

茅口组颗粒滩储层以及断溶体储层由于储集空间会导致速度和密度显著下降，而密度对断溶体储层具有较好的识别作用。通过建立密度和孔隙度的线性关系，获取孔隙度曲线（样本井为高石16井、高石112井、合探1井、磨溪23井、磨溪39井、高石112井、南充7井、潼探1井、涞1井），储层孔隙度门槛值为3.6%，因此可以通过孔隙度曲线识别茅口组储层（图4-55）。

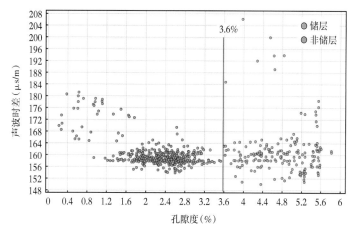

图4-55　茅口组声波时差与孔隙度交会图

2. 地震波形指示反演储层预测

茅口组断溶体储层和热液白云岩储层孔隙和裂缝—溶洞发育，岩石物理图版分析表明储层与非储层孔隙度存在明显的差异，这是开展孔隙度反演预测储层的基础。此次研究采用了地震波形指示反演方法，利用三维地震资料和测井曲线开展了反演工作，断溶体储层在横向上变化大，反演结果的可靠程度还需要和其他预测方法综合考虑。图4-56是过高

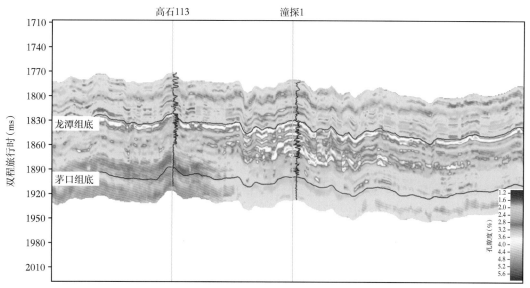

图4-56　过高石113井和潼探1井孔隙度反演剖面

石 113 井和潼探 1 井的孔隙度反演结果，可以清晰地看出纵向上储层与隔夹层的叠置关系。因而波阻抗反演结果可以更好地反映茅口组断溶体储层和颗粒滩储层特征。

进一步提取茅口组孔隙度平面图（图 4-57），可以看出高孔隙区域主要分布在潼 4 井区、潼探 1 井区、磨溪 39 井区、南充 7 井区、涞 1 井南区域、涞 1 井西区域以及涞 1 井东区域，反演预测有利储层面积 915km^2。

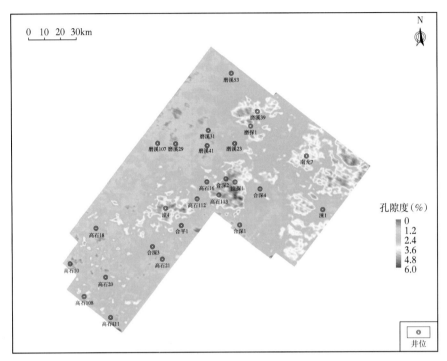

图 4-57　三维区茅口组孔隙度平面图

三、油气检测

CM 油气检测运用累计能量正态概率分析方法，对地震资料的振幅、频率等特征信息进行分析，根据敏感频率点确定高、低频段，计算低频段、高频段的累计能量及其与全局能量之比等属性参数。

（一）栖霞组油气检测

钻井频率振幅谱分析结果（图 4-58）表明，高石 18 井测试日产气 41.74×10^{4}m^3，表现出典型的双峰特征，低频段相对振幅峰值为 0.6~0.8，分布在 15Hz 以内的低频段，与位于高频段的次高峰落差很小；高频段分布在 20~60Hz；高石 113 井测试为干层，表现出双峰特征不明显，即低频段能量弱，高频段分布在 30~80Hz，比高石 18 井高出 10~20Hz。

从过高石 16 井和高石 113 井的油气检测的剖面上（图 4-59）可以看出，高石 18 井低频/高频能量比属性明显异常。

进一步提取栖霞组油气检测 Div 属性平面分布图（图 4-60），通过与测试和测井解释对比，符合率为 84.6%。

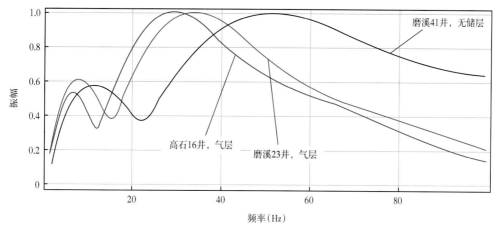

图 4-58　栖霞组频率振幅谱分析

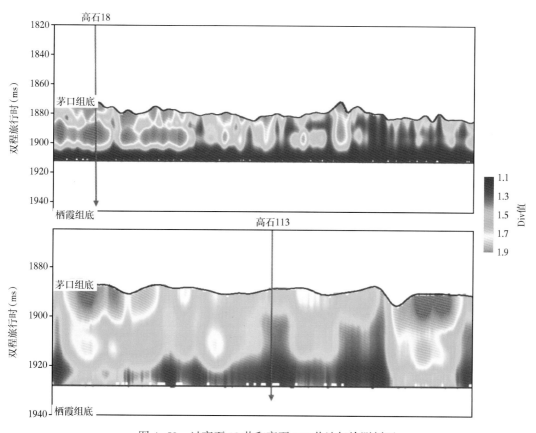

图 4-59　过高石 18 井和高石 113 井油气检测剖面

（二）茅口组油气检测

钻井频率振幅谱分析结果（图 4-61）表明，磨溪 39 井测试日产气 24.679×10⁴m³，表现出典型的双峰特征，低频段相对振幅峰值为 0.6~0.8，分布在 15Hz 以内的低频段；与位于高频段的次高峰落差很小；高频段分布在 20~50Hz；潼探 1 井测试日产气 31×10⁴m³，

185

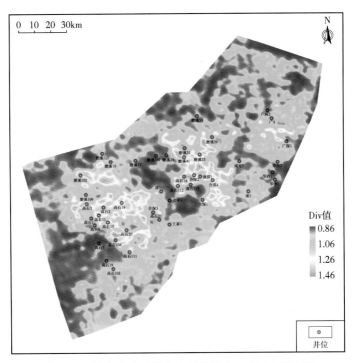

图 4-60　川中地区栖霞组油气检测（Div属性）平面图

表现出与磨溪39井相似的特征；高石16井测井解释为差气层，低频能量弱，高频段在20~50Hz；磨溪41井测试为干层，双峰特征不明显，即低频段能量弱，高频段分布在40~80Hz，比磨溪39井和潼探1井高出20~30Hz。

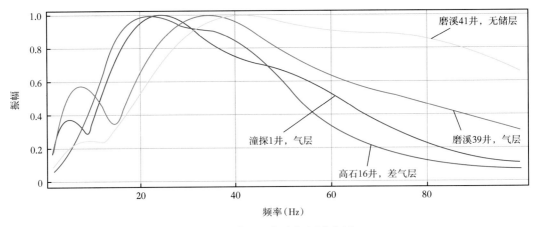

图 4-61　茅口组频率振幅谱分析

从过高石16井—潼探1井低频/高频能量比（上）、高频段（中）、低频段（下）能量剖面（图4-62）中可以看出，潼探1井气层与高石16井差气层三种属性均表现出了明显的差异，表明可以较好地预测茅口组含气性。通过42口井测试结果以及测井解释结果对比，吻合37口，吻合率为85.7%（图4-63）。

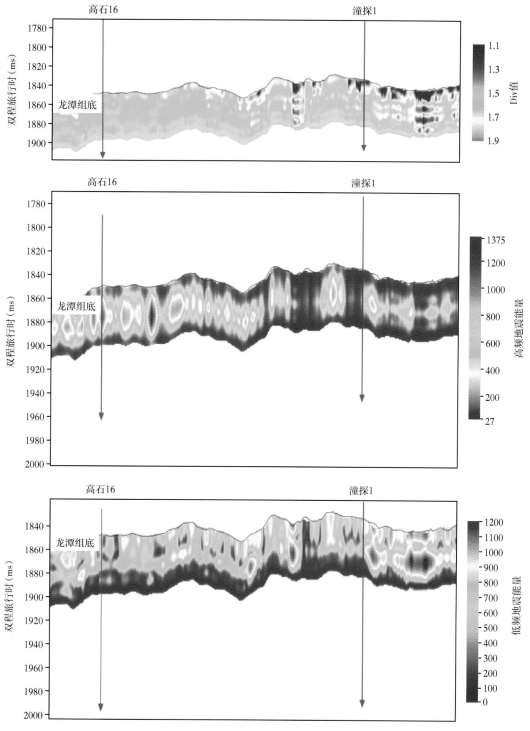

图 4-62　过高石 16 井—潼探 1 井低频/高频能量比（上）、高频段（中）、
低频段（下）能量剖面

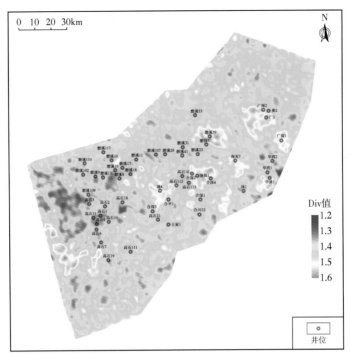

图 4-63 川中地区茅口组油气检测平面图

第五节 二叠系长兴组储层特征及分布预测

一、储层成因类型及特征

(一)储层岩石学特征

基于涞 1 井及邻区钻井露头资料分析,长兴组发育有利储层的主要岩性为白云岩。在此基础上,将白云岩进一步识别出残余生物白云岩及晶粒白云岩。而长兴组孔隙类型也相对单一,主要为溶蚀孔。

残余生物白云岩,颜色主要为灰色—浅灰色,厚层—块状,常发育溶蚀孔;残余生屑白云岩,见少量溶蚀孔;晶粒白云岩,残余结构未见,以粉—细晶为主,多发育晶间溶蚀孔。由此可见,长兴组溶蚀孔隙发育程度与白云石化成正比。白云石化程度较高的礁云岩、晶粒白云岩中溶蚀孔隙发育程度高,生屑灰岩发生不完全白云石化,孔隙发育程度低(图 4-64)。

(二)储层成因

分析工区内及邻区的钻井资料,可以发现溶蚀孔主要发育在生物礁滩相关的相带中。如普光气田长兴组生物礁气藏、盘龙洞露头剖面均揭示台地边缘生物礁滩相内可以发育优质的溶蚀孔储层。广 3 井生物礁中见较好的溶蚀孔隙。在碳酸盐岩中,高能相带通常是孔隙型储层发育的物质基础,该认识也进一步支撑这一普遍规律。

川中地区在诸多钻遇长兴组的井中,分析过井地震解释剖面及储层、试气特征,可以有效地总结出:长兴组储层的形成一定要与断裂伴生且要发送白云石化。广 3 井在 4183.2～4209.2m(相当于取心段上部)试气,全烃上升到 77%,气侵,井涌,射孔测试日产气 1539m³,

188

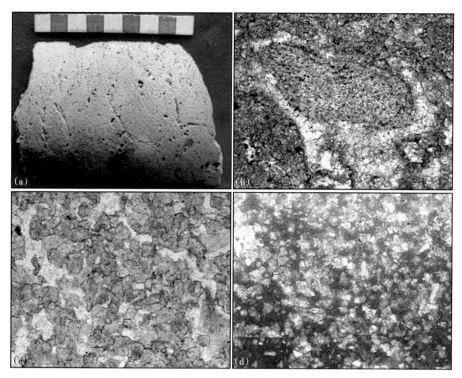

图 4-64　长兴组储层岩石学特征

(a)浅灰色残余生物白云岩，见大量溶蚀孔，广 3 井，4211m；(b)生屑灰岩，见少量白云石，少量溶蚀孔，磨溪 1 井，3919m；(c)细晶白云岩，见晶间溶孔，磨溪 1 井，3962m；(d)粉晶白云岩，晶间孔及晶间溶孔，广探 1 井，4107m

日产水 112m³，地层压力为 71.4 MPa，压力系数 1.74。取心揭示发育生物礁云岩，溶蚀孔发育。从过该井的地震解释剖面可以看到该井与一条深大断裂紧邻。磨溪 1 井在 3891～3894m 及 3896～3922m 深度段射孔试气，日产水 240m³，日产气 53.7m³。证实发育良好的储层，而过该井的地震剖面上明显看到发育一条深大断裂。广深 1 井在长兴组上部仅仅见到录井气测异常，过该井地震剖面上未见明显的断裂存在。

基于上述地质及地震事实，可以总结并提出：与断裂伴生且发生白云石化是优质储层形成的关键。基于栖霞组—茅口组的认识，可以进一步推断长兴组白云岩及白云岩储层的形成很大程度上与深大断裂相关，应该也是热液白云石化成因。该认识对二叠系天然气勘探具有有价值的支撑作用。

二、储层预测

(一)储层岩石物理特征

生物礁生长发育在高能、清洁、透光性好的浅海环境中，因此，生物礁发育地陆源物质少，泥质含量极低。在自然伽马曲线上表现为低值，尤其礁核段特低。非礁相长兴组沉积常具有燧石团块或硅质层。因此，长兴组低伽马段中，燧石硅质夹层或团块发育时，表示长兴组为非礁相，而生物礁相为质较纯的石灰岩及白云岩。同时由于孔隙的增加，生物礁相表现为高声波时差和低密度特征，通常声波时差大于 170μs/m，密度小于 2.65g/cm³，波阻抗介于 14400～17000[(m/s)·(g/cm³)]之间，非储层一般波阻抗大于 17000[(m/s)·(g/cm³)]，

189

而泥岩明显小于 14400[（m/s）·（g/cm³）]（样本井为高石 16 井、高石 21 井、合探 1 井、磨溪 23 井、磨溪 41 井、高石 112 井、高石 113 井、潼探 1 井）。岩石物理图版（图 4-65）分析表明：可以利用波阻抗反演来表征储层特征。

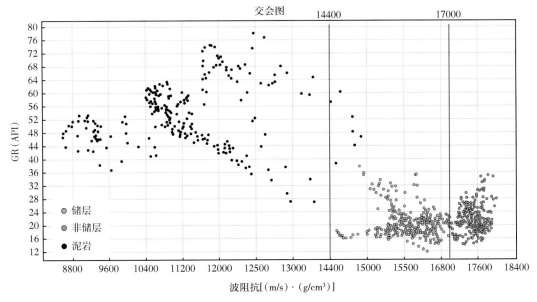

图 4-65 长兴组波阻抗与 GR 交会图

（二）地震波形指示反演储层预测

生物礁在含气后速度会明显变低，与围岩形成较大的波阻抗差异。岩石物理图版分析表明长兴组生物礁储层与非储层和泥岩存在明显的阻抗差，这是波阻抗反演的基础。此次研究采用了地震波形指示反演方法，利用三维地震资料和测井曲线开展了反演工作，碳酸盐岩生物礁储层在横向上变化大，反演结果的可靠程度还需要和其他预测方法综合考虑。图 4-66 和图 4-67 是过高石 112 井—高石 16 井—潼探 1 井—高石 113 井的地震剖面和波

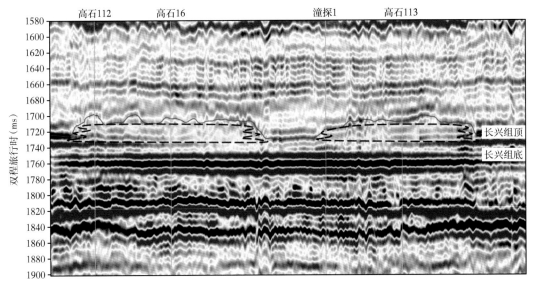

图 4-66 过高石 112 井—高石 16 井—潼探 1 井—高石 113 井地震剖面（拉平 P₂ch）

阻抗反演结果，从图中可以看出，过一井的十字剖面的反演结果在井附近吻合，工区的波阻抗反演结果刻画的生物礁边界与地震剖面结果基本一致，但是波阻抗反演结果上可以清晰地看出纵向上储层与隔夹层的叠置关系，因而波阻抗反演结果可以更好地反映长兴组生物礁滩储层特征。

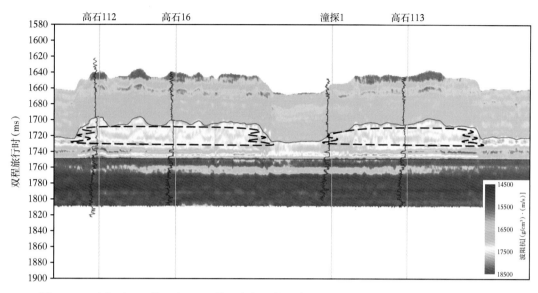

图 4-67　过高石 112 井—高石 16 井—潼探 1 井—高石 113 井波阻抗反演剖面(拉平 P_2ch)

利用岩石物理图版基于波阻抗反演结果提取储层厚度，通过与测井解释储层厚度进行对比，对比结果表明，长兴组储层平均厚度为 15.6m，反演预测平均误差为 1.3m，误差小于 10% 的占 95.5%，表明地震波形指示反演结果具有较高的精度，可以用于生物礁滩储层精细解释。

利用岩石物理图版对反演预测结果对生物礁和生屑滩储层进行精细解释，生屑滩发育面积 345km²，生物礁发育面积 895km²，为有利的勘探目标(图 4-68)。

三、油气检测

CM 油气检测运用累计能量正态概率分析方法，对地震资料的振幅、频率等特征信息进行分析，根据敏感频率点确定高、低频段，计算低频段、高频段的累计能量及其与全局能量之比等属性参数。

钻井频率振幅谱分析结果(图 4-69)表明，王家 1 井长兴组测试日产气 5×10⁴m³，表现出典型的双峰特征，低频段相对振幅峰值为 0.68~0.8，分布在 15Hz 以内的低频段，与位于高频段的次高峰落差很小；高频段分布在 20~40Hz；涞 1 井长兴组测试日产气 1.1×10⁴m³，表现出与王家 1 井相似的特征；高石 113 井长兴组测试为水层，磨溪 7 井长兴组测试为干层，双峰特征不明显，即低频段能量较弱，高频段主要分布在 40~80Hz，比王家 1 井和涞 1 井高出 20~40Hz。

对长兴组 42 口井含气性检测结果表明，38 口符合，4 口不符合，符合率为 90%(图 4-70)。

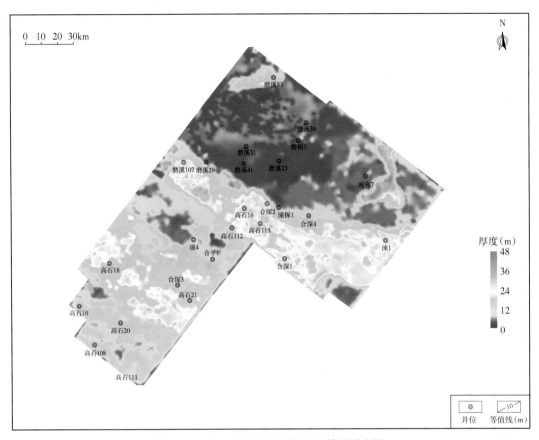

图 4-68　川中地区三维区长兴组储层厚度图

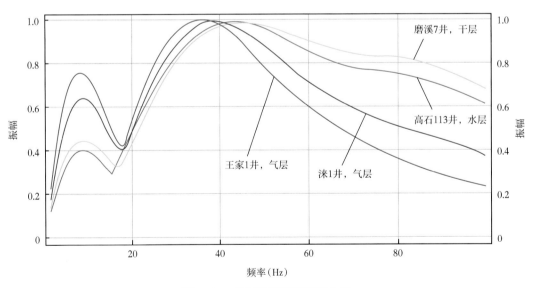

图 4-69　长兴组频率振幅谱分析

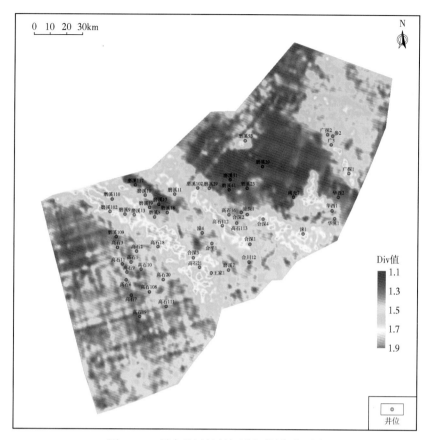

图 4-70　川中地区长兴组油气检测平面图

第六节　三叠系雷口坡组储层特征及分布预测

一、储层成因类型及特征

（一）储层岩石学特征

基于磨 27 井、磨 29 井及四川盆地内钻井露头资料分析，雷口坡组储层特征主要为：
（1）具有溶蚀孔的砂屑云岩；（2）与风化壳岩溶作用相关的溶蚀孔洞云岩。

1. 针状溶蚀孔隙砂屑云岩

砂屑云岩为高能台内滩沉积，多发育针状溶蚀孔（图 4-71）。在潼探 1 井测井油气解
释出气层 45.5m/7 层，差气层 29.5m/5 层，含气层 14.0m/5 层（图 4-72）。气层集中分布
在雷一段和雷三段中，且沉积学解释认为这两段是砂屑云岩发育的有利层。加之雷三段储
层距离顶部不整合面 60m 左右，风化壳岩溶作用可能对它影响较小。因此，可以认为在工
区内主力储层为溶蚀孔砂屑云岩，主要发育在雷一段及雷三段。

2. 与风化壳岩溶作用相关的溶蚀孔洞白云岩

区域上取心资料表明雷口坡组上部或顶部多发育渗流泥质粉砂、溶积角砾岩及具有溶
蚀孔洞的细晶云岩（图 4-73），这一系列岩石学特征都指向雷口坡组顶部风化壳岩溶作用

图 4-71 雷口坡组储层岩石学特征

(a)砂屑云岩，针状溶蚀孔，磨 29 井，雷一段，2-38/58；(b)砂屑云岩，

针状溶蚀孔，江油含增剖面，雷三段

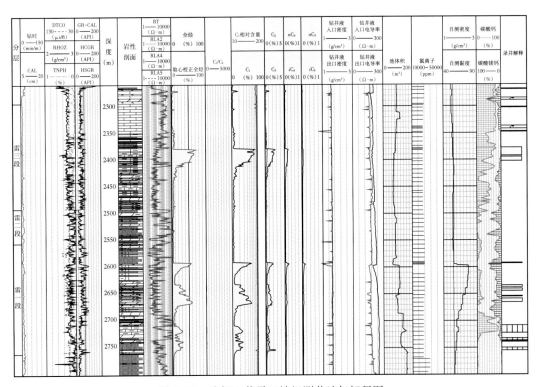

图 4-72 潼探 1 井雷口坡组测井油气解释图

对雷口坡组储层的改造。尤其值得指出的是，川西中石化工区内发现了以鸭深 1 井、彭深 1 井为代表的雷口坡组大型气田，其主力产气层为雷口坡组顶部，储集空间主要为溶蚀孔及溶蚀孔洞，该发现对四川盆地乃至合川—潼南工区的勘探提供了有价值的支撑。虽然川中地区缺乏岩石学资料，但从区域上看雷口坡组顶部风化壳岩溶作用可以影响储层的形成，因此这类储层不容忽视。

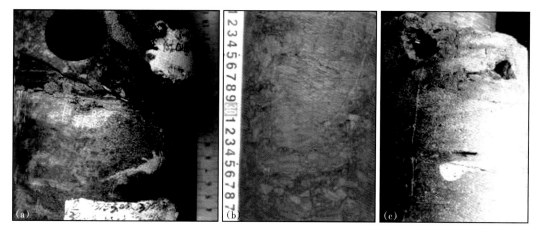

图 4-73　风化壳岩溶证据

(a) 褐灰色细晶白云岩，见渗流泥质粉砂岩，龙岗 19 井，3753.15m，雷四段；(b) 褐灰色溶积角砾岩，
龙岗 160 井，3705.5m，雷四段；(c) 灰色细晶白云岩，见溶蚀孔及不规则溶蚀洞，溶洞内充填
渗流砂及方解石，鸭深 1 井，5722.3m，雷口坡组顶部

(二)储层成因

高能相带是碳酸盐岩优质储层形成的物质基础，也是"灵魂"。前述灯影组、龙王庙组、洗象池组、栖霞组及长兴组均受控于高能相带，雷口坡组也不例外。在潼探 1 井测井油气解释出气层 45.5m/7 层，差气层 29.5m/5 层，含气层 14.0m/5 层。气层集中分布在雷一段和雷三段中，且沉积学解释认为这两段是砂屑云岩发育的有利层。因此，可以认为在工区内主力储层为溶蚀孔砂屑白云岩，主要发育在雷一段及雷三段，主要受台内滩高能相带控制。

区域上取心资料表明雷口坡组上部或顶部多发育渗流泥质粉砂、溶积角砾岩及具有溶蚀孔洞的细晶白云岩，这一系列岩石学特征都指向雷口坡组顶部风化壳岩溶作用对雷口坡组储层的改造。一般来说，风化壳岩溶作用可以积极改造碳酸盐岩储层，形成溶蚀孔洞缝储层。前述震旦系灯影组顶部、茅口组顶部均受该作用影响，雷口坡组顶部发育区域性的不整合面，风化壳岩溶作用可以叠加改造。虽然工区内缺乏岩石学资料，但此这类储层不容忽视。

(三)储层对比及分布

雷口坡一段储层主要受高能相带控制，雷口坡组顶部储层主要受风化壳岩溶作用控制。高石 21 井—合探 1 井—涞 1 井—华涞 1 井—华西 1 井—广探 1 井储层对比剖面及磨溪 29 井—高石 16 井—高石 113 井—合探 1 井储层对比剖面，可以看出雷一段为薄层的台内滩型储层，横向有一定连续性，单层厚度及累计厚度较小；雷口坡组顶部主要为薄层的岩溶风化壳储层，岩溶风化带厚度为 20~50m，风化壳储层发育程度较低。

二、储层预测

(一)储层岩石物理特征

雷口坡组白云岩的速度比须家河组底部泥页岩整体速度高，而雷口坡组石膏岩的速度比石灰岩速度稍低，导致石灰岩与石膏岩波阻抗差异不大。因此波阻抗难以识别岩溶储层，而密度对岩溶储层具有较好的识别作用，通过建立密度和孔隙度的线性关系，获取孔隙度曲线（样本井为高石 16 井、高石 21 井、合探 1 井、磨溪 23 井、南充 7 井、高石 11 井 2、高石 113 井、潼探 1 井），储层孔隙度门槛值为 4.5%，因此可以通过孔隙度曲线识别雷口坡组顶部岩溶风化壳储层（图 4-74）。

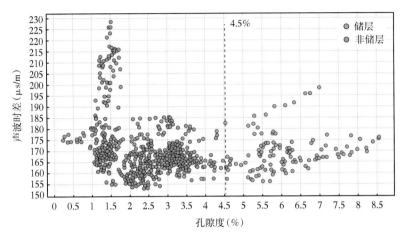

图 4-74　雷口坡组雷三³ 亚段+雷四段声波时差与孔隙度交会图

(二) 地震波形指示反演储层预测

　　岩溶残丘孔隙和裂缝空间发育，岩石物理图版分析表明岩溶残丘储层与非储层和泥岩孔隙度存在明显的差异，这是开展孔隙度反演预测储层的基础。此次研究采用了地震波形指示反演方法，利用三维地震资料和测井曲线开展了反演工作，碳酸盐岩溶残丘储层在横向上变化大，反演结果的可靠程度还需要和其他预测方法综合考虑。图 4-75 是过磨溪 107 井—高石 16 井—高石 113 的孔隙度反演结果，可以清晰地看出纵向上储层与非储层隔夹层叠置关系，因而波阻抗反演结果可以更好地反映岩溶残丘储层特征。

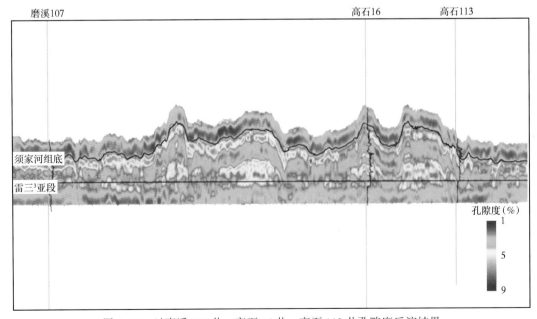

图 4-75　过磨溪 107 井—高石 16 井—高石 113 井孔隙度反演结果

进一步提取两块三维雷口坡组雷三^{3}亚段+雷四段孔隙度平面图（图4-76），可以看出高孔隙区域主要分布在高石112—高石16和潼探1井区、磨溪41—磨溪39井区，以及磨溪23—南充7井区之间。通过与13口井测井解释孔隙度对比，结果表明雷三^{3}亚段+雷四段反演符合率达91.6%。

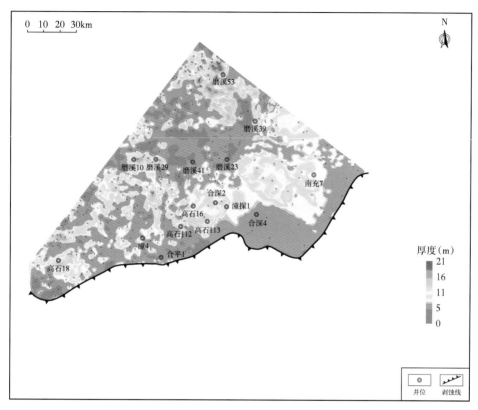

图4-76　雷口坡组雷三^{3}亚段+雷四段孔隙度平面图

三、油气检测

区内钻遇雷三^{3}亚段+雷四段的井测试均为水层，钻井频率振幅谱分析结果（图4-77）表明，频谱呈现明显的单峰结构，低频段相对振幅峰值为0.2~0.3，与位于高频段的次高

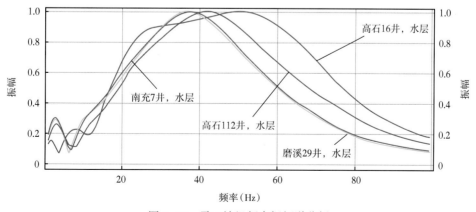

图4-77　雷口坡组频率振幅谱分析

峰落差很大；高频段分布在 20~70Hz，表明含气性较差，与测试结果吻合。从过高石 16 井的低频/高频能量比属性剖面（图 4-78）中也可以看出，Div 值主要分布在 1.5~2 之间，表明含气性较差。

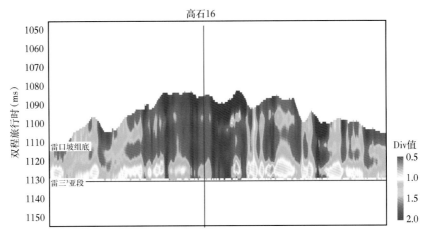

图 4-78　过高石 16 井低频/高频能量比属性剖面

从雷口坡组雷三³ 亚段+雷四段油气检测平面分布图（图 4-79）可以看出，雷三³ 亚段+雷四段整体含气性较差，通过 17 口井测试结果以及测井解释结果对比，吻合 13 口，吻合率为 82.4%。

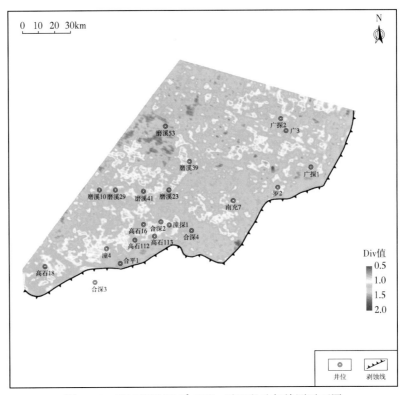

图 4-79　雷口坡组雷三³ 亚段+雷四段油气检测平面图

第五章　天然气成藏条件评价

川中地区存在多套烃源，多套成藏组合，多个成藏关键期，使得区域油气成藏过程十分复杂。本章以构造演化为主线，通过单井模拟及成藏要素分析，刻画烃源岩生烃演化特征及储层烃类相态，结合圈闭分析区域成藏特征及模式，重建研究区成藏演化过程。

第一节　成藏要素特征

一、烃源岩

川中地区发育了多套优质烃源岩，尤其是震旦系、早寒武世、早志留世、晚二叠世及晚三叠世等期间发育的多套富有机质泥岩、页岩层，是研究区内重要的烃源岩层，其次还有部分石灰岩和煤系岩层，也可成为研究区内良好的烃源岩。研究区烃源岩主要以富有机质泥岩、页岩和石灰岩为主（表5-1），主要有四套烃源岩：上震旦统灯三段泥页岩，寒武系筇竹寺组黑色页岩，下志留统龙马溪组，上二叠统龙潭组。

表 5-1　研究区烃源岩特征总结表（部分数据引自魏国齐等，2017；黄涵宇，2018）

烃源岩	岩性	沉积环境	厚度（m）	有机碳含量（%）	R_o/R_b（%）	有机质类型	成熟度
灯三段	黑色页岩	海相深水陆棚	15~74	0.04~4.73	3.16~3.21	I	过成熟
筇竹寺组	深灰色、灰黑色泥岩	海相深水陆棚	108~505	0.46~4.9	$R_o = 3.0~4.0$ $R_b = 2.95~4.05$	I	过成熟
五峰组	黑色泥、页岩	海相深水陆棚	4.2~9	0.85~3.16	2.16~3.38	I	过成熟
龙马溪组	黑色泥、页岩	海相深水陆棚	0~80.7	0.50~8.75	$R_o = 2.0~3.6$ $R_b = 3.14~3.38$	I	过成熟
梁山组	黑色泥、页岩、煤层	潮坪—滨岸	4~14	1.0~4.4	>2.0	III	过成熟
栖霞组	泥质灰岩、生物碎屑灰岩	碳酸盐岩台地	90~305	0.4~2.0	<2.0	I—II_1	过成熟
龙潭组	灰黑色泥岩、黑色碳质页岩	潮坪滨岸、碳酸盐岩台地	111~176	1.30~14.36	1.5~2.15	II	过成熟
须家河组	灰黑色泥、页岩夹煤	河流相	50~100	1.08~3.56	1.25~1.80	II_2—III	成熟—高成熟
下侏罗统	深灰色泥岩、黑色页岩	湖相	20~30	0.1~1.9	0.8~1.2	III	成熟

二、储层

川中地区发育有多套储层，碳酸盐岩储层主要包括了震旦系灯影组、下寒武统龙王庙组、上寒武统洗象池组、下奥陶统桐梓组、红花园组、下志留统石牛栏组、中二叠统栖霞组、茅口组、上二叠统长兴组、下三叠统嘉陵江组及中三叠统雷口坡组等。

上震旦统灯影组主要由藻白云岩、砂屑白云岩、粉细晶白云岩和泥晶白云岩等碳酸盐岩组成，其中溶蚀缝洞、洞穴型藻白云岩和砂屑白云岩为本组主要的储层。灯影组储层储集空间多样，包括了晶间孔、粒间孔及铸模孔等原生孔隙空间，以及次生的溶蚀孔洞，如晶间溶孔、粒间溶孔、粒内溶孔和裂缝等，且以次生溶蚀孔、洞、缝为主要储集空间。

寒武系储层包括了龙王庙组、洗象池组等白云岩储层。龙王庙组下段以灰色、深灰色石灰岩为主，上段为白云岩夹泥质白云岩，厚度在 87~127m 之间。研究区西北缘为龙王庙组剥蚀区，向东南方向白云岩厚度逐渐增大。川东南地区的龙王庙组以晶间孔、晶间溶孔、粒间孔、粒间溶孔为主要储集空间，其次还有构造裂缝、溶蚀缝和压溶缝等储集空间。其中砂屑白云岩为本组最为重要的储集体。

洗象池组以厚层的灰色、灰褐色的泥晶、微晶白云岩、粉晶白云岩为主，局部地区含有少量的粉砂岩和白云质粉砂岩，底部为细粒石英砂岩夹白云质泥岩。洗象池组厚度在8~256m，受差异隆升剥蚀作用影响，自西北向东南方向洗象池组厚度逐渐增厚。

奥陶系主要为碳酸盐岩储层，岩性大多较为致密，为低孔、低渗储集体，平均孔隙度小于1%，研究区内奥陶系主要储层发育于南津关组和宝塔组碳酸盐岩地层中。南津关组又称桐梓组，其储层主要由微晶灰岩、泥—粉晶白云岩和少量砂屑灰岩组成。宝塔组储层岩性主要为深灰色瘤状生屑灰岩、生屑泥晶灰岩和灰白色含泥泥晶灰岩等。

二叠系主要有中二叠统栖霞—茅口组碳酸盐岩储层。茅一段以黑灰色中、厚层泥晶灰岩、生物碎屑灰岩与泥灰岩为主，局部夹页岩、泥质白云岩等，与下伏栖霞组整合接触，泥质含量整体较高；茅二段以灰色、灰白色厚层石灰岩为主，下部以灰色含生物碎屑泥晶灰岩、泥灰岩为主，中、上部泥质含量逐渐减少，以发育厚层的生物碎屑灰岩、泥晶灰岩为主，夹少量燧石条带及泥质条带；茅三段以浅灰色、灰白色块状生物碎屑灰岩、亮晶颗粒灰岩为特点，局部发育白云岩、藻灰岩及结核状灰岩，沉积环境水体能量高，地层厚度相对较薄，部分地区茅三段遭受剥蚀；茅四段以黑灰色、深灰色泥晶灰岩、含生物碎屑灰岩为主，夹藻灰岩和页岩，茅四段顶部被广泛剥蚀，普遍含有块状、密集颗粒状集合体的黄铁矿发育，局部白云岩化，厚度变化较大，研究区茅四段剥蚀严重，仅局部地区残留，向西北向东南剥蚀厚度逐渐减小。茅口组顶部岩溶风化带为研究区内优质的油气储层，主要储集空间为岩溶缝洞型，局部地区发育有裂缝型储层，分布具有较强的非均质性。

三叠系碳酸盐岩储层包括嘉陵江组、雷口坡组碳酸盐岩储集体。其中，嘉陵江组和雷口坡组储集体以颗粒灰岩、颗粒云岩等为主，储渗空间以次生孔隙为主，包括了内溶孔、铸模孔、粒间溶孔、晶间溶孔、膏溶孔和岩溶孔洞等。同时受构造抬升作用影响，广泛发育的岩溶孔、洞和构造裂缝也是重要的储集空间。

三、盖层

川中地区盖层主要有膏盐岩、粉砂质泥岩和泥、页岩等，尤其是膏盐岩层的封盖性最好。主要发育的膏盐岩层位于三叠系中，包括嘉陵江组的嘉二段、嘉四段、嘉五段膏盐岩，其特点为单层厚度较薄，但呈旋回性发育，与泥岩、白云岩互层组合。此外，雷口坡组仍发育薄层膏盐岩，为局部的封盖层。

泥页岩和粉砂质泥岩等，同样具有较好的封盖性，且由于其分布层系多，厚度变化巨大，部分泥、页岩层兼具有烃源岩作用，可作为研究区主要的盖层。粉砂质泥岩各项封盖性指标则略低于泥岩，可作为区域性的较好盖层。研究区的泥质盖层平面分布广泛，且在各个层系中均有发育。奥陶系内泥、页岩和碳酸盐岩均较为致密，可作为区域性的盖层，上奥陶统五峰组和下志留统龙马溪组同样可以作为区域性的盖层；而中—下志留统的韩家店组，以灰绿色致密泥岩层为主，也是一套重要的油气封盖层；二叠系龙潭组泥页岩同样可以作为一套区域盖层，虽然厚度较薄，但其封闭性较好，分布稳定；三叠系的飞仙关组泥、页岩和泥质云岩，须家河组泥、页岩、煤层及侏罗系多套的泥岩、粉砂质泥岩等，均可作为区域性的盖层。

第二节　烃源岩埋藏与生烃演化

烃源岩埋藏演化和盆地的热史是油气资源勘探和评价的重要方面，其中热史决定了烃源岩的生烃演化过程，对油气生成、保存和液态油裂解成气等过程有重要的影响。本次针对川中地区八口钻井进行四套烃源岩埋藏热演化分析，为区域油气成藏分析奠定基础。

川中地区经历了多期构造运动，按照剥蚀量计算的数值赋予模拟的 8 口井（表 5-2）。通过查阅相关文献，恢复四川盆地下古生界古地温时，地层时代越新，古地温有逐渐增高的趋势（张林等，2007），参考前人所做的工作，并根据川中古隆起特点，在二叠纪出现一个热流高值，最高热流值为 $70 \sim 110 \text{mW/m}^2$，随后热流逐渐降低至现今的 $55 \sim 65 \text{mW/m}^2$，得出了区域热流演化史（表 5-3）。边界条件古水深和沉积水界面温度（SWIT）是 PetroMod 模拟中必要的参数，对沉积史的恢复起辅助作用。二者的确定是一项难度较大的工作，没有相关文献，这里依据沉积相赋予相关古水深参数，将地表温度定为 $20°$（表 5-4）。

表 5-2　川中地区八口井盆地模拟剥蚀量统计表　　　单位：m

构造期	起止时间（Ma）	井 号							
		GS16	GS21	GT2	HT1	L1	MX17	NC7	TT1
喜马拉雅	100~0	1600	1500	1900	1900	2200	1200	2150	1900
印支晚	208~201	185	185	90	90	160	160	105	130
印支早	241~237	230	322	190	190	310	210	242	230
东吴Ⅱ	253.9~251.9	132	105	25	25	65	37	25	60
东吴Ⅰ	266.7~259.1	10	55	138	138	55	95	171	75
海西	307~299	100	200	100	100	100	100	200	100
加里东	470~358.9	900	750	850	850	650	890	820	920
冶里	494~485.4	411	174.4	472.9	472.9		213	178.4	280
云贵	509~500	290	303	138	138		226		205
桐湾	535~526.5	168	508.76	161	161		170		

表 5-3　川中地区古热流统计表

时代（Ma）	热流（mW/m²）	时代（Ma）	热流（mW/m²）
510	50	210	70
480	51	180	66
360	53	150	65
300	58	120	64
270	77	0	63
240	75		

表5-4 川中地区软件模拟边界条件统计表

时代(Ma)	水深(m)	地表温度(℃)
65	0	20
140	0	20
210	20	20
235	50	20
259	0	20
295	80	20
580	100	20

　　震旦纪至今,川中地区烃源岩经历了漫长的沉积演化过程,有机质的演化与其构造沉积演化过程密切相关,古隆起的构造演化通过控制烃源岩沉积埋藏过程,间接控制了有机质的热演化过程。以合探1井为例,从沉积埋藏史图(图5-1)可以看出,志留系龙马溪组之前沉积的烃源岩都经历了埋藏—抬升(加里东)—再埋藏—再抬升(喜马拉雅运动)的过程,并导致了四个主要生烃阶段(图5-2):(1)初始生烃阶段,对应于震旦系至志留系沉积埋藏期,尽管期间有多次运动造成地层剥蚀,但是总体上地层持续埋藏;(2)生烃停滞阶段,加里东期构造抬升,造成烃源岩埋藏变浅甚至龙马溪组烃源岩遭受剥蚀;(3)二次生烃阶段,对应云南运动之后区域接受二叠系至白垩系沉积,尽管有多期运动造成地层剥蚀缺失,但是剥蚀量不大,烃源岩再次开始生烃演化;(4)缓慢生烃阶段,由于燕山—喜马拉雅期地层抬升和古地温的下降,烃源岩主要是由于时间的积累缓慢生烃。二叠系及之

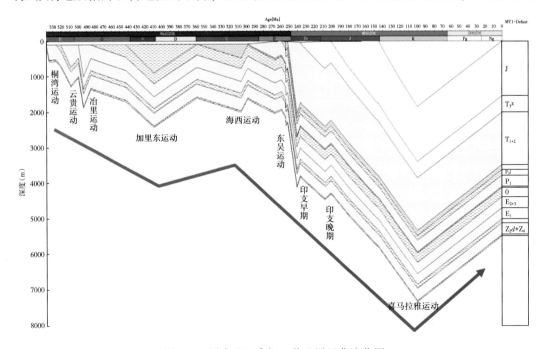

图5-1 川中地区合探1井地层埋藏演化图

后的烃源岩没有经历加里东运动，沉积埋藏只经历了后期的埋藏—抬升阶段，因此烃源岩演化只有后面的二次生烃和缓慢生烃阶段。

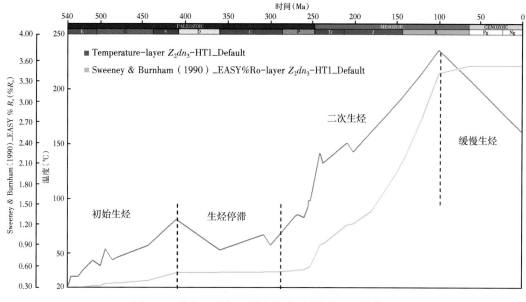

图5-2　合探1井灯三段古温度及烃源岩 R_o 演化图

受控于古隆起演化和形态变迁，烃源岩热演化过程在时空上既具有共性又具有显著差异。由于乐山—龙女寺古隆起褶皱变形和轴线迁移，造成研究区不同部位的烃源岩埋深、古地温和有机质热演化过程在时间和空间上具有明显的差异性。地质历史时期横向上处于构造低部位的烃源岩有机质热演化程度高于隆起区高部位烃源岩，处于低部位烃源岩埋藏较深，古地温相对较高，先进入生油、生气阶段，如合探1井及广探2井，灯三段烃源岩在加里东运动之前 R_o 就已经达到 0.5%，进入生烃门限；而高石16井及磨溪14井位于构造高部位，灯三段烃源岩只有在二叠纪才进入生烃门限。同时，同一时期垂向上下伏烃源岩有机质热演化程度高于上覆烃源岩。

一、灯三段烃源岩演化史

加里东运动之前，灯三段埋深浅，普遍未成熟，云贵运动之前 R_o 不到 0.4%；随着奥陶系和志留系的沉积，在研究区以广探2井—南充7井—合探1井连线往东的地区，灯三段烃源岩 R_o 大于 0.5%（图5-3），开始成熟，进入生烃门限，以生油为主；随着二叠纪地层的沉积埋藏，东吴I期前研究区烃源岩 R_o 均大于 0.5% 进入生烃门限；二叠纪末在研究区东南部烃源岩埋藏较深的地区，烃源岩 R_o 大于 0.7%，进入成熟阶段（图5-4）；随着较厚的三叠纪地层的沉积埋藏，灯三段烃源岩在早印支期 R_o 为 0.7%~1.0%，处于成熟阶段，以生成液态油为主；印支晚期，较厚的须家河组沉积导致烃源岩快速地生烃演化，广探2井—高石16井一线的东南部烃源岩 R_o 大于 1.3%，进入湿气阶段，其他地区以生油为主；燕山—喜马拉雅期研究区进入前陆阶段，白垩系沉积后，大量地层的沉积埋藏导致烃源岩快速生烃演化，尤以东南部最快，广探2井—南充7井以西的地区烃源岩 R_o 大于 4.0%，进入过成熟阶段，以东的地区烃源岩 R_o 为 2.8%~4.0%，处于干气阶段。

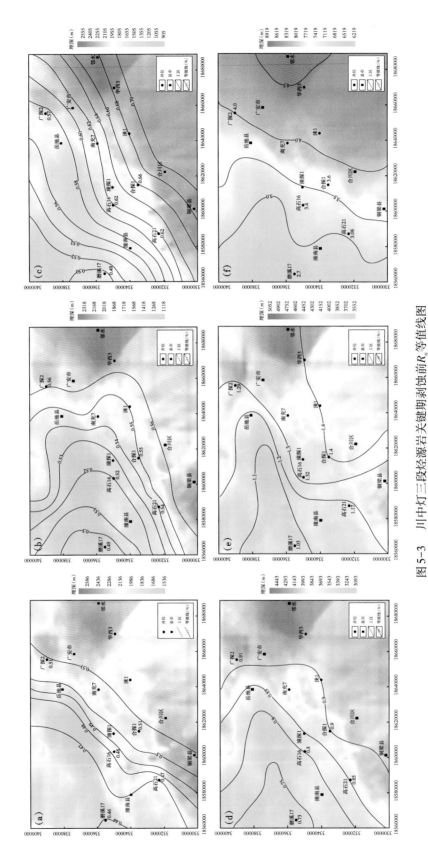

图 5-3　川中灯三段烃源岩关键期剥蚀前 R_o 等值线图

(a) 加里东期前；(b) 东吴 I 幕前；(c) 东吴 II 幕前；(d) 印支早期前；(e) 印支晚期前；(f) 燕山—喜马拉雅期前

204

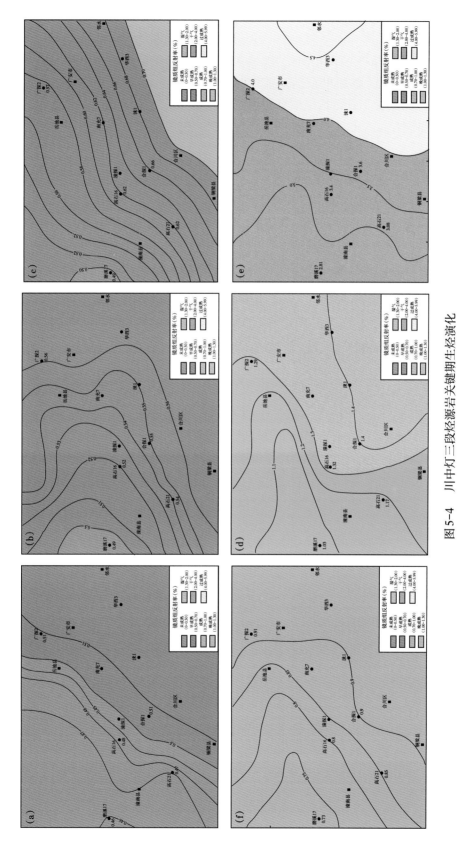

图5-4 川中灯三段烃源岩关键期生烃演化

(a) 加里东期前；(b) 东吴 I 幕前；(c) 东吴 II 幕前；(d) 印支早期前；(e) 印支晚期前；(f) 燕山—喜马拉雅期前

二、筇竹寺组烃源岩演化史

加里东运动之前，筇竹寺组埋深浅，普遍未成熟，云贵运动之前 R_o 不到 0.4%；随着奥陶系和志留系的沉积，至加里东运动前筇竹寺组烃源岩 R_o 仍然小于 0.5%，未成熟（图5-5、图5-6）；随着二叠纪地层的沉积埋藏，在研究区以广探 2 井—南充 7 井—合探

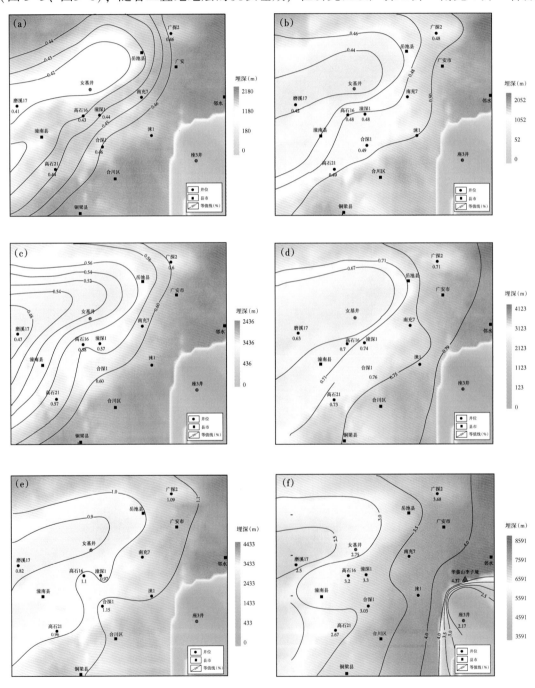

图 5-5　川中筇竹寺组烃源岩关键期剥蚀前 R_o 等值线图

(a)加里东期前；(b)东吴 I 幕前；(c)东吴 II 幕前；(d)印支早期前；(e)印支晚期前；(f)燕山—喜马拉雅期前

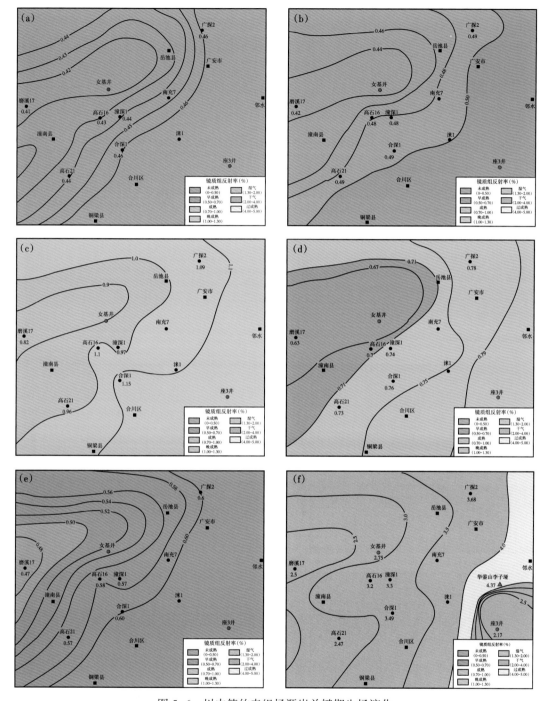

图 5-6　川中筇竹寺组烃源岩关键期生烃演化

(a)加里东期前；(b)东吴I幕前；(c)东吴II幕前；(d)印支早期前；(e)印支晚期前；(f)燕山—喜马拉雅期前

1 井—高石 21 井连线往东的地区，R_o 大于 0.5%，进入生烃门限开始早成熟，以生油为主，以西的地区仍然未成熟；二叠纪末在研究区除磨溪 17 井周边烃源岩埋深较浅未成熟外，绝大多数地区烃源岩 R_o 大于 0.5%，进入成熟阶段；随着较厚的三叠纪地层的沉积埋藏，在早印支期筇竹寺组烃源岩在西北部磨溪 17 井及女基井地区烃源岩 R_o 小于 0.7%，处于早成熟阶段，其他地区 R_o 为 0.7%~1.0%，处于成熟阶段，以生成液态油为主；印支晚期，较厚的须家河组沉积导致烃源岩快速生烃演化，潼探 1 井—高石 16 井—高石 21 井一线以东的地区烃源岩 R_o 大于 1.0%，处于晚成熟阶段，其他地区 R_o 为 0.8%~1.0%，仍处在成熟阶段，以生油为主；燕山—喜马拉雅期研究区进入前陆阶段，白垩系沉积后，大量地层的沉积埋藏导致烃源岩快速生烃演化，尤以东部最快，整体来说筇竹寺组烃源岩 R_o 为 2.5%~4.0%，处于干气阶段，东部地区华蓥山—邻水地区 R_o 大于 4.0%，进入过成熟阶段。

三、龙马溪组烃源岩演化史

加里东运动导致研究区西北部地区龙马溪组剥蚀完毕，残余地层随着二叠纪地层的沉积埋藏，逐步生烃演化，然而东吴Ⅱ期前研究区烃源岩 R_o 均小于 0.4%，均未成熟（图 5-7、图 5-8）；随着较厚的三叠系的沉积埋藏，在早印支期龙马溪组烃源岩 R_o 为 0.5%~0.6%，处于早成熟阶段，以生成液态油为主；印支晚期，较厚的须家河组沉积导致烃源岩快速的生烃演化，烃源岩 R_o 大于 0.7%，处于成熟阶段，以生油为主，其中北部烃源岩热演化程度略高于南；燕山—喜马拉雅期研究区进入前陆阶段，白垩系沉积后，大量地层的沉积埋藏导致龙马溪组烃源岩快速生烃演化，尤以北部最快，以座 3 井—高石 21 井为界，以北地区烃源岩 R_o 为 2.0%~4.0%，处于干气阶段，以南地区 R_o 小于 2.0%，进入湿气阶段。

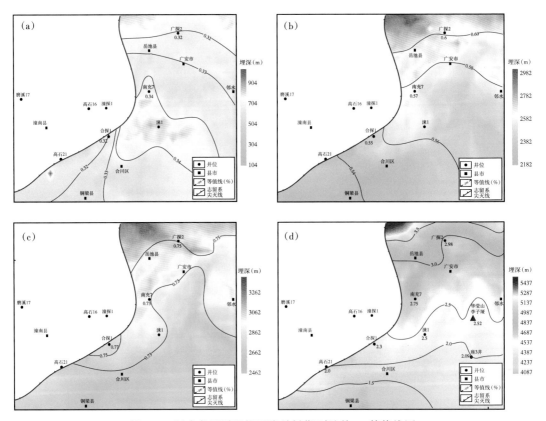

图 5-7　川中龙马溪组烃源岩关键期剥蚀前 R_o 等值线图

（a）东吴Ⅱ幕前；（b）印支早期前；（c）印支晚期前；（d）燕山—喜马拉雅期前

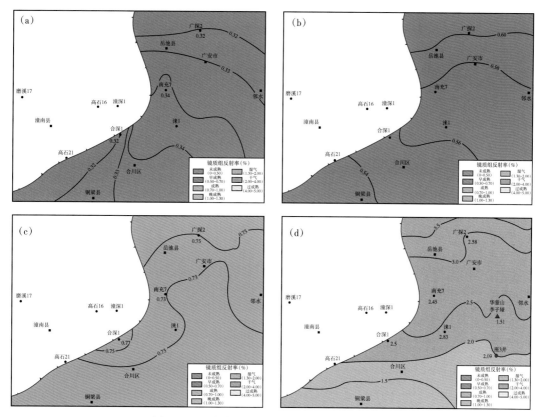

图 5-8　川中龙马溪组烃源岩关键期生烃演化

(a)东吴Ⅱ幕前；(b)印支早期前；(c)印支晚期前；(d)燕山—喜马拉雅期前

四、龙潭组烃源岩演化史

龙潭组随着二叠纪及三叠纪地层的沉积埋藏，逐步生烃演化；然而印支早前研究区烃源岩 R_o 均小于 0.5%，均未成熟（图 5-9、图 5-10）；印支晚期，较厚的须家河组沉积导致烃源岩快速生烃演化，烃源岩 R_o 大于 0.6%，处于早成熟阶段，以生油为主，其中北部烃源岩热演化程度略高于南部；燕山—喜马拉雅期研究区进入前陆阶段，白垩系沉积后，大量地层的沉积埋藏导致龙潭组烃源岩快速生烃演化，尤以北部最快，北地区烃源岩 R_o 为 2.0%~3.0%，处于干气阶段，南部地区 R_o 小于 2.0%，进入湿气阶段。

五、区域烃源岩生烃演化

根据研究区主要烃源岩套数和生烃演化，绘制区域烃源岩生烃演化。图 5-11 是东南向剖面，由于加里东期龙马溪组被剥蚀殆尽，区域主力烃源岩主要为灯三段、筇竹寺组和龙潭组；灯三段和筇竹寺组一般在东吴期开始成熟生成液态烃，燕山期 R_o 大于 2.0%，开始进入干气阶段；龙潭组成熟稍晚，在印支早期开始成熟形成液态烃，燕山期才开始进入干气阶段。图 5-12 是东北向演化剖面，从图中可以看出加里东期随着奥陶系和志留系的沉积，灯三段就进入早成熟阶段开始生成液态烃；加里东运动结束后，龙马溪组并未完全被剥蚀，烃源岩与筇竹寺组一起在东吴期才开始成熟生成液态烃，而龙潭组在印支早期才

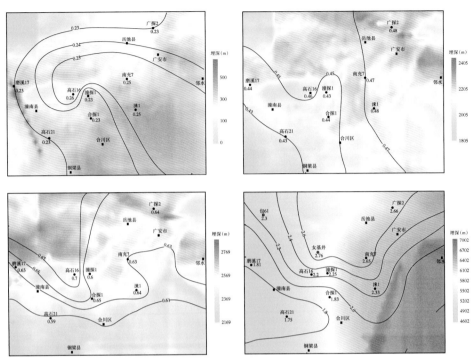

图 5-9　川中龙潭组烃源岩关键期剥蚀前 R_o 等值线图

（a）东吴Ⅱ幕前；（b）印支早期前；（c）印支晚期前；（d）燕山—喜马拉雅期前

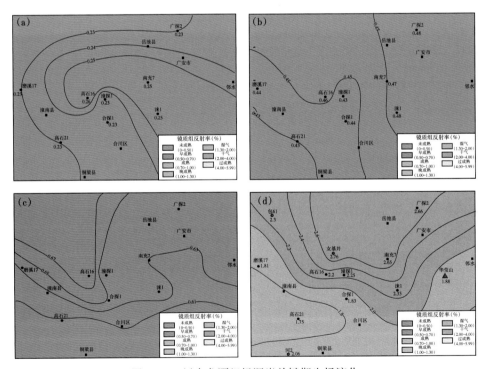

图 5-10　川中龙潭组烃源岩关键期生烃演化

（a）东吴Ⅱ幕前；（b）印支早期前；（c）印支晚期前；（d）燕山—喜马拉雅期前

进入早成熟阶段；一般地，四套烃源岩，在印支期快速埋藏演化，到燕山期灯三段、筇竹寺组和龙马溪组先后进入干气阶段，R_o 大于 2.0%；而龙潭组成熟度稍低，R_o 小于 2.0%，处于湿气阶段。

第三节　储层古地温及烃类相态

本次研究针对川中灯四段、龙王庙组、洗象池组、茅口组、长兴组、雷口坡组六套岩溶储层，通过对各关键期储层温度的计算估计，预测储层中烃类流体的相态。通过整理前人对本地区古地温的研究成果（表5-5、表5-6），结合剥蚀量计算结果，按照深度乘以古地温梯度得到地质历史过程中储层顶部的古温度，该结果与单井模拟运用热流计算的结果相匹配。

表5-5　四川盆地中部地区古地温梯度值（据王一刚等，1998）　　　　单位：℃/100m

时代 \ 地层	Z—C	P	T1+2	T3—J3	K—E	N—Q
J2+3				2.25	2.2	2.14
J1				2.65	2.55	2.5
T3				2.6	2.53	2.5
T2			2.6	2.5	2.4	2.38
T1j			2.5	2.4	2.35	2.3
T1f			3.9	3.5	3.3	3.2
P2		6.5	5.5	5.3	4.2	3.6
P1		6	5.2	4.8	4.1	3.35
C	5.1	5.1	4.4	4.2	4	3.35
S	5.2	5.2	4.5	4.1	3.6	3.35

表5-6　川中地区安平店—高石梯构造带各地层所经历的古地温梯度（据徐燕丽，2009）

单位：℃/100m

时代		奥陶系	中—上寒武统	下寒武统	震旦系
0		28.86	31.23	32.29	29.33
52	古近纪				38.26
140	白垩纪	21.36	31.13	35	34.08
200	侏罗纪	18.15	29.75	38.08	28.37
212	晚三叠世	17.79	29.21	37.81	27.44
220	晚三叠世	17.94	29.23	37.75	27.68
248	早三叠世	16.78	26.38	36.1	25.44
260	晚二叠世	16.9	26.48	36.14	25.65
285	早二叠世	18.51	25.77	35.68	25.68
450	晚奥陶世	18.58	26.09	35.74	25.2
500	晚寒武世		25.39	35.25	24.31
550	晚震旦世			41.88	25.44
570	晚震旦世				25.38

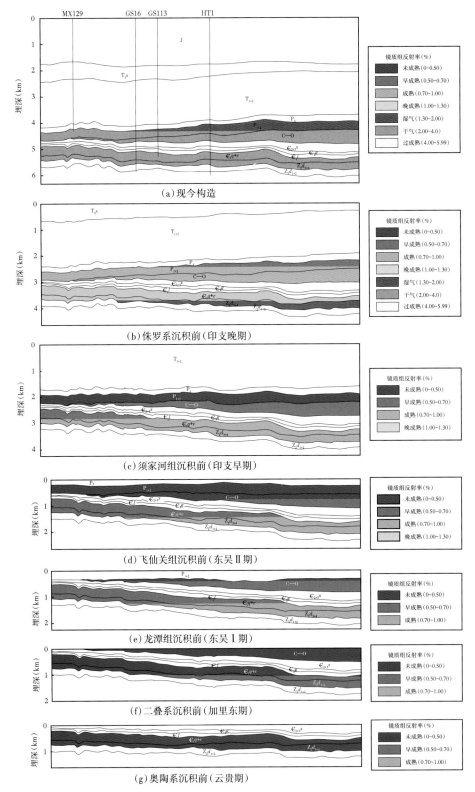

图 5-11 川中东南向烃源岩生烃演化剖面图

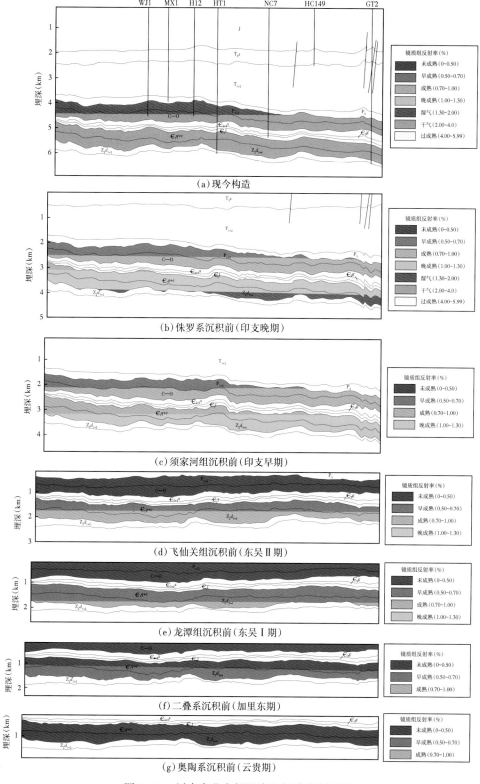

图 5-12 川中东北向烃源岩生烃演化剖面图

213

原油裂解气是指早期保存下来的原油随着埋深增加而在热应力持续增大作用下发生裂解生气作用,这是一个复杂的化学反应过程。由于烃类为原油的主要组分,其热稳定性很大程度上决定了原油裂解反应的热动力学特征,大多数学者主要研究地下烃类裂解特征为主,并对原油性质、压力、地层水、围岩矿物等裂解门限温度影响因素做了大量实验研究,取得了较多的成果认识。

原油裂解实验温度一般大于300℃,远远高于地下原油裂解温度(一般为120~250℃)。利用原油裂解动力学模拟和石油包裹体热动力学模拟相结合的方法,地层温度位于160~190℃范围为常压到低压油气藏,而地层温度高于190℃为原油裂解气的超压—超高压油气藏(平宏伟等,2014);通常,有研究表明原油在地层温度达到160℃时会发生大量裂解,超过200℃时古油藏原油发生热裂解转化为天然气,原油裂解结束(段金宝等,2013;何治亮等,2016)。在通常情况下,温度越高及地温梯度越大,裂解速率及原油转化率越大,但由于地质条件、原油性质和实验差异的制约,原油开始裂解的温度差异较大(图5-13)。目前对原油裂解门限温度一直没有确切结论,一般认为地温大于150℃以上时发生,实验证实一些地区在高于190℃才开始形成裂解气(李君等,2013)。塔里木盆地哈得11井原油在地温190℃时开始大量裂解,230℃时裂解终止,而塔里木盆地台盆区海相裂解气需要的储层温度大于210℃(朱光有等,2012)。因此,本次将原油裂解的储层起止温度定为190~250℃。

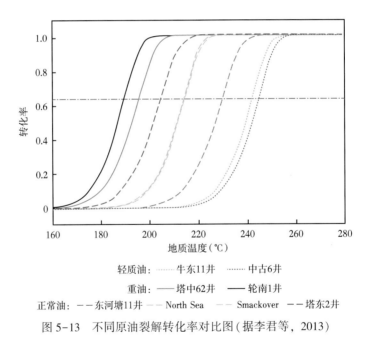

图5-13 不同原油裂解转化率对比图(据李君等,2013)

一、灯四段顶古地温及烃类相态

灯四段碳酸盐岩在桐湾期抬升剥蚀形成岩溶储层后,进入了埋藏成岩演化阶段,总体埋藏趋势为东部埋深和温度大于西部(图5-14)。在印支晚期之前,地层温度小于190℃,烃类主要流体类型为液态原油;印支晚期,研究区东南部埋深大,储层温度超过190℃,储层中的液态烃开始裂解生成天然气;进入早—中白垩纪,储层温度一般大于220℃,在广探2井—南充7井—合川县沿线以西的地区,温度小于250℃,为原油裂解凝析油气,

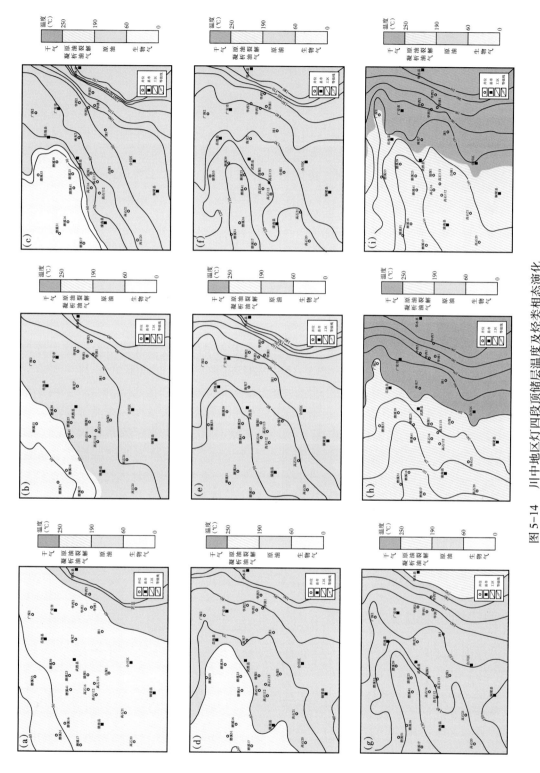

图 5-14 川中地区灯四段顶储层温度及烃类相态演化

(a) 云贵运动前; (b) 冶里运动前; (c) 加里东运动前; (d) 东吴 I 幕前; (e) 东吴 II 幕前; (f) 印支早期前; (g) 印支晚期前; (h) 早—中白垩纪; (i) 现今

而沿线以东的地区温度大于250℃，储层流体为干气；现今阶段，随着大量地层被剥蚀地层温度下降很快，以华涞1井—华西2井连线为界，以西地区温度小于190℃，以东地区温度大于190℃，储层流体性质与前阶段流体类型保持一致。

二、龙王庙组古温度及烃类相态

龙王庙组主要发育层状孔隙型白云岩储层，储集空间类型以粒间孔、晶间孔及溶蚀孔为主，储层发育主要受沉积相和喀斯特作用共同控制。自云贵运动抬升剥蚀形成岩溶储层后，进入了埋藏成岩演化阶段，总体埋藏趋势与灯四段相似，东部埋深和温度大于西部（图5-15）。储层在早—中白垩纪之前，温度一直小于190℃，烃类主要流体类型为液态原油；早中白垩纪，随着前陆盆地大量沉积物的堆积埋藏，储层温度急剧上升，一般超过200℃；以广探2井—涞1井为界，以西的地区储层温度小于250℃，储层液态烃裂解生成天然气；而沿线以东的地区温度大于250℃，储层流体为干气；现今阶段，随着上覆地层被大量剥蚀，储层温度下降很快，以华西2井—华西3井连线为界，以西地区温度小于190℃，以东地区温度大于190℃，储层流体应与前阶段流体类型保持一致。

三、洗象池组古温度及烃类相态

洗象池组自冶里运动抬升剥蚀形成岩溶储层后，进入了埋藏成岩演化阶段，总体埋藏趋势表现为东部埋深和温度大于西部（图5-16）。储层在加里东期前以磨溪16井—磨溪53井—广探2井—邻水县为界，以北地区储层埋藏温度大于60℃，以液态烃为主；东吴Ⅰ幕前储层埋深并未超过加里东运动之前，因此储层温度分布格局并未改变；东吴Ⅱ幕随着埋深加大，以磨溪16井—磨溪53井—广探2井—涞1井—合川县为界，以东地区埋藏温度大于60℃，以液态烃为主；以西地区温度较低，小于60℃；印支早晚期储层温度全面超过60℃，烃类主要流体类型为液态原油；早—中白垩纪，随着前陆盆地大量沉积物的堆积埋藏，储层温度急剧上升，以磨溪17井—磨溪41井—高石21井为界，以西地区温度低于190℃，烃类主要流体类型为液态原油；以东地区储层温度超过190℃，储层液态烃裂解生成天然气，而研究区东北角地区储层温度大于250℃，储层流体为干气；现今阶段，随着上覆地层被大量剥蚀，储层温度下降很快，储层温度一般小于190℃，仅在东北和西北角的局部地区温度大于190℃，储层流体性质与前阶段流体类型保持一致。

四、茅口组古地温及烃类相态

合川—潼南地区茅口组自沉积至东吴Ⅱ幕运动前，碳酸盐岩顶层温度小于60℃，以生物气为主（图5-17）；自印支两期运动后，储层温度全面超过60℃，烃类主要流体类型为液态原油；早—中白垩纪，随着前陆盆地大量沉积物的堆积埋藏，储层温度急剧上升，只有西南角局部地区温度小于190℃，储层烃类为液态原油，其他地区储层温度超过190℃，储层液态烃裂解生成天然气；现今阶段，随着上覆地层被大量剥蚀，储层温度下降很快，储层温度一般小于190℃，呈现北高南低的局面，储层流体性质与前阶段流体类型保持一致。

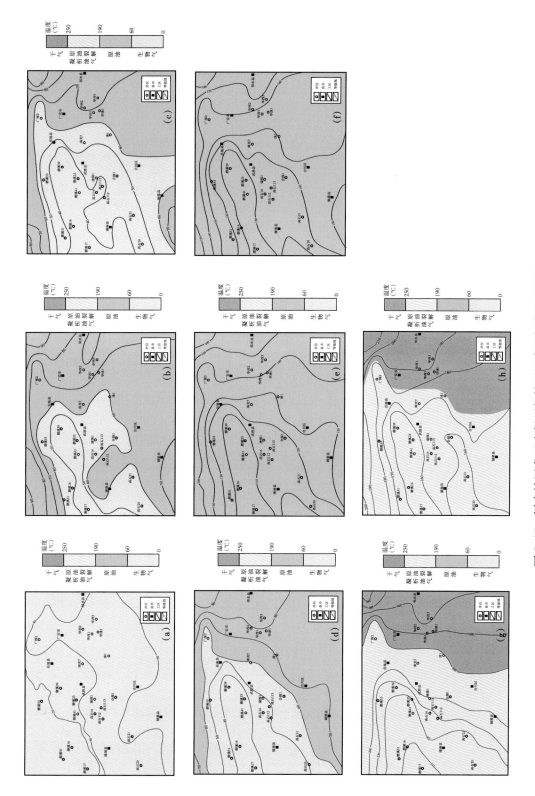

图 5-15　川中地区龙王庙组顶部储层温度及烃类相态演化

(a) 冶里运动前；(b) 加里东运动前；(c) 东吴 I 幕前；(d) 东吴 II 幕前；(e) 印支早期前；(f) 印支晚期前；(g) 早—中白垩纪；(h) 现今

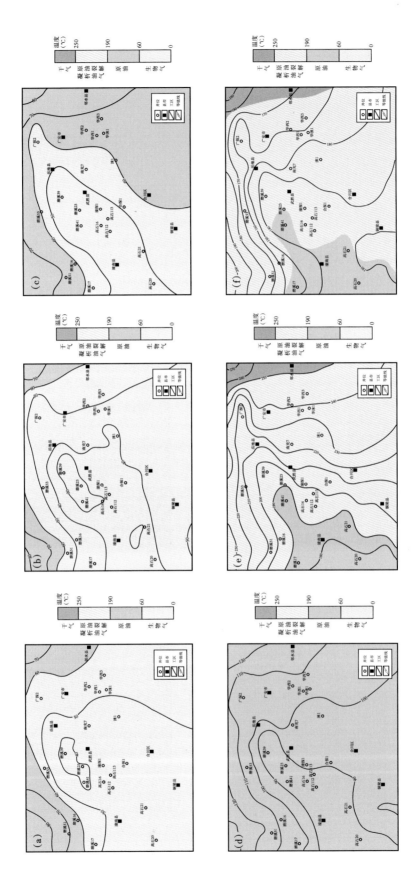

图 5-16　川中地区沉象池组顶部储层温度及烃类相态演化

(a) 加里东运动前；(b) 东吴 I 幕前；(c) 东吴 II 幕前；(d) 印支期；(e) 早—中白垩纪；(f) 现今

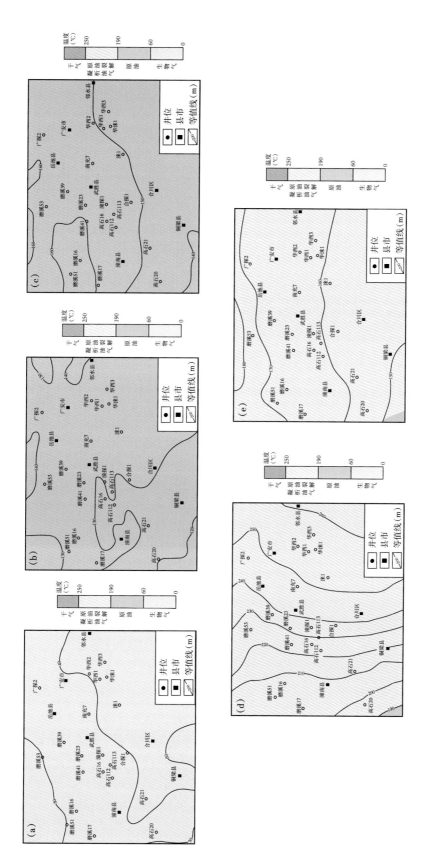

图 5-17 合川—潼南区块茅口组顶部储层温度及烃类相态演化

(a) 东吴Ⅱ幕前；(b) 印支早期；(c) 印支晚期；(d) 早—中白垩纪；(e) 现今

五、长兴组古地温及烃类相态

合川—潼南地区长兴组自沉积后快速埋藏，至印支早期碳酸盐岩顶层温度超过60℃（图5-18），烃类主要流体类型为液态原油；印支晚期随着进一步埋藏储层温度有了进一步的升高，温度北低南高，温度在120~160℃，储层烃类以液态原油为主；早中白垩纪，随着前陆盆地大量沉积物的堆积埋藏，储层温度急剧上升，只有西南角局部地区温度小于190℃储层烃类为液态原油，其他地区储层温度超过190℃，储层液态烃裂解生成天然气；现今阶段，随着上覆地层被大量剥蚀，储层温度下降很快，除了西北角部分区域之外储层温度一般小于190℃，呈现北高南低的局面，储层流体性质与前阶段流体类型保持一致。

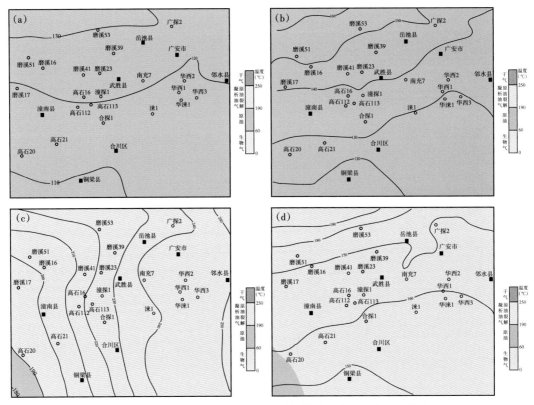

图5-18　合川—潼南区块长兴组顶部储层温度及烃类相态演化
（a）印支早期；（b）印支晚期；（c）早—中白垩纪；（d）现今

六、雷口坡组古地温及烃类相态

合川—潼南地区雷口坡组自沉积后至印支晚期碳酸盐岩顶层温度一般低于60℃（图5-19），烃类主要流体类型为生物气；早—中白垩纪，随着前陆盆地大量沉积物的堆积埋藏，储层温度急剧上升，储层温度均大于60℃，烃类相态为液态原油；现今阶段，随着上覆地层被大量剥蚀，储层温度下降很快，但是均大于60℃，储层流体仍为液态原油。

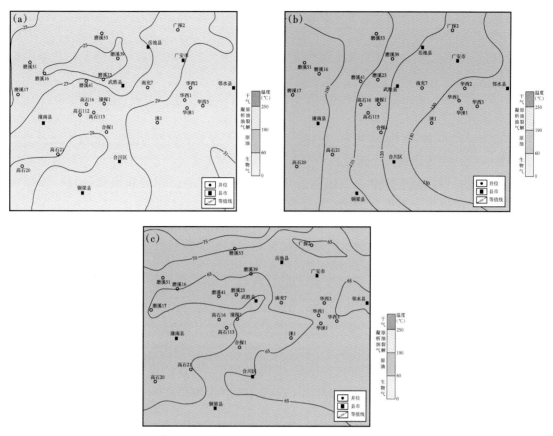

图 5-19　合川—潼南区块雷口坡组顶部储层温度及烃类相态演化
(a)印支晚期；(b)早—中白垩纪；(c)现今

第四节　油气成藏过程

一、油气充注史

包裹体反映了成岩成矿流体的本质特征，因而可以提供诸如温度、成分、盐度等有关矿物形成的一系列原始信息。而有机包裹体则指矿物在有机质成熟演化的各个阶段及油气运移、聚集过程中捕获并被包裹起来的烃类，它记录了油气演化、运移的历史。

安平1井(徐燕丽，2009)震旦系和寒武系孔、缝充填物中的包裹体类型主要为盐水，盐水含烃类，均一温度分布范围为120~250℃，主要集中在190~220℃和240~250℃，大致时代为晚侏罗世—早白垩世初；一些裂缝的第一期包裹体的均一温度为120~140℃，形成期大致在三叠纪。

袁海峰(2014)依据储层孔、洞、缝中矿物的充填次序和类型及不同期次包裹体发育特征，划分了龙王庙组储层的四期油气成藏：

(1)第一期油气成藏发生在中—晚三叠世，被细晶—微晶白云石中均一温度为110~

133℃的包裹体所记录；

（2）第二期油气充注发生在早—中侏罗世，被孔洞中的第一世代白云石中均一温度为143~167℃的包裹体记录；

（3）第三期油气成藏为古油藏在高温作用下裂解为天然气的过程，被储层孔洞缝中充填的第二世代沥青所记录；

（4）第四期油气充注发生在中—晚白垩世，被第三世代石英中均一温度为190~210℃的流体包裹体记录。

张涛（2017）研究了研究区周边两口钻井——磨溪13井和高石17井，其包裹体类型主要有含沥青气体包裹体和持续埋深各个阶段捕获的气体包裹体，也印证了现今气藏为原油裂解成因气藏。根据包裹体赋存的矿物、与沥青的接触关系，结合包裹体的均一温度数据，将龙王庙组储层中流体充注阶段划分为四期：

（1）第Ⅰ期，主要发现于高石17井，包裹体含量不多，未见油包裹体，包裹体零星分布在早期的白云石矿物次生亮边上。通过拉曼光谱可见少量沥青包裹体，均一温度介于100~120℃，推测为早期充注阶段被捕获。

（2）第Ⅱ期：主要发现于高石17井，包裹体较少，推测为运移通道，气藏不滞留。包裹体主要发育在缝洞白云石胶结物中或构造缝充填的白云石脉中，气烃包裹体较少，伴生盐水包裹体更少，测温难度大，均一温度介于130~170℃，推测是中期充注阶段被捕获。

（3）第Ⅲ期：在磨溪13井中发现，此时的包裹体主要发育在与白云石胶结物中或其与沥青的接触部位，可以代表油裂解的时期，发现的气态烃包裹体较多，形态较好，便于测温，伴随的盐水包裹体均一温度范围介于190~210℃，推测是在大量油裂解气充注阶段被捕获。

（4）第Ⅳ期：未在该时期发现气态烃包裹体，该期包裹体流体包裹体类型主要为气液水包裹体、烃—水包裹体和纯甲烷包裹体，其盐水包裹体均一温度值介于210~230℃。在此阶段中三个温度等级代表着三期充注过程，第四期形成于构造抬升阶段。

徐昉昊（2018）针对研究区磨溪12井、磨溪13井、磨溪17井、磨溪21井四口钻井的寒武系龙王庙组，开展包裹体岩相学分析及龙王庙组气藏天然气充注时期的流体性质研究。发现磨溪构造寒武系龙王庙组白云岩储层共发育3个期次的流体包裹体：

（1）第1期次的流体包裹体发育在微—细晶白云石中，GOI值为80%，均一温度为110~133℃。

（2）第2期次的流体包裹体发育于缝、洞中充填的粗晶白云石沉淀期间，包裹体成群或均匀分布于缝、洞中充填的白云石内，GOI值约为60%，盐水包裹体均一温度为143~167℃。

（3）第3期次的流体包裹体发育于缝、洞晚期石英结晶沉淀充填期间，包裹体成群或均匀分布于缝、洞之中晚期充填的石英矿物内。GOI值为1%~2%，第3期石英矿物中盐水包裹体均一温度为170~195℃。

结合区域构造演化，综合前人观点，以潼探1井为例（图5-20），认为中—晚三叠世、早—中侏罗世、早—中白垩世为油气的充注成藏期，该三期成藏均形成于持续埋深的构造期，其中早—中白垩世是研究区气藏成藏的关键时期。

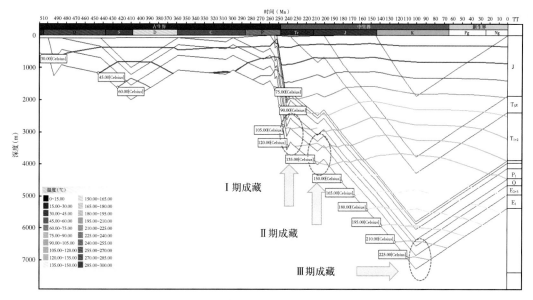

<figure>

图 5-20　川中地区潼探 1 井油气成藏期次

</figure>

二、油源对比

(一)灯影组—龙王庙组

1. 天然气成因类型

乙烷碳同位素具有较强的原始母质继承性，尽管也受烃源岩热演化程度的影响，但受影响程度远小于甲烷碳同位素，因此，乙烷碳同位素是区别煤型气和油型气的最常用的有效指标(戴金星等，2005)。研究相同演化阶段的煤型气和油型气对应的乙烷碳同位素组成，就会发现油型气较煤型气明显地富集^{12}C(刘文汇等，2004)。王世谦(1994)研究了四川盆地侏罗系—震旦系天然气的地球化学特征后指出，煤型气的$\delta^{13}C_2$值大于-29‰，$\delta^{13}C_3$值大于-27‰。刚文哲等(1997)研究认为，$\delta^{13}C_2$值对天然气的母质类型反应比较灵敏，腐殖型天然气中$\delta^{13}C_2$值大于-29‰，腐泥型天然气中$\delta^{13}C_2$值小于-29‰；戴金星等(1992)综合研究了中国天然气后指出，油型气的$\delta^{13}C_2$值小于-28.8‰；而煤型气的$\delta^{13}C_2$值大于-28.5‰。通过综合多个学者的经验统计结果，选取$\delta^{13}C_2$为-29‰作为煤型气和油型气的分界线，煤型气$\delta^{13}C_2$一般大于-29‰，油型气$\delta^{13}C_2$一般小于-29‰。

川中寒武系龙王庙组天然气$\delta^{13}C_2$为-35‰~-31‰，潼探 1 井龙王庙组$\delta^{13}C_2$为-32.3‰(图 5-21)，均明显小于-29‰，表明天然气为典型的油型气。与龙王庙组相比，灯影组天然气乙烷碳同位素值(-30‰~-27.5‰)，明显比龙王庙组乙烷重，虽然主体大于-29‰，但是从其他地球化学指标上来看也属于油型气。

利用$\delta^{13}C_1$—C_1/C_{2+3}天然气成因判别图(图 5-22)，可以看到川中龙王庙组天然气分布于 II 型干酪根区域，表明应该是腐泥型来源，而潼探 1 井龙王庙组分布于 II 型干酪根区域延伸区域，为油型气。川中灯影组分布于 II 型干酪根延伸区域上，也为腐泥型有机质来源。

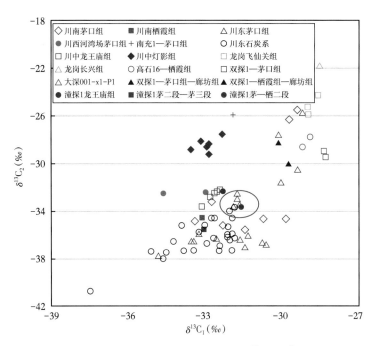

图 5-21　四川盆地震旦系—二叠系天然气 $\delta^{13}C_1$—$\delta^{13}C_2$ 相关图

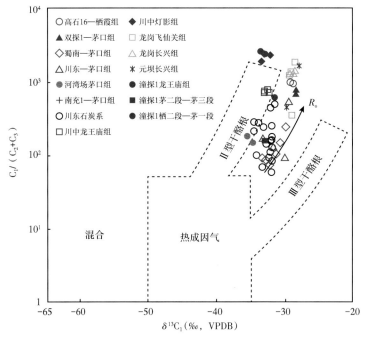

图 5-22　四川盆地震旦系—二叠系天然气 $\delta^{13}C_1$—C_1/C_{2+3} 相关图

李剑等（2017）通过开展高温高压黄金管和高压釜热模拟实验，分析原始干酪根、原油和残余干酪根（去除液态烃后的残余样品）生成组分特征，建立了腐泥型有机质不同演化阶段干酪根降解气和原油裂解气 $\ln(C_1/C_2)$—$\ln(C_2/C_3)$ 判识图版（图 5-23）。四川盆地高石梯—

磨溪地区震旦系—寒武系天然气的 ln（C_1/C_2）为 6.35~7.85、ln（C_2/C_3）为 3.11~4.69，基本落入图版中原油裂解气 R_o>2.5%的范围，表明震旦系—寒武系天然气主要为原油裂解气。潼探 1 井龙王庙组丙烷含量很低，没有检测出来，但是 ln（C_1/C_2）= 7.84，与川中高石梯—磨溪地区震旦系—寒武系天然气的值很接近，表明其为原油裂解气。

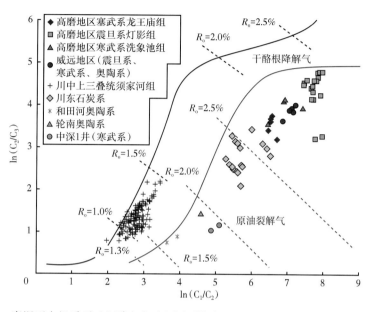

图 5-23　腐泥型有机质干酪根降解气和原油裂解气 ln（C_1/C_2）— ln（C_2/C_3）判识图版

基于热模拟实验，李剑等（2017）建立了轻烃判识聚集型和分散型液态烃裂解气判识图版，他们认为高演化的聚集型液态烃裂解气甲基环己烷/nC_7>1.0，ΣC_{6-7}环烷烃/（nC_6+nC_7）>1.0；而分散型液态烃裂解气两个地球化学指标均小于 1.0。通过对四川盆地高石梯—磨溪地区震旦系灯影组、寒武系龙王庙组以及威远地区寒武系天然气轻烃分析，可以看出 ΣC_{6-7}环烷烃/（nC_6+nC_7）和甲基环己烷/nC_7 两个参数普遍大于 1，最大值达到 4.55，数据全部落入高演化聚集型液态烃裂解气区，证明该地区天然气为聚集型液态烃裂解气（图 5-24）。

2. 气源分析

安岳气田天然气为原油裂解气（杜金虎等，2015），但是气源认识存在分歧：（1）均来源于筇竹寺组烃源岩（杜金虎等，2014）；（2）灯影组天然气来源于筇竹寺组和灯三段，龙王庙组天然气来源于筇竹寺组（邹才能等，2014）；（3）灯影组和龙王庙组天然气均为筇竹寺组和灯影组烃源岩混源气（徐春春等，2014）。高过成熟地区天然气组分较为单一，天然气与源岩之间缺乏可直接对比的地球化学指标，气源对比难度大。为了准确、科学地判断气源，本书采用多参数方法、地质与地球化学结合，综合判断安岳气田天然气主要来源于下寒武统筇竹寺组、灯三段烃源岩有贡献（图 5-25），存在以下四个方面证据。

（1）烷烃气碳同位素证据。

寒武系龙王庙组天然气 $\delta^{13}C_2$ 为-35‰~-31‰，与筇竹寺组干酪根碳同位素（$\delta^{13}C_{ker}$）值-36.4‰~-30‰相近，表明天然气来源以筇竹寺组泥岩为主。与龙王庙组相比，灯影组天然气 $\delta^{13}C_2$（-30‰~-27.5‰），明显比龙王庙组乙烷重，指示灯影组可能有不同气源。

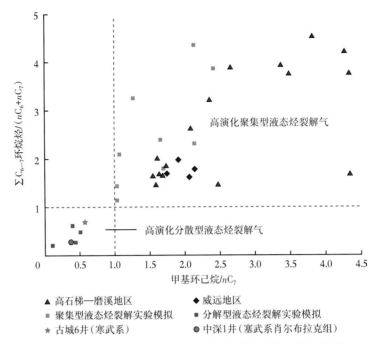

图 5-24　高演化聚集型和分散型液态烃裂解气判识图版（据李剑等，2017）

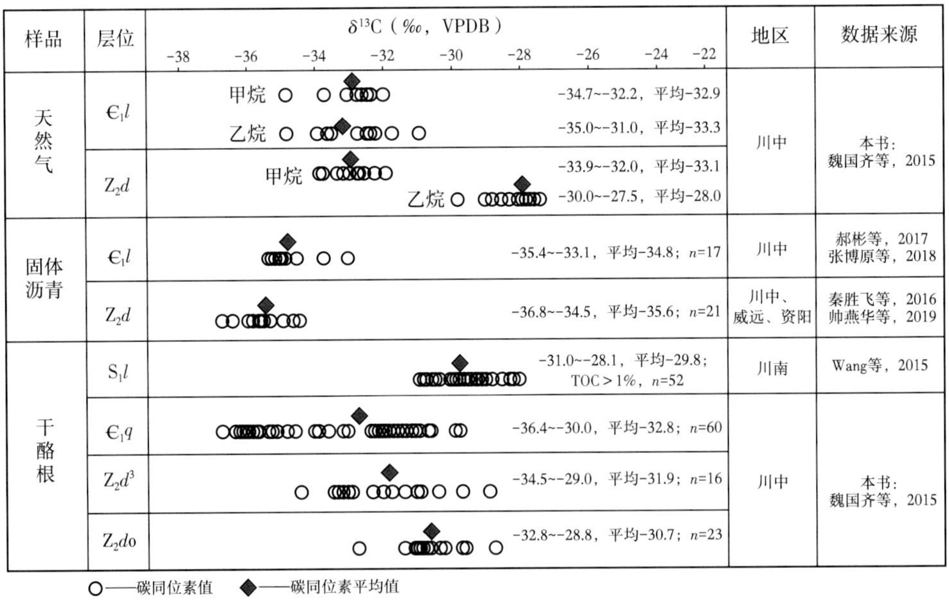

样品	层位	$\delta^{13}C$ （‰，VPDB）	地区	数据来源
天然气	$\in_1 l$	甲烷　-34.7~-32.2，平均-32.9　　乙烷　-35.0~-31.0，平均-33.3	川中	本书：魏国齐等，2015
	$Z_2 d$	甲烷　-33.9~-32.0，平均-33.1　　乙烷　-30.0~-27.5，平均-28.0		
固体沥青	$\in_1 l$	-35.4~-33.1，平均-34.8；$n=17$	川中	郝彬等，2017　张博原等，2018
	$Z_2 d$	-36.8~-34.5，平均-35.6；$n=21$	川中、威远、资阳	秦胜飞等，2016　帅燕华等，2019
干酪根	$S_1 l$	-31.0~-28.1，平均-29.8；TOC>1%，$n=52$	川南	Wang等，2015
	$\in_1 q$	-36.4~-30.0，平均-32.8；$n=60$	川中	本书：魏国齐等，2015
	$Z_2 d^3$	-34.5~-29.0，平均-31.9；$n=16$		
	$Z_2 do$	-32.8~-28.8，平均-30.7；$n=23$		

○──碳同位素值　◆──碳同位素平均值

图 5-25　四川盆地震旦系—三叠系烃源岩、固体沥青碳同位素对比图

（2）沥青碳同位素。

龙王庙组储层沥青 $\delta^{13}C$（-35.4‰~-33.1‰）与筇竹寺组 $\delta^{13}C_{ker}$ 有明显亲缘关系（图 5-25），从灯影组储层沥青 $\delta^{13}C$ 值（-36.8‰~-34.5‰）与筇竹寺组 $\delta^{13}C_{ker}$（-36.4‰~-30‰）、灯三段 $\delta^{13}C_{ker}$（-34.5‰~-29.0‰）对比看，符合沥青与母源干酪根的继承关系，说明灯影组天然气可能来自上述两套烃源岩。

（3）烷烃气氢同位素证据。

天然气氢同位素不仅受成熟度影响，而且受沉积期水体盐度的影响。通常较高丰度的伽马蜡烷看作是沉积水体高盐度的重要指标（Peters 等，1993）。筇竹寺组烃源岩伽马蜡烷/C_{30}藿烷比值高于灯三段烃源岩（Chen 等，2017），表明前者水体盐度要高于后者。龙王庙组和灯影组甲烷碳同位素绝大部分分布在-34‰~-32‰之间，指示二者之间的成熟度差异较小。龙王庙组甲烷氢同位素（-138‰~-132‰）明显重于灯四段（-147‰~-135‰），灯二段最轻（-150‰~-141‰），说明龙王庙组天然气应来自较高盐度的筇竹寺组，灯影组应为混源气，且筇竹寺组烃源岩对灯四段天然气的贡献程度要高于灯三段烃源岩。

鉴于筇竹寺组烃源岩在有机质丰度、厚度和生烃强度方面远远优于灯影组烃源岩，因此判断川中地区震旦系天然气主要来源于筇竹寺组，少量来源于灯三段，而龙王庙组天然气则是来源于筇竹寺组。

（4）生物标志化合物组成。

通过分析灯影组沥青饱和烃生物标志化合物、芳烃以及姥鲛烷、植烷相对组成，可以看出灯影组沥青来源于海相泥岩，并且与寒武系筇竹寺组、灯影组烃源岩相关特征化合物比值明显接近（图 5-26），这些指标指示，灯影组沥青来源于筇竹寺组和灯影组泥岩烃源岩。

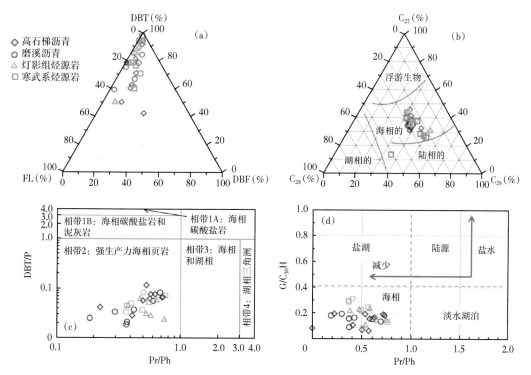

图 5-26 四川盆地灯影组沥青与筇竹寺组、灯影组烃源岩生标组成

（a）呋喃—二苯并噻吩—二苯并呋喃三角图；（b）C_{27}—C_{28}—C_{29}规则甾烷三角图；

（c）Pr/Ph—DBT/P 相关图；（d）Pr/Ph—G/C_{30}H（据 Chen 等，2017）

（二）下二叠统茅口组

1. 天然气成因类型

四川盆地不同地区茅口组天然气的碳同位素组成有着较大的差异。川南地区茅口组甲烷碳同位素值分布范围为-33.4‰~-29.8‰，平均值为-31.9‰；乙烷碳同位素值分布范围为-35.6‰~-33.2‰，平均值为-34.7‰；丙烷碳同位素值分布范围为-32.5‰~-30.2‰，平均值为-31.5‰。川东地区茅口组甲烷碳同位素值分布范围为-34.8‰~-29.4‰，平均值为-31.8‰；乙烷碳同位素值分布范围为-37.7‰~-30.3‰，平均值为-34.9‰；丙烷碳同位素值分布范围为-35.9‰~-26.3‰，平均值为-31.9‰。川西地区茅口组甲烷碳同位素值分布范围为-39.5‰~-30.4‰，平均值为-34.8‰；乙烷碳同位素值分布范围为-35.4‰~24.1‰，平均值为-30.8‰。川中栖霞—茅口组甲烷碳同位素值分布范围为-35.5‰~-28.9‰，平均值为-32.6‰；乙烷碳同位素值分布范围为-35.4‰~-25.9‰，平均值为-30.4‰。

从茅口组乙烷碳同位素组成来看，蜀南、川东、川西等地区的乙烷碳同位素值基本上低于-28‰，表明这些天然气主要为油型气；川西北双鱼石地区、川西南大兴场乙烷碳同位素值较重。大兴场地区乙烷碳同位素组成与龙岗地区长兴—飞仙关组天然气相近，表现为煤成气的特征。

潼探1井茅二—茅三段、栖二—茅一段天然气乙烷碳同位素值分别为-35.5‰和-33.6‰，均为典型的油型气。从$\delta^{13}C_1$—C_1/C_{2+3}天然气成因判别图中可以看到，潼探1井茅口组天然气均紧邻Ⅱ型干酪根区域分布，再次佐证为油型气成因类型。潼探1井茅二—茅三段、栖霞组—茅一段丙烷含量很低，没有检测出来，其$\ln(C_2/C_3)$值也应很低，$\ln(C_1/C_2)$值分别为5.18和6.41，将数据投入图5-23中，应该分布在原油裂解气分布范围内。

2. 气源分析

从分布区间来看，川西地区甲烷和乙烷碳同位素的分布区间最广，表明不同构造天然气的来源具有较大差异。川东地区分布区间次之，蜀南地区分布区间相对最为狭窄，说明蜀南地区天然气的来源大体一致，而川东地区不同构造之间存在差异，但不如川西北那样明显。

石炭系天然气的甲烷碳同位素值分布范围为-37.5‰~-31.3‰，平均值为-32.8‰；乙烷碳同位素值分布范围为-40.7‰~-33.6‰，平均值为-36.2‰；丙烷碳同位素值分布范围为-36.9‰~-27.1‰，平均值为-33.3‰。通过储层沥青与烃源岩生物标志物组成、烷烃气碳同位素组成等分析，川东石炭系天然气来源于志留系龙马溪组烃源岩，并且这一认识在不同学者间达成共识（胡光灿等，1997；戴金星等，2010）。对比川东茅口组与石炭系黄龙组天然气的甲烷、乙烷碳同位素（图5-26），发现二者之间具有较为近似的组成特征，但是总体上石炭系天然气的碳同位素组成要轻于茅口组，表明川东茅口组天然气主要来源于志留系龙马溪组烃源岩，并混有少量其他层位的烃源岩贡献。

上扬子地区志留系烃源岩的干酪根碳同位素值分布范围为-30.5‰~-27.5‰，而下二叠统栖霞—茅口组烃源岩的干酪根碳同位素值分布范围为-30‰~-26‰（梁狄刚等，2009），即后者要明显重于前者（图5-27）。根据有机质生成过程中同位素的继承效应，相同或相近成熟度下，具有较重干酪根碳同位素组成的烃源岩其生成的天然气也应具有较重的碳同位素组成。因此认为川东地区茅口组天然气有一部分来源于下二叠统自身的泥质碳酸盐岩烃源岩的贡献。

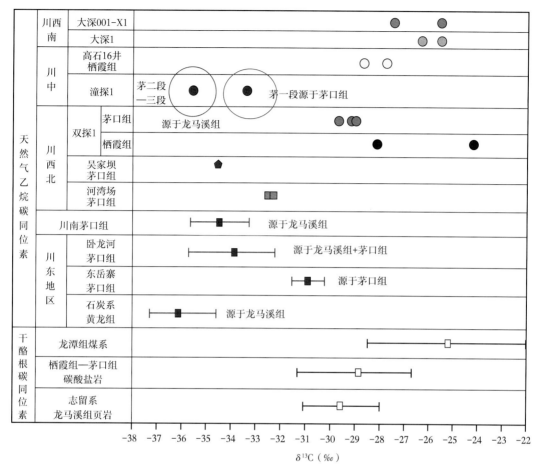

图 5-27　四川盆地不同地区栖霞—茅口组天然气乙烷以及烃源岩干酪根碳同位素组成

蜀南地区栖霞—茅口组天然气的烷烃气碳同位素组成与川东石炭系非常接近，并且蜀南地区正好坐落于志留系龙马溪组生烃中心之上，表明其绝大部分来源于志留系龙马溪组。

潼探 1 井茅二—茅三段天然气乙烷碳同位素值与石炭系天然气非常相似，并且与龙马溪组烃源岩干酪根碳同位素具有明显亲缘关系，指示该层段天然气来源于龙马溪组烃源岩。潼探 1 井栖霞组—茅一段天然气乙烷碳同位素值稍重于茅二—茅三段天然气，但比单纯来源于茅口组烃源岩的东岳寨气田茅口组天然气乙烷碳同位素要轻，表明潼探 1 井栖霞组—茅一段天然气应该是来源于龙马溪组和茅一段烃源岩的混合气，并且相对以茅一段烃源岩贡献为主。

（三）长兴组

四川盆地川中地区长兴组气藏气源问题一直存在争议。已钻探的井如磨溪井、涞 1 井和王家 1 井的天然气为典型的油型气（图 5-28）。这三口井天然气同位素值均倒转，与来源于龙马溪组的天然气特征非常相似（图 5-29），因此与龙马溪组烃源岩干酪根碳同位素具有明显亲缘关系，指示该层段天然气来源有龙马溪组烃源岩的贡献。因此认为合川—潼南区块长兴组气藏潜在的烃源岩为下伏志留系龙马溪组及二叠系龙潭组。

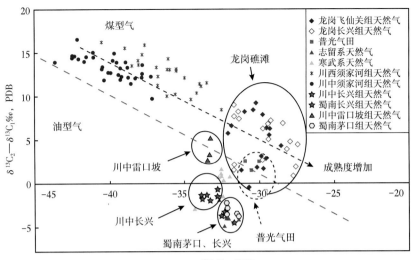

寒武系：威远气田灯影组下寒武统烃源岩

天然气数据来源：志留系：卧龙河和五百梯气田石炭系下志留统烃源岩

川西须家河：中坝、新场、白马庙、平落坝等气田

川中须家河：广安、遂南和八角场气田

川中长兴：王家1、磨溪1、涞1

图 5-28 四川盆地天然气 $\delta^{13}C_2$-$\delta^{13}C_1$—$\delta^{13}C_1$ 相关图

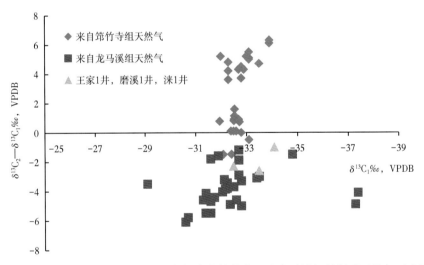

图 5-29 川中地区部分长兴组天然气与来自筇竹寺组和龙马溪组烃源岩天然气对比图

(四)雷口坡组

四川盆地雷口坡组气藏气源问题自中坝气田突破后就一直倍受重视，但至今仍存争议。磨溪气藏的天然气为油型气，具有干燥系数高、乙烷碳同位素值偏高（具煤型气的特征）、高硫化氢含量和 TSR 反应等特点（王兰生等，1997；孙腾蛟，2014）。但其储层未与烃源层直接接触，而且缺少明显的大断层，因此虽然认为其烃源应该来自深部二叠系，但缺少相应的运移通道。孙玮等（2009）认为磨溪气藏天然气是从龙女寺地区通过断层运移上来后再迁移至磨溪地区的。磨溪气藏油型气从深层运移至雷口坡组，其间要穿过下三叠

统飞仙关组和嘉陵江组两套碳酸盐岩地层，且嘉陵江组膏盐岩发育。因此只能通过断层才能使油气发生大规模运移。合川—潼南区块雷口坡组气藏潜在的烃源岩为下伏志留系龙马溪组及二叠系龙潭组。

三、烃源岩供烃及成藏模式

川中地区以气藏为主，气藏来源于烃源岩和原油裂解气两部分。原油裂解气主要为原始油藏在储层高温条件下裂解形成天然气和沥青，而不同层段的烃源岩为不同的层段储层提供气源（图5-30）。灯四段气藏可能提供气源的潜在烃源岩为上覆筇竹寺组、下伏灯三段及陡山沱组三套烃源岩，存在着上覆倒灌、下伏双源供烃的三元供烃模式，烃类来源比较丰富；龙王庙组和洗象池组气藏潜在烃源岩为下伏的筇竹寺组，可能为下生上储的成藏模式；茅口组气藏潜在烃源岩为自身及下伏的栖霞组、龙马溪组及筇竹寺组，可能为下生上储的三元供烃成藏模式；长兴组气藏潜在烃源岩为下伏龙潭组及志留系龙马溪组烃源岩，可能为下生上储的成藏模式；雷口坡组气藏潜在的烃源岩为下伏志留系龙马溪组及二叠系龙潭组，可能为下生上储的成藏模式。研究区存在着志留系龙马溪组的地层尖灭，在尖灭线以西的构造高部位的洗象池组及茅口组气藏可能还存在着旁生侧储成藏模式。

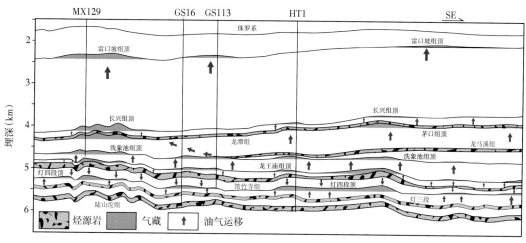

图5-30　川中地区烃源岩供烃及成藏模式

四、区域油气成藏过程

川中地区碳酸盐岩层系油气成藏过程可以简单概括为：早期古油藏形成；古油藏遭到破坏；古油藏再次形成；古油藏原油裂解转化为超压古气藏；现今常压残余气藏。震旦系沉积后，发生的桐湾运动导致该时期灯影组遭受抬升暴露剥蚀作用明显，川中古隆起核部尤其严重。由于暴露地表，使得灯影组大气淡水溶蚀作用发育，形成了物性较好的孔洞型储层，所以现今川中地区震旦系灯影组的良好储集条件与古震旦系沉积时期的大气淡水溶蚀作用产生的高孔密不可分。震旦系沉积时期由于烃源岩有机质未成熟，地层尚未形成超压。之后沉积的筇竹寺组黑色泥页岩是研究区震旦系及之上储层中油气重要的烃源岩。寒武系沉积后，下伏筇竹寺组烃源岩仍未成熟。在志留系沉积末期，西北高部位的磨溪及高石梯构造带震旦系灯三段和寒武系筇竹寺组烃源岩还未成熟，而其他深埋地区烃源岩 R_o

值达到 0.5%，达到早成熟阶段，能够向震旦系灯四段圈闭、沿着断裂向上覆寒武系龙王庙组和洗象池组充注油气，此为古油藏的形成阶段（图 5-31）。加里东运动时期，地层大量抬升剥蚀，此时烃源岩停止生烃演化，同时早期的古油藏或调整被破坏，出现了不同程度的生物降解作用，一般储层中均含有氧化降解沥青；海西期古油藏再次调整破坏，此次地层埋深一般不及加里东运动前，因此烃源岩处于生烃停滞状态；随着二叠纪和三叠纪地层的沉积，研究区内所有震旦系和寒武系烃源岩 R_o 值均急剧增加，加之志留系龙马溪组和二叠系龙潭组在三叠纪先后开始成熟，此阶段为研究区主要的原油充注期，研究区东南部分地区震旦系灯三段 R_o 大于 1.3%，可能会给储层带来少量的湿气充注。进入侏罗纪后，随着前陆阶段大量的地层沉积，烃源岩快速继续生烃演化，一般在早中白垩纪地层抬升剥蚀之前，除了西北构造高部位龙潭组埋深较浅处于湿气阶段外，其他地区所有的四套烃源岩 R_o 均超过 2.0%，达到了干气阶段。该时期也为重要的原油裂解生气期，之前储层中的液态烃在高温条件下裂解生气，加上烃源岩的裂解生气，强烈的天然气的充注造成气侵，形成脱沥青作用，并有少量的沥青沉淀，该时期是研究区最主要的天然气成藏充注期。原油裂解为天然气和沥青，古油藏中的原油已基本全部裂解为天然气，使得古油藏逐

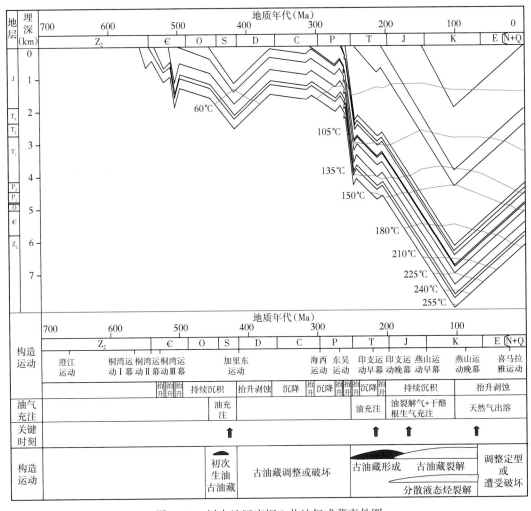

图 5-31　川中地区广探 2 井油气成藏事件图

232

渐消失殆尽，转化为古气藏，并由于体积膨胀效应，原油裂解成天然气的过程中形成压力，使得古气藏具备超压特征。后期在喜马拉雅运动，由于地层的大量抬升剥蚀，烃源岩停止演化，埋深的急剧下降导致储层温度降低，地层压力释放，先前的水溶气和油溶气可能出溶，和之前的天然气进一步调整和再聚集成藏，形成现今油气藏。

川中地区碳酸盐岩层系油气藏以气藏为主，含少量凝析油气藏，气藏纵向产层多，平面分布广；主要发育的层位有二叠系的栖霞组、茅口组、长兴组气藏和三叠系的飞仙关组、嘉陵江组、雷口坡组，寒武系洗象池组和龙王庙组，震旦系的灯四段。在构造演化过程以及烃源岩的生烃演化历史的基础上，结合多期流体充注和成藏事件，剖析了以下两条剖面的油气成藏模式。

在西北—东南向的剖面（图5-32）中，随着奥陶系和志留系的沉积，在东南区域震旦—寒武系烃源岩埋藏较深，达到生烃门限开始早成熟阶段，生成的液态烃在灯四段沿着断裂及岩溶不整合面，在上覆龙王庙组及洗象池组有利圈闭里聚集成藏；加里东运动西北地区地层抬升剥蚀，洗象池组被暴露地表，古油藏遭受破坏，灯四段、龙王庙组及埋藏洗象池组古油藏被调整后再聚集，此时古油藏分布于斜坡各个部位的有利圈闭中；随着二叠纪系的埋藏，震旦—寒武系烃源岩达到加里东运动前的埋深并继续埋藏，成熟度不断增加，进入成熟阶段，生成的液态烃主要聚集在东南及西北地区，中部有利圈闭较少。整合东吴期及印支期，震旦—寒武系烃源岩以生油为主，在印支早期龙马溪组和龙潭组烃源岩 R_o 达到0.5%开始为上覆圈闭供烃；印支早期为古油藏定型期，分布于斜坡各层位的有利圈闭中；印支晚期，震旦—寒武系烃源岩 R_o 超过1.3%，生烃以湿气为主，同时伴随着上覆地层的持续埋深，龙马溪组及龙潭组也先后进入湿气阶段；早中白垩纪，除斜坡高部位龙潭组仍处在湿气阶段，其他烃源岩都进入了干气阶段，同时古油藏在高温条件下开始裂解生气，油气藏类型由油藏转变为气藏，由于体积膨胀形成超压古气藏。当地层压力高过上覆盖层的突破压力时，超压流体向上覆地层进行幕式排放并穿层运移。喜马拉雅构造运动期间，震旦系和寒武系气藏均经历了降温降压的过程，并伴随有水溶气的脱溶，天然气局部调整成藏。从剖面来看，气藏主要分层聚集在斜坡高部位和中段，斜坡低部位有利圈闭中也有气藏分布。

西南—北东向剖面（图5-33）较西北—东南向剖面，整体构造位置较低，印支期受泸州—开江古隆起影响明显，表现为西南—北东向斜坡。在印支运动之前，受乐山—龙女寺古隆起影响，西南—北东向地层只表现地层的整体升降和局部调整，因此成藏环境变化不大，只是古油藏的小范围迁移和调整，表现为大范围的层状油气藏；须家河组沉积前，此时泸州—开江古隆起已经开始影响区域构造，古油藏定型在北东倾向缓斜坡的有利圈闭中；印支期结束后，泸州—开江古隆起停止影响，地层表现为整体的沉降，烃源岩先后进入湿气和干气阶段，同时古油藏在高温条件下开始裂解生气，油气藏类型由油藏转变为气藏，由于体积膨胀形成超压古气藏，分布于西南—北东向斜坡的有利圈闭中。当地层压力高过上覆盖层的突破压力时，超压流体向上覆地层进行幕式排放并穿层运移。喜马拉雅构造运动期间，地层抬升剥蚀，气藏降温降压，并伴随有水溶气的脱溶，天然气局部调整成藏。从剖面来看，气藏主要分层聚集在中段以及其他部位的有利圈闭中。

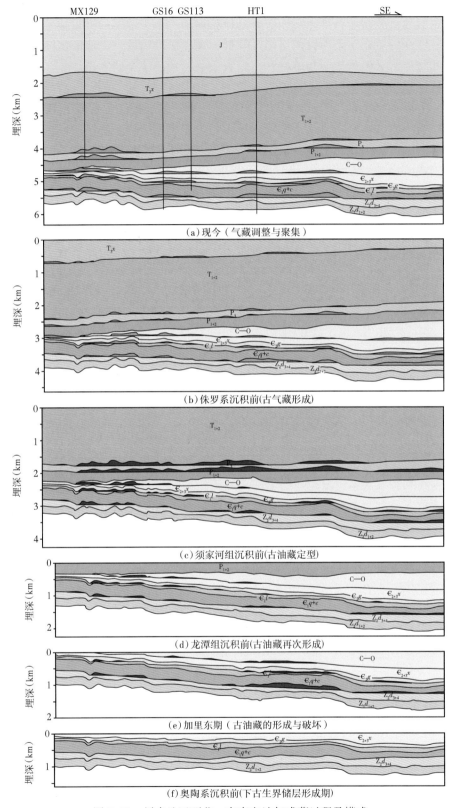

图 5-32　川中地区西北—东南向油气成藏过程及模式

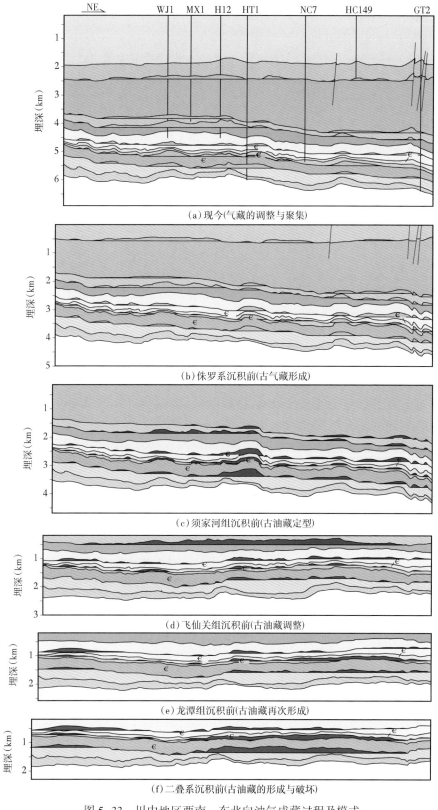

(a) 现今(气藏的调整与聚集)

(b) 侏罗系沉积前(古气藏形成)

(c) 须家河组沉积前(古油藏定型)

(d) 飞仙关组沉积前(古油藏调整)

(e) 龙潭组沉积前(古油藏再次形成)

(f) 二叠系沉积前(古油藏的形成与破坏)

图 5-33 川中地区西南—东北向油气成藏过程及模式

第六章　近期重点勘探领域与区带

针对川中地区海相碳酸盐岩层系，围绕震旦系灯影组丘滩体、寒武系龙王庙组—洗象池组颗粒滩、二叠系栖霞—茅口组颗粒滩，长兴组礁滩、三叠系雷口坡组开展重点领域与区带评价，提出勘探目标。总体看来，灯影组总体勘探程度较低，资源总量大，勘探前景广阔；栖霞—茅口组烃源岩条件比较优越，既有自身发育的烃源岩也有其他烃源岩供烃，成藏条件优越，勘探程度低，潜力大。

第一节　震旦系灯影组勘探领域与区带

一、重点勘探领域与区带

震旦系灯影组成藏组合类型主要为旁生侧储岩溶式、"三明治式"、上生下储近源白云岩型式和下生上储岩溶式，其主力烃源岩为寒武系筇竹寺组，潜在烃源岩为灯三段、陡山沱组以及前震旦系烃源岩，储层为灯二段和灯四段。基于目前的勘探成果和对气藏控制因素的主要认识，以控气藏关键要素为重点依据，围绕川中台内丘滩体、构造背景以及烃源岩条件，评价川中台内灯二段三个有利勘探区带，面积928km²，分别为Ⅰ类有利区2个（潼南有利区和合川北有利区，面积718km²）、Ⅱ类有利区1个（武胜东有利区，面积210km²），如图6-1所示；评价灯四段3个有利勘探区带，面积1105km²，分别为Ⅰ类有

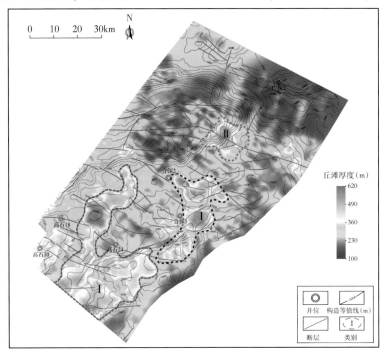

图6-1　川中台内灯影组二段有利区带综合评价图

236

利区 1 个（合川北有利区，面积 765km²）、Ⅱ 类有利区 2 个（合川南有利区和武胜东有利区，面积 340km²），如图 6-2 所示。

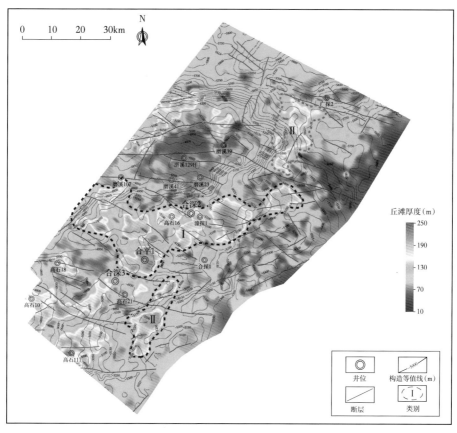

图 6-2　川中台内灯影组四段有利区带综合评价图

二、有利勘探目标

针对灯影组丘滩体，依据丘滩体厚度和面积大、滩体形态好，有构造背景且位于持续构造高部位及周缘，紧邻灯三段烃源厚值区，发育潜在陡山沱组烃源岩和前震旦系烃源岩，优选钱探 1 井、武探 1 井、龙探 1 井、安探 1 井 4 个有利勘探目标。其中钱探 1 井最为有利，建议部署。

钱探 1 井灯四段和灯二段丘滩体均发育（图 6-3），灯二段丘滩体面积约 163km²，灯四段丘滩体面积约 175km²。钱探 1 井具有构造背景，其灯二段为一背斜圈闭，圈闭面积 73.5km²，最低圈闭线-5370m，闭合度 20m（图 6-4），灯四段也为一背斜圈闭，圈闭面积 24.7km²，最低圈闭线-5100m，闭合度 60m。从地震反演储层厚度图看，钱探 1 井储层发育，灯二段储层厚度约 70m（图 6-5）；灯四段储层厚度约 45m，孔隙度为 4%~8%。从地震烃类检测剖面看，钱探 1 井灯二段、灯四段含气可能性大（图 6-6）。

钱探 1 井可兼探目标有：（1）茅口组断溶体；（2）栖霞组颗粒滩；（3）龙王庙组颗粒滩。从图 6-7 可以看出：钱探 1 井志留系、筇竹寺组烃源岩发育，有沟通志留系的油源断层；茅口组断溶体发育；栖霞组、龙王庙组颗粒滩发育。

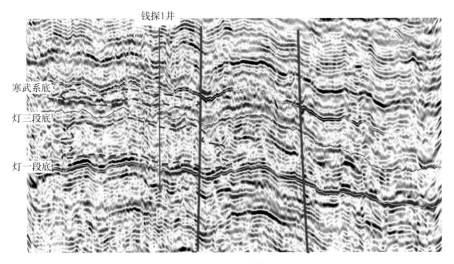

图 6-3 钱探 1 井过井剖面(L1170)

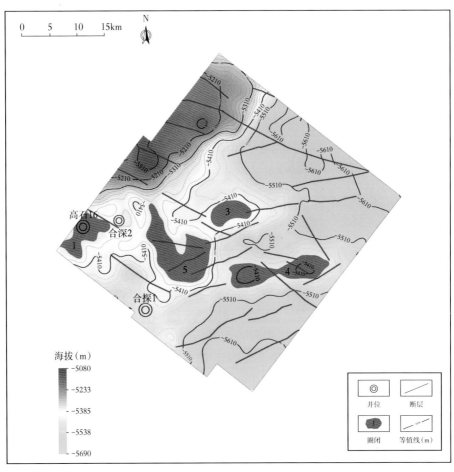

图 6-4 合川 125 灯影组二段顶面构造图

238

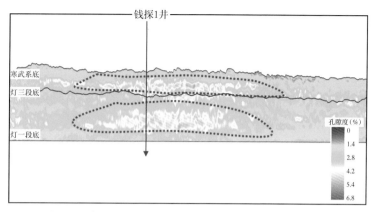

图 6-5 钱探 1 井过井反演剖面（L1170，灯影组底拉平）

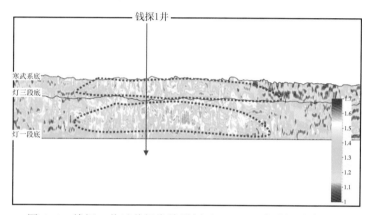

图 6-6 钱探 1 井过井烃类检测剖面（T1170，灯影组底拉平）

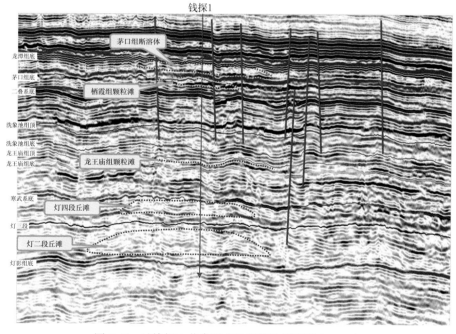

图 6-7 过钱探 1 井合川 125 三维地震剖面（L1158）

第二节 寒武系重点勘探领域与区带

一、重点勘探领域与区带

寒武系龙王庙组和洗象池组成藏组合类型主要为下生上储式，其主力烃源岩为寒武系筇竹寺，潜在烃源岩为灯三段、陡山沱组以及前震旦系烃源岩，储层为龙王庙组和洗象池组。基于目前的勘探成果和对气藏控制因素的主要认识，以控气藏关键要素为重点依据，围绕颗粒滩体、构造背景以及烃源岩条件，评价川中地区龙王庙组两个有利勘探区带，面积共计1630km²，分别为Ⅰ类有利区1个（面积480km²）、Ⅱ类有利区1个（面积1150km²），如图6-8所示；评价洗象池组3个有利勘探区带，面积共计1162km²，分别为Ⅰ类有利区2个（面积574km²），Ⅱ类有利区1个（面积588km²），如图6-9所示。

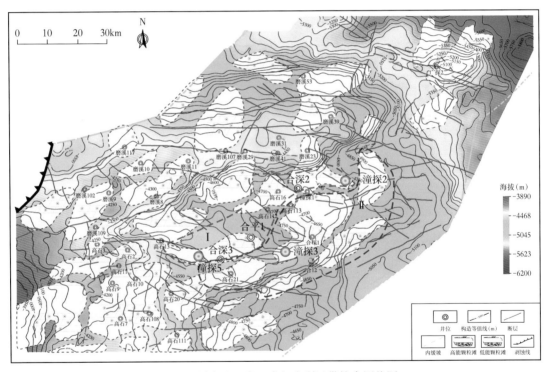

图6-8 川中地区龙王庙组有利区带综合评价图

二、有利勘探目标

针对龙王庙组颗粒滩体，依据龙王庙颗粒滩发育，有构造背景且位于持续构造高部位及周缘，紧邻筇竹寺组烃源岩厚值区，发育潜在陡山沱组烃源岩和前震旦系烃源岩，优选潼探2井、潼探3井、潼探5井3个有利目标（图6-9）。如潼探2井，从构造上看具有构造背景，为一构造圈闭；从地震剖面看，其龙王庙组表现为亮点特征（图6-9），颗粒滩体发育；从地震反演剖面看（图6-10），其储层发育。

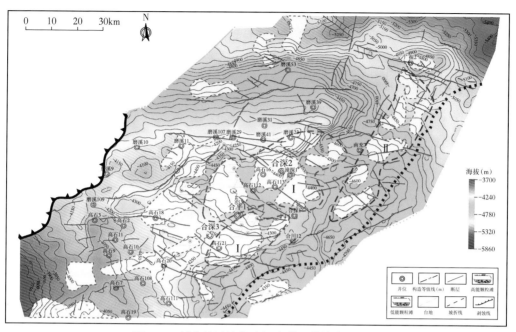

图 6-9　川中地区洗象池组有利区带综合评价图

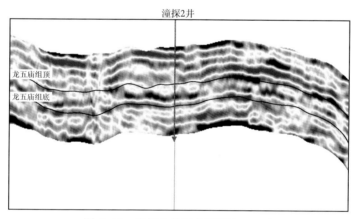

图 6-10　潼探 2 井过井剖面（L1284）

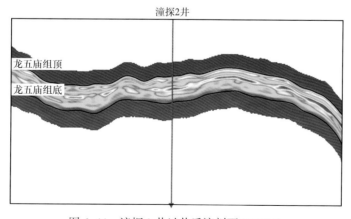

图 6-11　潼探 2 井过井反演剖面（L1284）

第三节　二叠系重点勘探领域与区带

一、重点勘探领域与区带

二叠系栖霞—茅口组成藏组合类型主要为下生上储式，其主力烃源岩为志留系烃源岩、下二叠统烃源岩及上二叠统烃源岩，储层为栖霞组颗粒滩和茅口组颗粒滩及岩溶储层。基于目前的勘探成果和对气藏控制因素的主要认识，以控气藏关键要素为重点依据，依据颗粒滩和断溶体发育并与断裂沟通，有构造背景且位于持续构造高部位及周缘以及位于志留系和下二叠统烃源厚值区等地质条件，评价川中栖霞组三个有利勘探区带，面积共计 1630km^2，分别为 I 类有利区 2 个（面积 1150km^2）、II 类有利区 1 个（面积 480km^2），如图 6-12 所示；评价茅口组两个有利勘探区带，面积共计 2014km^2，分别为 I 类有利区 1 个（面积 1495km^2），II 类有利区 1 个（面积 519km^2），如图 6-13 所示。

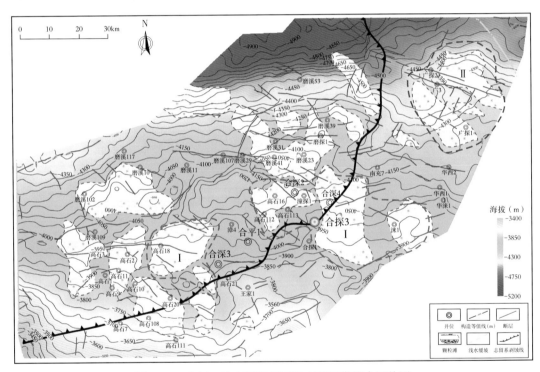

图 6-12　合川—潼南探区栖霞组有利区带综合评价图

二叠系长兴组成藏组合类型主要为下生上储式，其主力烃源岩为志留系烃源岩、下二叠统烃源岩及上二叠统烃源岩，储层为长兴组礁滩体。基于目前的勘探成果和对气藏控制因素的主要认识，以控气藏关键要素为重点依据，依据礁滩体储层比较发育、有构造背景且位于构造持续高点、二叠系烃源岩较为发育、有沟通志留系油缘断层等地质条件，评价川中长兴组三个有利勘探区带，面积共计 1866km^2，分别为 I 类有利区 2 个（遂宁 I 号高带，遂宁 II 号高带，面积 1666km^2）、II 类有利区 1 个（广安高带，面积 120km^2，如图 6-14 所示。

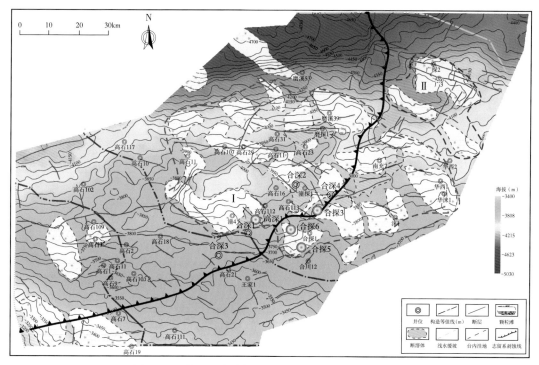

图 6-13　合川—潼南探区茅口组有利区带综合评价图

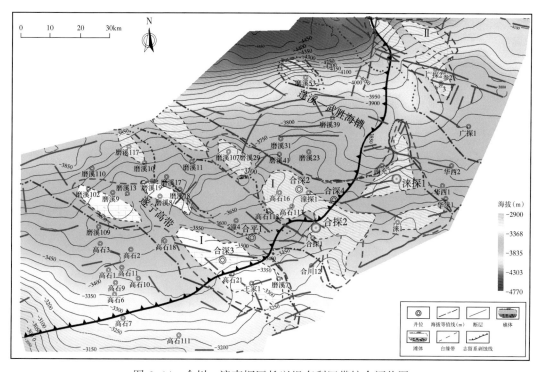

图 6-14　合川—潼南探区长兴组有利区带综合评价图

二、有利勘探目标

针对茅口组断溶体，依据颗粒滩发育、断溶体发育，有构造背景且位于持续构造高部位及周缘，有沟通志留系油源断层，优选高深1井、合探3井、合探5井、合探6井等有利勘探目标。

针对长兴组礁滩体，依据长兴组礁滩体发育，有构造背景且位于持续构造高部位及周缘，有沟通志留系油源断层，优选涞探1井、合探2井等有利勘探目标。

如高深1井，从去强轴地震剖面（图6-15）看，高深1井断溶体发育；从梯度模属性图（图6-16、图6-17）看发育，高深1井断溶体特征也明显；从波阻抗反演剖面图

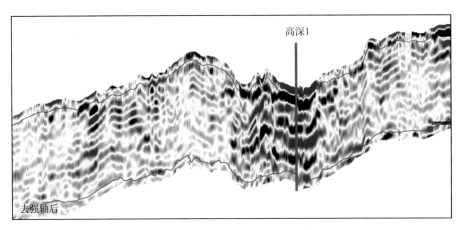

图6-15　过高深1井去强轴地震剖面

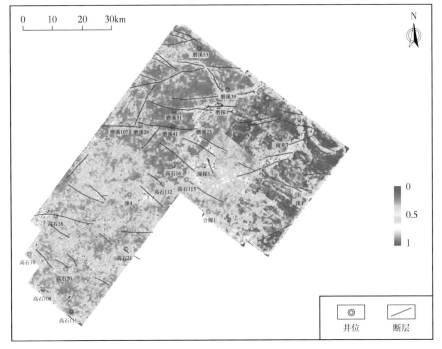

图6-16　三维区茅口组梯度模属性平面图

（图 6-18）看，高深 1 井储层发育；从地震反演剖面（图 6-19）看，高深 1 井储层发育；从
烃类检测剖面（图 6-20）看，高深 1 井含气可能性大。

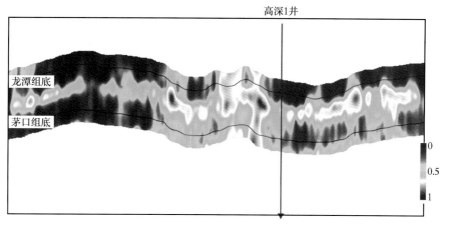

图 6-17　过高深 1 井梯度模属性剖面

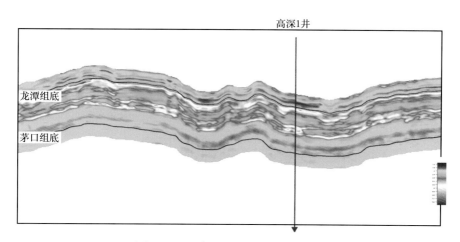

图 6-18　过高深 1 井波阻抗反演剖面

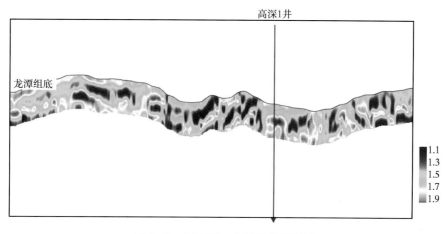

图 6-19　过高深 1 井烃类检测剖面

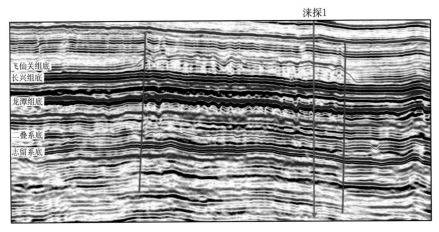

图 6-20　过涞探 1 井地震剖面

　　如涞探 1 井，从地震剖面（图 6-20）看，涞探 1 井附近发育断层，能沟通下部烃源岩，有利于成藏；从长兴底拉平地震剖面（图 6-21）看，礁体特征明显，礁体发育的地方，地层厚度明显增大；从相位属性剖面（图 6-22）看，礁体特征也很明显，礁体发育的地方为

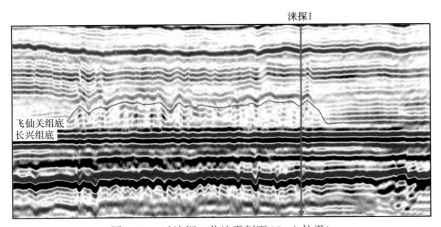

图 6-21　过涞探 1 井地震剖面（P_2ch 拉平）

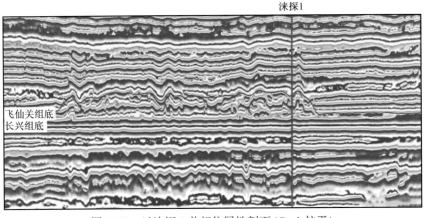

图 6-22　过涞探 1 井相位属性剖面（P_2ch 拉平）

丘状杂乱反射;从振幅属性图(图6-23)看,涞探1井礁滩体发育,礁滩体为丘状弱振幅特征;从波阻抗平面图和波阻抗反演剖面(图6-24、图6-25)看,涞探1井储层发育;从烃类检测剖面看,涞探1井含气可能性大(图6-26)。

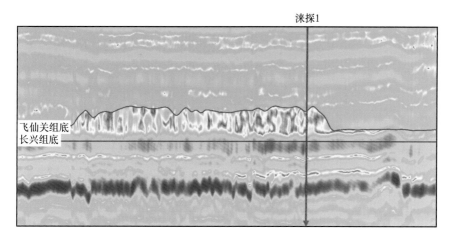

图6-23 过涞探1井振幅属性剖面

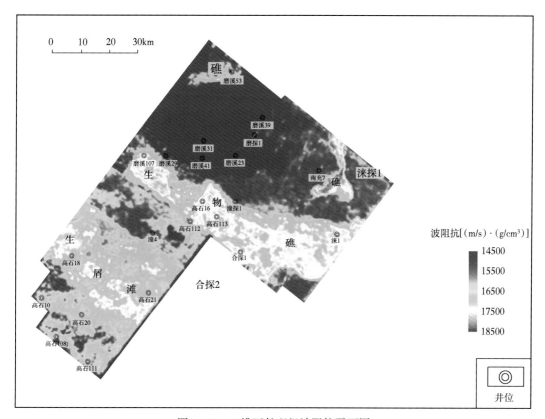

图6-24 三维区长兴组波阻抗平面图

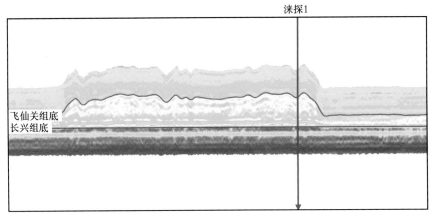

图 6-25　过涞探 1 井波阻抗反演剖面

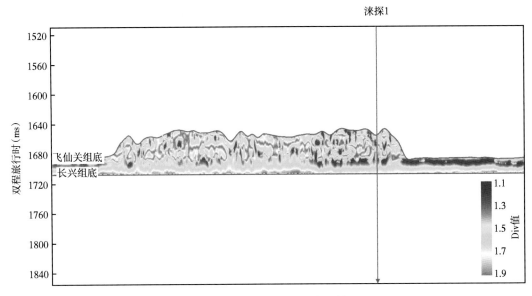

图 6-26　过涞探 1 井烃类检测剖面

第四节　三叠系雷口坡组重点勘探领域与区带

一、重点勘探领域与区带

三叠系雷口坡组成藏组合类型主要为下生上储式及上生下储式，其主力烃源岩为上二叠统烃源岩和须家河组烃源岩，储层为雷一^{1}亚段颗粒滩和雷口坡组顶岩溶残丘。基于目前的勘探成果和对气藏控制因素的主要认识，以控气藏关键要素为重点依据，依据岩溶储层发育并有油源断裂沟通、须家河组烃源厚值区等地质条件，评价川中雷口坡组三个有利勘探区带，面积共计 1260km²，分别为 Ⅰ 类有利区 2 个（面积 947km²）、Ⅱ 类有利区 1 个（面积 313km²），如图 6-27 所示。

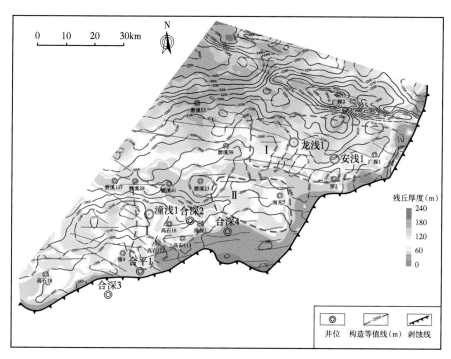

图 6-27　合川—潼南探区雷口坡组有利区带综合评价图

二、有利勘探目标

针对雷口坡组顶残丘，依据雷三^{3}亚段残丘发育、上覆须一段烃源岩发育、有沟通须一段和雷三段的断层发育，优选龙浅 1 井、潼浅 1 井、安浅 1 井等有利勘探目标。

如潼浅 1 井，从雷三^{3}亚段拉平地震剖面（图 6-28）看，潼浅 1 井岩溶残丘发育；从地震反演剖面（图 6-29）看，其储层发育；从烃类检测剖面（图 6-30）看，其含气可能性大。

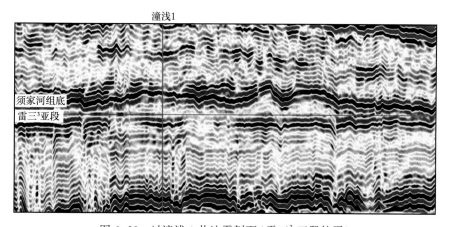

图 6-28　过潼浅 1 井地震剖面（雷三^{3}亚段拉平）

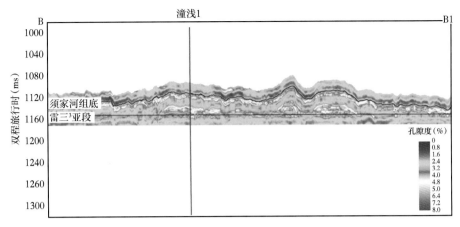

图 6-29　过潼浅 1 井反演剖面

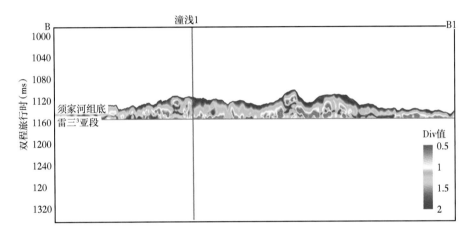

图 6-30　过潼浅 1 井烃类检测剖面

参 考 文 献

安志渊, 邢凤存, 李群星, 等, 2007. 成像测井在沉积相研究中的应用——以克拉玛依油田八区下乌尔禾组为例[J]. 石油地质与工程, 21(1): 21-24.

安作相, 马纪, 庞奇伟, 2005. 上扬子盆地的划出及其意义[J]. 新疆石油地质, 26(5): 584-586.

包强, 陈洪德, 肖梅, 等, 1998. 四川盆地加里东古隆起震旦—寒武系储层评价与预测研究[R]. 四川石油管理局地质勘探开发研究院.

曹仁关, 1980. 西南地区震旦纪叠层石、核形石和变形石[J]. 中国地质科学院天津地质矿产研究所文集.

曹瑞骥, 1966. 震旦纪藻类化石在野外的识别和采集[J]. 地质论评, 24(1): 53-56.

曹瑞骥, 唐天福, 薛耀松, 等, 1989. 扬子区震旦纪含矿地层研究[M]. 南京: 南京大学出版社.

曹瑞骥, 杨万容, 尹磊明, 1997. 西南地区的震旦系[M]. 北京: 科学出版社.

曹瑞骥, 赵文杰, 1978. 西南地区晚震旦世灯影组藻类植物群[J]. 国科学院南京地质古生物研究所集刊, 10: 1-40.

曹瑞骥, 赵文杰, 肖仲洋, 1982. 中国前寒武系的分层和对比[M]. 北京: 科学出版社.

曾道富, 1988. 关于恢复四川盆地各地质时期地层剥蚀量的初探[J]. 石油实验地质, 10(2): 43-50.

曾勇, 2009. 古生物地层学[M]. 徐州: 中国矿业大学出版社.

陈尘, 曾伟, 金民东, 等, 2014. 川北地区灯影组灰泥丘沉积特征及储集性[J]. 天然气技术与经济, 8(3): 23-28.

陈德培, 路云香, 姜子昂, 1998. 四川长宁地区二叠系—震旦系含油气地质条件研究[R]. 四川石油管理局川南矿区.

陈晋镳, 张惠民, 王长尧, 等, 1979. 中国的震旦亚界: 全国地层会议[C]. 国家地质总局天津地质矿产研究所.

陈孟莪, 陈祥高, 劳秋元, 1975. 陕南震旦系上部地层中的后生动物化石及其地层意义[J]. 地质科学, 2: 181-190.

陈孟莪, 陈忆元, 钱逸, 1981. 峡东区震旦系—寒武系底部的管状动物化石[J]. 中国地质科学院天津地质矿产研究所所刊, 3: 117-120.

陈孟莪, 肖宗正, 袁训来, 1994. 晚震旦世的特种生物群落——庙河生物群新知[J]. 古生物学报, 33(4): 291-304.

陈明, 许效松, 万方, 尹福光, 2002. 上扬子台地晚震旦世灯影组中葡萄状—雪花状白云岩的成因意义[J]. 矿物岩石, 22(4): 33-37.

陈明启, 1975 威远气田震旦系地层细层对比小结[R]. 四川省石油管理局地质综合研究大队中心试验室.

陈哲, 孙卫国, 2001. 陕南晚震旦世后生动物管状化石 Cloudina 和 Sinotubulites[J]. 微体古生物学报, 18(2): 180-202.

陈宗清, 2010. 四川盆地震旦系灯影组天然气勘探[J]. 中国石油勘探, 15(4): 1-14.

陈宗清, 2013. 论四川盆地下古生界5次地壳运动与油气勘探[J]. 中国石油勘探, 18(5): 15-23.

程绪彬, 李谔, 1994. 四川盆地乐山—龙女寺古隆起震旦寒武奥陶系沉积相及储层研究报告[R]. 四川石油管理局地质勘探开发研究院.

崔会英, 张莉, 魏国齐, 等, 2008. 四川盆地威远—资阳地区震旦系储层沥青特征及意义[J]. 石油实验地质, 30(5): 489-493.

戴鸿鸣, 黄清德, 王海清, 等, 1998. 天然气横向运移研究——以四川盆地磨溪气田为例[J]. 天然气地球科学, 9(2): 7-11.

戴鸿鸣, 王顺玉, 王海清, 等, 1999. 四川盆地寒武系—震旦系含气系统成藏特征及有利勘探区块[J]. 石油勘探与开发, 26(5): 16-20.

戴永定, 陈孟莪, 1996. 微生物岩研究的发展与展望[J]. 地球科学进展, 11(2): 209-215.

地质部地质科学研究院地质研究所前寒武纪地层及变质岩研究室，1962. 中国的前寒武系[M]. 北京：科学出版社.

丁莲芳，1992. 扬子地台北缘晚震旦世—早寒武世早期生物群研究[M]. 北京：科学技术文献出版社.

丁莲芳，李勇，胡夏嵩，1996. 震旦纪庙河生物群[M]. 北京：地质出版社.

丁莲芳，张录易，李勇，等，1992. 扬子地台北缘晚震旦世—早寒武世早期生物群研究[M]. 北京：科学技术文献出版社.

董才源，谢增业，朱华，等，2017. 川中地区中二叠统气源新认识及成藏模式[J]. 西安石油大学学报（自然科学版），32(4)：18-23.

董卫平，1997. 贵州省岩石地层[M]. 武汉：中国地质大学出版社.

杜尚明，1996. 威远构造与震旦系油气勘探[J]. 勘探家，2：46-47.

段承华，1983. 湖北神农架地区早寒武世西蒿坪组小壳化石——软舌螺和亲缘关系不明的骨骼化石[J]. 中国地质科学院天津地质矿产研究所所刊，7：143-188.

段金宝，李平平，陈丹，等，2013. 元坝气田长兴组礁滩相岩性气藏形成与演化[J]. 岩性油气藏，25(3)：43-91.

樊茹，邓胜徽，张学磊，2011. 寒武系碳同位素漂移事件的全球对比性分析[J]. 中国科学：地球科学，41(12)：1829-1839.

冯增昭，彭勇民，金振奎，等，2001. 中国南方寒武系岩相古地理[J]. 古地理学报，3(1)：1-13.

高记元，孙枢，许靖华，等，1988. 碳氧同位素与前寒武纪和寒武纪边界事件[J]. 地球化学，3：257-266.

高林志，2005. 震旦系//汪啸风，陈孝红，译. 中国各地质时代地层划分与对比[M]. 北京：地质出版社.

高宪伟，2013. 应用测井资料定量识别碳酸盐岩沉积微相的方法研究[D]. 成都：成都理工大学.

耿会聚，王贵文，李军，等，2002. 成像测井图像解释模式及典型解释图版研究[J]. 江汉石油学院学报，24(1)：26-29.

郭彤楼，2011. 元坝深层礁滩气田基本特征与成藏主控因素[J]. 天然气工业，31(10)：12-16.

郝彬，胡素云，黄士鹏，等，2016. 四川盆地磨溪地区龙王庙组储层沥青的地球化学特征及其意义[J]. 现代地质，30(3)：614-626.

何登发，李德生，张国伟，等，2011. 四川多旋回叠合盆地的形成与演化[J]. 地质科学，46(3)：589-606.

何磊，王永标，杨浩，等，2010. 华南二叠纪—三叠纪之交微生物岩的古地理背景及沉积微相特征[J]. 古地理学报，12(2)：151-163.

侯方浩，方少仙，王兴志，等，1999. 四川震旦系灯影组天然气藏储渗体的再认识[J]. 石油学报(6)：16-21.

胡明毅，贾振远，1991. 塔里木柯坪地区下丘里塔格群白云岩成因[J]. 江汉石油学院学报，13(2)：10-17.

华洪，陈哲，张录易，2005. 陕南新元古代末期微体管状疑难化石[J]. 古生物学报，44(4)：487-493.

华洪，张录易，张子福，等，2001. 高家山生物群化石组合面貌及其特征[J]. 地层学杂志，25(1)：13-17.

黄籍中，2009. 从四川盆地看古隆起成藏的两重性[J]. 天然气工业，29(2)：12-17.

黄籍中，陈盛吉，宋家荣，等，1996. 四川盆地烃源体系与大中型气田形成[J]. 中国科学(D)辑，26(6)：504-511.

黄亮，2012. 川东南坳褶带清虚洞组优质储层发育主控因素分析[J]. 天然气地球科学，23(3)：508-513.

黄文明，刘树根，张长俊，等，2009. 四川盆地震旦系储层孔洞形成机理与胶结充填物特征研究[J]. 石油实验地质，31(5)：449-454.

黄文明，刘树根，马文辛，等，2011. 四川盆地东南缘震旦系—下古生界储层特征及形成机制[J]. 石油天然气学报（江汉石油学院学报），33（7）：7-12.

江强，朱传庆，邱楠生，等，2015. 川南地区热史及下寒武统筇竹寺组页岩热演化特征[J]. 天然气地球科学，26（8）：1563-1570.

江青春，胡素云，姜华，等，2018. 四川盆地中二叠统茅口组地层缺失量计算及成因探讨[J]. 天然气工业，38（1）：21-29.

姜华，汪泽成，杜宏宇，等，2014. 乐山—龙女寺古隆起构造演化与新元古界震旦系天然气成藏[J]. 天然气地球科学，25（2）：192-200.

姜在兴，2009. 沉积学[M]. 北京：石油工业出版社.

姜子昂，1997. 四川长宁构造震旦系含气前景研究[D]. 成都：成都理工学院.

蒋志文，Brasier，M D，Hamdi B，1988. 南亚梅树村阶的对比[J]. 地质学报，3：191-199.

金家谐，梅晓兰，1988. 自流井西部地区震旦系及寒武系油气勘探评价[R]. 川西南矿区地质大队.

金振奎，石良，高白水，等，2013. 碳酸盐岩沉积相及相模式[J]. 沉积学报，6：965-979.

兰德 L S，1985. 白云化作用[M]. 冯增昭译. 北京：石油工业出版社.

黎虹玮，唐浩，苏成鹏，等，2015，. 四川盆地东部涪陵地区上二叠统长兴组顶部风化壳特征及地质意义[J]. 古地理学报，17（4）：477-492.

李伯龙，1962. 四川二郎山一带发现震旦系地层[J]. 中国地质，3：31.

李昌，潘立银，厚刚福，等，2012. 川东北 LG 地区碳酸盐岩沉积微相测井识别[J]. 国外测井技术，5：29-32.

李多丽，刘兴礼，钟广法，等，2009. 塔中 I 号坡折带礁滩型储集层沉积微相成像测井解释[J]. 新疆石油地质，2：197-200.

李国辉，李翔，杨西南，2000. 四川盆地加里东古隆起震旦系气藏成藏控制因素[J]. 石油与天然气地质，1：80-83.

李国蓉，刘正中，谢子潇，等，2020. 四川盆地西部雷口坡组非热液成因鞍形白云石的发现及意义[J]. 石油与天然气地质，41（1）：164-176.

李建明，李慧，施辉，2010. 稳定碳氧同位素在沉积相和成岩环境划分中的应用——以柴西南翼山浅油藏储层研究为例[J]. 四川地质学报，30（3）：356-359.

李君，吴晓东，王东良，等，2013. 裂解气成因特征及成藏模式探讨[J]. 天然气地球科学，24（3）：520-528.

李君，吴晓东，王东良，等，2013. 裂解气成因特征及成藏模式探讨[J]. 天然气地球科学，24（3）：520-528.

李凌，谭秀成，曾伟，等，2013. 四川盆地震旦系灯影组灰泥丘发育特征及储集意义[J]. 石油勘探与开发，40（6）：666-673.

李日辉，杨式溥，1988. 滇东、川中地区震旦系—寒武系界线附近的遗迹化石[J]. 现代地质，2：158-174.

李伟，余华琪，邓鸿斌，2012. 四川盆地中南部寒武系地层划分对比与沉积演化特征[J]. 石油勘探与开发，39（6）：681-690.

李文正，周进高，张建勇，等，2016. 四川盆地洗象池组储集层的主控因素与有利区分布[J]. 天然气工业，36（1）：52-60.

李西英，2011. 邵家油田沙四段湖相碳酸盐岩储层测井评价[J]. 石油仪器，3：37-39.

李毅，史习杰，杨彤，等，1996. 资阳地区震旦系圈闭描述评价[R]. 中国石油天然气总公司勘探局新区勘探事业部、四川资阳地区天然气联合勘探项目经理部.

李宗银，姜华，汪泽成，等，2014. 构造运动对四川盆地震旦系油气成藏的控制作用[J]. 地质勘探，34（3）：23-30.

梁家驹, 2014. 四川盆地川中—川西南地区震旦系—下古生界油气成藏差异性研究[D]. 成都: 成都理工大学.

梁玉左, 朱士兴, 高振家, 等. 1995. 叠层石研究的新进展—微生物岩[J]. 地质通报, 1: 57-65.

林承焰, 张宪国, 董春梅, 2007. 地震沉积学及其初步应用[J]. 石油学报, 28(3): 69-72.

刘宏, 谭秀成, 周彦, 等, 2008. 基于灰色关联的复杂碳酸盐岩测井岩相识别[J]. 大庆石油地质与开发, 1: 122-125.

刘鸿允, 1991. 中国震旦系[M]. 北京: 科学出版社.

刘怀仁, 刘明星, 胡登, 等, 1991. 川西南上震旦统灯影组沉积期的暴露标志及其意义[J]. 岩相古地理, 5: 1-9.

刘建锋, 彭军, 魏志红, 等, 2012. 川东南清虚洞组沉积特征及其对储层的控制[J]. 地学前缘, 19(4): 239-246.

刘树根, 马永生, 蔡勋育, 等, 2009. 四川盆地震旦系下古生界天然气的成藏过程和特征[J]. 成都理工大学学报(自然科学版), 33(4): 345-354.

刘树根, 孙玮, 宋金民, 等, 2019. 四川盆地中三叠统雷口坡组天然气勘探的关键地质问题[J]. 天然气地球科学, 30(2): 151-167.

刘树根, 孙玮, 赵异华, 等, 2015. 四川盆地震旦系灯影组天然气的差异聚集分布及其主控因素[J]. 天然气工业, 35(1): 10-23.

刘树根, 孙玮, 钟勇, 等, 2016. 四川叠合盆地深层海相碳酸盐岩油气的形成和分布理论探讨[J]. 中国石油勘探, 21(1): 15-27.

刘树根, 宋金民, 罗平, 等, 2016. 四川盆地深层微生物碳酸盐岩储层特征及其油气勘探前景[J]. 成都理工大学学报(自然科学版), 43(2): 129-152.

刘树根, 孙玮, 罗志立, 等. 2013. 兴凯地裂运动与四川盆地下组合油气勘探[J]. 成都理工大学学报(自然科学版), 40(5): 511-520.

刘伟, 王国芝, 刘树根, 等, 2014. 川中磨溪构造龙王庙组流体包裹体特征及其地质意义[J]. 成都理工大学学报(自然科学版), 41(6): 723-732.

卢庆治, 郭彤楼, 胡圣标, 2006. 川东北地区热流史及成烃史研究[J]. 新疆石油地质, 42(5): 549-551.

罗利, 陈鑫堂, 1997. 用测井资料识别碳酸盐岩沉积相[J]. 测井技术, 1: 41-47.

罗啸泉, 郭东晓, 蓝江, 2001. 威远气田震旦系灯影组古岩溶与成藏探讨[J]. 沉积与特提斯地质, 21(4): 54-60.

马永生, 牟传龙, 郭彤楼, 等, 2005. 四川盆地东北部长兴组层序地层与储集层分布[J]. 地学前缘, 12(3): 179-185.

马永生, 蔡勋育, 李国雄, 2005. 四川盆地普光大型气藏基本特征及成藏富集规律[J]. 地质学报, 79(6): 858-865.

马永生, 牟传龙, 郭旭升, 2006. 川东北达县—宣汉地区飞仙关组沉积相与储层分布[J]. 地质学报, 80(2): 293-293.

梅冥相, 2007. 从凝块石概念的演变论微生物碳酸盐岩的研究进展[J]. 地质科技情报, 26(6): 1-9.

门玉澎, 许效松, 牟传龙, 等, 2010. 中上扬子寒武系蒸发岩岩相古地理[J]. 沉积与特提斯地质, 30(3): 58-64.

莫国宸, 谢子潇, 李广, 2019. 川西地区中三叠统雷四上亚段层序地层研究[J]. 江汉石油科技, 29(4): 9-15.

牛晓燕, 李建明, 李冬冬, 2010. 中扬子西部地区石龙洞组古岩溶储层控制因素分析[J]. 石油仪器, 24(2): 69-72.

彭瀚霖, 2014. 川西南—川中地区上震旦统灯影组储层特征研究[D]. 成都: 成都理工大学.

彭勇民, 张荣强, 陈霞, 等, 2012. 四川盆地南部中下寒武统石膏岩的发现与油气勘探[J]. 成都理工大学学报(自然科学版),39(1):63-69.

平宏伟,陈红汉,Régis Thiéry,等,2014. 原油裂解对油包裹体均一温度和捕获压力的影响及其地质意义[J]. 地球科学,39(5):587-599.

史晓颖,张传恒,蒋干清,等,2008. 华北地台中元古代碳酸盐岩中的微生物成因构造及其生烃潜力[J]. 现代地质,22(5):3-16.

宋金民,刘树根,孙玮,等,2013. 兴凯地裂运动对四川盆地灯影组优质储层的控制作用[J]. 成都理工大学学报(自然科学版),40(6):658-670.

孙腾蛟,2014. 四川盆地中三叠雷口坡组烃源岩特征及气源分析[D]. 成都:成都理工大学.

孙玮,刘树根,秦川,等,2009. 川中磨溪与龙女寺雷口坡组构造特征及油气成藏差异性[J]. 成都理工大学学报(自然科学版),36(6):654-661.

孙玮,刘树根,徐国盛,等,2011. 四川盆地深层海相碳酸盐岩气藏成藏模式[J]. 岩石学报,27(8):2349-2361.

田雨,张兴阳,朱国维,等,2016. 成像测井在台缘斜坡礁滩微相研究中的应用——以土库曼斯坦阿姆河右岸中部卡洛夫阶—牛津阶为例[J]. 海相油气地质,2:72-78.

汪徐焱,游章隆,1998. 模糊专家系统在碳酸盐岩剖面测井沉积相判识中的实现[J]. 成都理工学院学报,S1:65-71.

汪泽成,江青春,黄士鹏,等,2018. 四川盆地中二叠统茅口组天然气大面积成藏的地质条件[J]. 天然气工业,38(1):30-38.

王纯豪,韩超,韩梅,等,2020. 川西坳陷中段雷口坡组碳酸盐岩地球化学特征及地质意义[J]. 山东科技大学学报(自然科学版),39(1):28-36.

王国芝,刘树根,刘伟,等,2014. 川中高石梯构造灯影组油气成藏过程[J]. 成都理工大学学报(自然科学版),41(6):684-693.

王家华,张团峰,2011. 油气储层建模[M]. 北京:石油工业出版社.

王兰生,苟学敏,刘国瑜,等,1997. 四川盆地天然气的有机地球化学特征及其成因[J]. 沉积学报,15(2):49-53.

王少飞,吉利明,雷怀彦,1996. 陕甘宁盆地定边地区奥陶系巨厚白云岩体的成因分析[J]. 天然气地球科学,7(3):14-22.

王铜山,耿安松,孙永革,等,2008. 川东北飞仙关组储层固体沥青地球化学特征及其气源指示意义[J]. 沉积学报,26(20):340-348.

王文之,杨跃明,文龙,等,2016. 微生物碳酸盐岩沉积特征研究——以四川盆地高磨地区灯影组为例[J]. 中国地质,1:306-318.

王兴志,穆曙光,方少仙,等,2000. 四川盆地西南部震旦系白云岩成岩过程中的孔隙演化[J]. 沉积学报,4:549-554.

王兴志,黄继祥,侯方浩,等,1996. 四川资阳及邻区灯影组古岩溶特征与储集空间[J]. 矿物岩石,2:47-54.

王研耕,尹恭正,郑淑芳,等,1984. 贵州上寒武系及震旦系—寒武系界线[M]. 贵阳:贵州人民出版社.

王一刚,余晓锋,杨雨,等,1998. 流体包裹体在建立四川盆地古地温剖面研究中的应用[J]. 地球科学,23(3):285-288.

王玉玺,田昌炳,高计县,等,2013. 常规测井资料定量解释碳酸盐岩微相——以伊拉克北 Rumaila 油田 Mishrif 组为例[J]. 石油学报,6:1088-1099.

王曰伦,陆宗斌,刑裕盛,1980. 中国上前寒武系的划分和对比[M]//中国地质科学院天津地质矿产研究所. 中国震旦亚界. 天津:天津科学技术出版社.

魏国齐,焦贵浩,杨威,等,2010. 四川盆地震旦系—下古生界天然气成藏条件与勘探前景[J]. 天然气工业,12:5-9.

魏国齐，王志宏，李剑，等，2017. 四川盆地震旦系、寒武系烃源岩特征、资源潜力与勘探方向[J]. 天然气地球科学，28（1）：1-13.

魏国齐，谢增业，白贵林，等，2014. 四川盆地震旦系—下古生界天然气地球化学特征及成因判识[J]. 天然气工业，34（3）：44-49.

魏国齐，谢增业，宋家荣，等，2015. 四川盆地川中古隆起震旦系—寒武系天然气特征及成因[J]. 石油勘探与开发，42（6）：702-711.

魏国齐，杨威，谢武仁，等，2015. 四川盆地震旦系—寒武系大气田形成条件、成藏模式与勘探方向[J]. 天然气地球科学，26（5）：785-795.

文龙，张奇，杨雨，等，2012. 四川盆地长兴组—飞仙关组礁、滩分布的控制因素及有利勘探区带[J]. 天然气工业，1：39-44.

吴承业，范嘉松，陈伦俊，等，1972. 四川地区震旦系—三叠系含油气条件研究报告[R]. 西南石油地质综合研究大队综合组.

吴继余，刘开，1993. 碳酸盐岩测井电相、岩相与沉积微相研究[J]. 测井技术，3：171-182.

吴娟，刘树根，赵异华，等，2014. 四川盆地高石梯—磨溪构造震旦系—寒武系含气层系流体特征[J]. 成都理工大学学报（自然科学版），41（6）：713-722.

吴煜宇，张为民，田昌炳，等，2013. 成像测井资料在礁滩型碳酸盐岩储集层岩性和沉积相识别中的应用——以伊拉克鲁迈拉油田为例[J]. 地球物理学进展，3：1497-1506.

武赛军，魏国齐，杨威，等，2016. 四川盆地桐湾运动及其油气地质意义[J]. 天然气地球科学，27（1）：60-70.

夏宇，邓虎成，王圆圆，2019. 川西地区彭州气田雷口坡组天然裂缝特征及成因[C]//油气田勘探与开发国际会议论文集. 西安：西安石油大学、陕西省石油学会：2383-2392.

向芳，陈洪德，2001. 资阳地区震旦系古岩溶作用及其特征讨论[J]. 沉积学报，19（3）：421-424.

辛勇光，谷明峰，周进高，等，2012. 四川盆地雷口坡末期古岩溶特征及其对储层的影响——以龙岗地区雷口坡组四3段为例[J]. 海相油气地质，17（1）：73-78.

邢舟，王军，王志强，等，2005. 自然伽马能谱测井在碳酸盐岩储层的地质应用[J]. 石油天然气学报（江汉石油学院学报），6：743-745.

徐防昊，2017. 川中地区震旦系灯影组和寒武系龙王庙组流体系统与油气成藏[D]. 成都：成都理工大学.

徐昉昊，袁海锋，徐国盛，等，2018. 四川盆地磨溪构造寒武系龙王庙组流体充注和油气成藏[J]. 石油勘探与开发，45（3）：426-435.

徐国盛，徐燕丽，袁海锋，等，2008. 川中—川东南震旦系—下古生界烃源岩及储层沥青的地球化学特征[J]. 石油天然气学报，29（4）：45-50.

徐燕丽，2009. 川中地区震旦系—寒武系油气成藏条件研究[D]. 成都：成都理工大学.

徐祖新，2019. 川东地区中二叠统茅口组天然气成因及气源[J]. 特种油气藏，26（2）：16-22.

许德佑，1944. 中国之海相上三叠纪[J]. 地质论评，Z3：263-273.

杨平，印峰，余谦，等，2015. 四川盆地东南缘有机质演化异常与古地温场特征[J]. 天然气地球科学，26（7）：1299-1309.

杨仁超，樊爱萍，韩作振，等，2013. 山东寒武系毛庄阶微生物团块的形态特征与成因[J]. 中国科学：地球科学，43（3）：423-432.

杨雨，黄先平，张健，等，2014. 四川盆地寒武系沉积前震旦系顶界岩溶地貌特征及其地质意义[J]. 天然气工业，34（3）：38-43.

杨跃明，文龙，罗冰，等，2016. 四川盆地乐山—龙女寺古隆起震旦系天然气成藏特征[J]. 石油勘探与开发，43（2）：179-188.

姚建军，陈孟晋，华爱刚，等，2003. 川中乐山—龙女寺古隆起震旦系天然气成藏条件分析[J]. 石油勘探与开发，30（4）：7 9.

姚建军，郑浚茂，宁宁，等，2002. 四川盆地高石梯—磨溪构造带震旦系含油气系统研究[J]. 天然气地球化学，13（5）：74-79.

叶德胜，1992. 塔里木盆地北部丘里塔格群（寒武系至奥陶系）白云岩的成因[J]. 沉积学报，10（4）：77-86.

殷继承，1984. 成都地质学院四川西南部震旦系研究专辑[J]. 成都地质学院学报（增刊），1：1-124.

尤征，杜旭东，侯会军，等，2000. 成像测井解释模式探讨[J]. 测井技术，5：393-399.

游章隆，汪徐焱，1998. 碳酸盐岩测井—沉积相的模糊判识系统[J]. 石油与天然气地质，1：44-50.

袁海锋，2008. 四川盆地震旦系—下古生界油气成藏机理[D]. 成都：成都理工大学.

袁玉松，孙冬胜，李双建，等，2013. 四川盆地加里东期剥蚀量恢复[J]. 地质科学，20（3）：581-591.

张林，魏国齐，李熙喆，等，2007. 四川盆地震旦系—下古生界高过成熟烃源岩演化史分析[J]. 天然气地球科学，18（5）：726-731.

张林，魏国齐，汪泽成，等，2004. 四川盆地高石梯—磨溪构造带震旦系灯影组的成藏模式[J]. 天然气地球化学，15（6）：584-589.

张满郎，谢增业，李熙喆，等，2010. 四川盆地寒武纪岩相古地理特征[J]. 沉积学报，28（1）：128-139.

赵文智，王兆云，张水昌，等，2005. 有机质"接力成气"模式的提出及其在勘探中的意义[J]. 石油勘探与开发，32（2）：1-7.

赵文智，汪泽成，王一刚，2006. 四川盆地东北部飞仙关组高效气藏形成机理[J]. 地质论评，52（5）：708-717.

钟勇，李亚林，张晓斌，等，2013. 四川盆地下组合张性构造特征[J]. 成都理工大学学报（自然科学版），40（5）：498-510.

朱传庆，徐明，单竞男，等，2009. 利用古温标恢复四川盆地主要构造运动时期的剥蚀量[J]. 中国地质，26（6）：1268-1277.

朱光有，杨海军，苏劲，等，2012. 塔里木盆地海相石油的真实勘探潜力[J]. 岩石学报，28（3）：1333-1347.

朱筱敏，2009. 沉积岩石学[M]. 北京：石油工业出版社.

资金平，魏国齐，等，2017. 四川乐山震旦系灯影组火山碎屑岩锆石 LA-ICP-MSU-Pb 定年及盆地裂陷演化讨论[J]. 地质论评，63（4）：1040-1049.

邹才能，杜金虎，徐春春，等，2014. 四川盆地震旦系—寒武系特大型气田形成分布、资源潜力及勘探发现[J]. 石油勘探与开发，41（3）：278-293.

Adams J F, Rhodes M L, 1960. Dolomitization by seepage refluxion [J]. AAPG Bulletin, 44：1912-1920.

Badiozamani K, 1973. The dorag dolomitization model-application to the middle Ordovician of Wisconsin [J]. Jour. Sed. Petrology, 43（4）：965-984.

Cao R J, Xue Y S, 1983. Vadose pisolites of the Tongying formation（upper sinian system）in southwest China [J]. Springer-Verlag Berlin Heidelberg, 538-547.

Chai H, Li N, Xiao C W, et al., 2009. Automatic discrimination of sedimentary facies and lithologies in reef-bank reservoirs using borehole image logs [J]. Applied Geophysics, 6（01）：17-29.

Compston W, Zhang Z, Cooper J A, et al., 2008. Further SHRIMP geochronology on the early Cambrian of south China [J]. American Journal of Science, 308（4）：399-420.

Condon D, Zhu M Y, Bowring S, et al., 2005. U-Pb ages from the Neoproterozoic Doushantuo formation, China [J]. Science, 308（1）：95-98.

Davies G R, Smith L B, 2006. Structurally controlled hydrothermal dolomite reservoir facies：An overview [J]. AAPG Bulletin, 90（11）：1641-1690.

Deffeyes K S, Lucia F J, Weyl P K, 1965. Dolomitization of recent and plio-pleistocene sediments by marine evaporite water on Bonaire, Netherlands Antilles // Pray L C, Murray R C. Dolomitization and limestone diagenesis [M]. Society of Economic Paleontologists and Mineralogists, Special Publication, 13: 71-78.

Drivet L E, Mountjoy E, 2004. Evidence for shallow burial dolomitization in upper Devonian Leduc southern Rimbey-Meadowbrook reef trend, central Alberta [C]. 2004 Dolomite Conference.

Fan R, Deng S H, Zhang X L, 2011. Significant carbon isotope excursions in the Cambrian and their implications for global correlations [J]. Science China Earth Sciences, 54 (11): 1686-1695.

Fan R, Lu Y Z, Zhang X L, et al., 2013. Conodonts from the Cambrian-Ordovician boundary interval in the southeast margin of the Sichuan Basin, China [J]. Journal of Asian Earth Sciences, 64: 115-124.

Goodel H G, Garman R K, 1969. Carbonate geochemistry of Superior deep test well, Andros Island, Bahamas [J]. AAPG, 53 (3): 513-536.

Guo Q J, Strauss H, Liu C Q, et al., 2005. Carbon and oxygen isotopic composition of Lower to Middle Cambrian sediments at Taijiang, Guizhou Province, China [J]. Geol Mag, 142 (6): 723-733.

Guo Q J, Strauss H, Liu C Q, et al., 2010. A negative carbon isotope excursion defines the boundary from Cambrian Series 2 to Cambrian Series 3 on the Yangtze Platform, South China [J]. Palaeogeogr Palaeoclimatol Palaeoecol, 285: 143-151.

Jiang S Y, Pi D H, Heubeck C, et al., 2009. Early Cambrian ocean anoxia in South China [J]. Nature, 459: E5-E6.

Land L S, 1985. The origin of massive dolomite [J]. Journal of Geological Education, 33: 112-125.

Lee J S, Chao Y T, 2010. Geology of the gorge district of the Yangtze (from Ichang to Tzekuei) with special reference to the evelopment of the gorges [J]. Bulletin of the Geological Society of China, 3: 351-392.

Lee J S., Chao Y T, 1924. Geology of the Goege District of Yangtze (from Ichang to Tzekuei) with special reference to the development of the Gorge [J]. Bulletin of the Geological Society of China, 3 (4): 351-391.

Li C W, Chen J Y, Hua T, 1998. Precambrian Sponges with Cellular Structures [J]. Science, 279: 879-882.

Liu P J, Xiao S H, Yin C Y, et al., 2009. Silicified tubular microfossils from the upper Doushantuo Formation (Ediacaran) in the Yangtze Gorges area, South China [J]. Journal of Paleontology, 83 (4): 630-633.

Liu P J, Xiao S H, Yin C Y, et al., 2008. Systematic description and phylogenetic affinity of tubular microfossils from the Ediacaran Doushantuo Formation at Weng'an, south China [J]. Palaeontology, 51 (2): 339-366.

Machel H G, 1987. Saddle dolomite as aby-product of chemical compaction and thermochemical sulfate reduction [J]. Geology, 15: 936-940.

Mancini E A, Benson D J, Hart B S, et al., 2000. Appleton field case study (eastern Gulf coastal plain): Field development model for Upper Jurassic microbial reef reservoirs associated with paleotopographic basement structures [J]. AAPG Bulletin, 84 (11): 1699-1717.

Mancini E A, Parcell W C, Ahr W M, et al., 2008. Upper Jurassic updip stratigraphic trap and associated Smackover microbial and nearshore carbonate facies, Eastern Gulf Coastal Plain [J]. AAPG Bulletin, 92 (4): 417-442.

Misch P, 1942. Sinian stratigraphy of Central Eastern Yunnan [M]. Nat. Peking. Contr, Coll.

Moyra E J, Dale L, O' Karo Y, et al., 2013. Development of a Papua New Guinean onshore carbonate reservoir: A comparative borehole image (FMI) and petrographic evaluation [J]. Marine and Petroleum Geology, 44: 164-195.

Riding R, 1991. Classification of microbial carbonates. In: Riding R. (Ed.), Calcareous Algae and Stromatolites [J]. Springer-Verlag, 21-51.

Riding R, 2000. Microbial carbonates: the geological record of calcified bacterial-algal mats and biofilms [J]. Sedimentology, 47 (Suppl. 1): 179- 214.

Sandooni F N, Howari F, EI-Saiy A, 2010. Microbial dolomites from carbonate-ecapotite sediments of the coastal Sabkha of ABU DHABI and their exploration implications [J]. Journal of Petroleum Geology, 33 (4): 289-298.

Thomas, Hadlari, 2014. Seismic stratigraphy and depositional facies model [J]. Marine and Petroleum Geology, 54: 82.

Tucker M E, Wright V P, 1990. Carbonate Sedimentology [M]. Oxford, UK: Blackwell Science Ltd, 482.

Vahrenkamp V C, Swart P K, 1994. Late Cenozoic dolomites of the Bahamas: metastable analogues for the genesis of ancient platform dolomites // Purser B, Tucker M, Zenger D. Dolomites -a volume in honor of dolomieu. International Association of Sedimentologists, Special Publication, 21: 133-153.

Wang X Q, Shi X Y, Jiang G Q, et al., 2012. New U-Pb age from the basal Niutitang Formation in South China: Implications for diachronous development and condensation of stratigraphic units across the Yangtze platform at the Ediacaran-Cambrian transition [J]. Journal of Asian Earth Sciences. 48: 1-8.

Webby B D, 2002. Patterns of Ordovician reef development [M]. In: Kiessling W, Flugel E, Golonka J (eds.). Phanerozoic Reef Patterns. Soc Sed Geol, Spec Publ., 72: 129-179.

White D E, 1957. Thermal waters of volcanic origin [J]. Geol Soci Amer Bull, 68: 1637-1658.

Wilson J L, 1975. Carbonate facies in geologic history [M]. New York: Springer Verlag.

Wright P V, Racey A, 2009. Pre-Salt Microbial Carbonate Reservoirs of the Santos Basin, Offshore Brazil [C]. AAPG Annual Convention and Exhibition, Denver, Colorado.

Xiao S H, Hagadorn J W, Zhou C M, et al., 2007. Rare helical spheroidal fossils from the Doushantuo Lagerstätte: Ediacaran animal embryos come of age? [J]. Geology, 35 (2): 115-118.

Xiao S H, Zhang Y, Knoll A H, 1998. Three dimensional preservation of algae and animal embryos in a Neoproterozoic phosphorite [J]. Nature, 201: 553-558.

Xiao S, Knoll A H, 2000. Phosphatized animal embryos from the Neoproterozoic Doushantuo Formation at Weng'an, Guizhou, South China [J]. J. Paleontol, 74: 767-788.

Yin C Y, Zhao Y, Gao L Z, 2001. Discovery of phosphatized gastrula fossil from the Doushantuo Formation, Weng'an, Guizhou Province, China [J]. Chinese Science Bulletin, 46 (2): 1713-1716.

Zhao W Z, Luo P, Chen G, et al., 2005. Origin and reservoir rocks characteristics of dolostones in the Early Triassic Feixianguan Formation, NE Sichuan Basin, China; significance for future gas exploration [J]. Journal of Petroleum Geology 28 (1): 83-100.